中国科学院科学与社会系列报告

2013科学发展报告

2013 Science Development Report

● 中国科学院

科学出版社

北 京

内 容 简 介

本报告是中国科学院发布的年度系列报告《科学发展报告》的第十六本，旨在综述 2012 年度世界科学前沿进展，展望重要科学领域发展趋势，评述诺贝尔奖科学成果，报道我国科学家具有代表性的研究成果，聚焦公众关注的科学热点问题，介绍我国科学发展的整体状况，分析科技发展的战略与政策，介绍科学在我国实施创新驱动发展战略和建设创新型国家中所起的重要作用，并向国家提出有关中国科学发展的战略和政策建议，为高层科学决策提供参考。

本报告对各级决策部门、立法部门、行政部门具有连续的参考价值，可供各级决策和管理人员、科研院所科技人员、大专院校师生以及社会公众阅读和参考。

图书在版编目(CIP)数据

2013科学发展报告/中国科学院编.—北京：科学出版社，2013.3
(中国科学院科学与社会系列报告)
ISBN 978-7-03-036755-6

Ⅰ.①2…　Ⅱ.①中…　Ⅲ.①科学技术—发展战略—研究报告—中国—2013　Ⅳ.①N12②G322

中国版本图书馆CIP数据核字(2013)第034997号

责任编辑：郭勇斌　邹　聪　樊　飞　侯俊琳/责任校对：刘小梅
责任印制：徐晓晨/封面设计：无极书装

编辑部电话：010-64035853

E-mail：houjunlin@mail.sciencep.com

科 学 出 版 社 出版
北京东黄城根北街 16 号
邮政编码：100717
http://www.sciencep.com
北京虎彩文化传播有限公司 印刷
科学出版社发行　各地新华书店经销
*
2013年3月第　一　版　　开本：787×1092 1/16
2020年5月第二次印刷　　印张：21 1/2
字数：458 000
定价：**168.00** 元
(如有印装质量问题，我社负责调换)

专家委员会
（按姓氏笔画排序）

丁仲礼　杨国桢　杨福愉　陆　埮
陈凯先　姚建年　郭　雷　曹效业

总体策划

曹效业　潘教峰

课题组

组　　长　张志强
成　　员　王海霞　叶小梁　刘峰松　申倚敏
　　　　　苏　娜　裴瑞敏

审稿专家
（按姓氏笔画排序）

丁仲礼　于在林　习　复　白登海　叶　成
吕厚远　刘国诠　李　卫　李玉同　李永舫
李喜先　杨福愉　吴善超　邱举良　邹振隆
张利华　张树庸　郝青振　赵　刚　赵见高
赵保京　祝学衍　贺　泓　夏建白　郭兴华
陶宗宝　黄　矛　曹效业　龚　旭　程光胜
谭宗颖　潘教峰

把握世界科技发展的新趋势
深入实施创新驱动发展战略

白春礼

　　党的十八大提出实施创新驱动发展战略，对我国加快转变经济发展方式，从经济大国走向经济强国具有重大意义。深入分析全球科技发展新趋势新特点和国家重大战略需求，理清我国科技发展的方向与着力点，将有利于更好地抓住新科技革命的难得历史机遇，实现我国科技的跨越发展，支撑引领我国走创新驱动、内生增长的道路。

一、世界科技发展呈现出新的特点和趋势

　　在经历了 20 世纪科学革命、技术革命以及浪潮迭起的产业革命后，当今世界科技正呈现出新的发展态势和特征，孕育着新一轮科技革命。科技发展呈现多点突破、

交叉汇聚的态势，大数据科学将成为新的科研范式，人类可持续发展的重大问题成为全球科技创新的焦点。世界各国更加重视利用科技创新培育新的经济增长点，产业科技、国家科技和学院科技三足鼎立、协同发展，创新资源配置呈现出全球化竞争与加速流动的趋势。科技革命必将引发产业革命，最近国际上热议的"第三次工业革命"集中反映了这一趋势。在强大需求与知识体系创新的驱动下，一些重要科学问题与关键技术发生革命性突破的先兆已经显现，大数据浪潮、信息技术和制造业的融合，以及能源、材料、生物等领域的技术突破，将可能催生新产业，引发产业的革命性变革，产生一批影响全球的重大科技事件，对破解制约经济社会可持续发展的难题产生超出预期的影响。

在能源与资源领域，受化石能源日渐耗竭和环境保护的双重约束，现代社会必将面临能源的再次转型和革命，即主要由依赖化石能源逐步向核能和新能源系统转变，这个转型将是一个长期的过程。化石能源的高效与清洁利用技术将得到大力发展，核能和新能源与可再生能源在能源结构中的比例将不断提高。能源输送效率、稳定性、安全性和智能化技术将全面提升，多种能源将实现互补与系统融合，信息技术与新能源相结合将产生新型工业模式。重要成矿区带成矿规律的认识将更加深入，找矿向覆盖区和地球深部发展，矿产资源高效清洁利用成为科技创新的重要任务；水资源与能源、土地与粮食、生态系统和生物多样性等之间的关系日益成为研究的重点。

在信息网络领域，"后摩尔时代""后 PC 时代"以及"后 IP"时代正在到来。新型信息功能材料、器件和工艺不断出新，智能传感器、大数据存储将取得突破。云计算、物联网、工业互联网等技术的兴起促使信息技术渗透方式、处理方法和应用模式发生变革，促进人机物融合，消费者将更大程度地参与设计和制造过程，甚至成为生产过程的一个重要环节，生产方式将从大规模生产向个性化生产转变。光学和光电子学在信息处理、通信和数据存储方面潜力巨大，将推动互联网的重大变革。人工智能技术重新兴起，类脑计算机、类人机器人发展迅速。

在农业领域，粮食安全和农副产品需求压力持续加大，高产稳产、高效安全、优质生产始终是农业科技创新的主题；生命科学重大理论创新成果推动农业基础科学快速发展，农业生物组学和动植物分子设计育种已成为农业科技的前沿热点；环境和气候变化对农业的影响备受关注，农业防灾减灾、重大疫病防治和低碳发展等的应对研究成为热点。

在人口健康领域，孕育着对人类基因组及其在生命过程中的功能调控，特别是对细胞命运调控机制等基本问题的重大理论突破；传统医学模式正在发生深刻变化，健康医学将迎来全新发展机遇;合成生物学技术将为基因治疗和生物治疗带来新的机遇;癌症、代谢性疾病等非传染性疾病的治疗性疫苗将为创新药物研究开启新方向。

在材料与制造领域,材料设计与性能预测科技发展迅速,环境协调和低成本合成制备技术受到重视,材料制造的工艺、流程以及结构与性能关系的研发面临新突破,材料更加绿色化、个性化,更加清洁、高效、可循环利用。碳基电子学的发展将加快石墨烯等下一代电子器件材料的研发,纳米材料持续成为研发热点。3D打印技术成为新的热点,智能与绿色是制造业发展的主流趋势,人机共融的智能制造模式是智能制造技术发展的基本特征。

在生态与环境领域,全球范围的生态环境监测体系与系统模拟正在形成,全球生态与环境研究正逐步向可测量、可报告、可评价和可动态模拟的方向发展;将寻找能源、食物、水资源相互联系的综合解决方案,重视研究大规模人类活动对生态系统的影响。

在空间与海洋领域,空间探测以月球、火星和小行星探索为主线,向更深更遥远的宇宙迈进,持续探索宇宙起源、演化、暗物质暗能量的本质,揭示太阳爆发机制;国际空间站主体建造完成,预期将不断产生新的科学认知和效益;围绕国家安全与海洋权益、资源可持续利用和深海探索三大方向,海域国家重视建立基于生态系统的近海管理体系和走向深海大洋,深海资源探测与开发高度依赖于技术的发展,海洋新技术的突破正在催生新型蓝色经济的兴起与发展。

二、我国经济社会转型发展的科技需求将推动重大科技突破

在我国经济社会转型的进程中,能源资源、产业结构、农业现代化、人口健康与老龄化、生态环境与城市化、空天海洋拓展、公共安全等领域,面临着日益紧迫的问题。例如,我国能源和资源短缺问题日益突出,已探明的油气资源与大宗矿产资源严重短缺,生物资源的认知、收集、贮备和发掘严重不足,主要栽培农作物品种和园艺品种90%以上的种子供应被国外垄断,水资源的短缺、污染、生态恶化与灾害加剧等问题凸显并且可能发生严重的水危机。又如,我国制造业总体处于价值链的低端,材料产业整体水平不高,资源消耗过大,关键核心技术对外依存度过高,出口增长主要由低价格和数量推动,发达国家的再工业化、可能发生的"第三次工业革命"将对我国要素成本优势、产业结构调整升级、国际产业与技术竞争带来新的冲击,我们要密切关注、认真分析、积极应对,努力化挑战为机遇。

解决这些问题，对相关领域的研发提出了迫切需求，必将加快对我国科技与经济社会发展有重大影响的重大科技突破。综合判断，未来 5 ～ 10 年我国可能在若干方面发生重大科技突破。

量子通信将可能率先取得重大突破。有可能在城域与城际两个方向实现规模化应用，形成新的战略性新兴产业。在星地量子通信和星地量子力学完备性实验检验等空间量子实验方面，我国有可能在国际上率先取得突破，取得具有重大国际显示度的成果。

自主可控的基础软硬件平台将产生重大突破。信息技术领域以重大信息化应用和系统整机为牵引，以重大产品为目标，将能够攻克并掌握核心器件、高端通用芯片和操作系统软件的关键技术，全面形成核心电子器件、高端通用芯片和基础软件产品的自主发展能力，扭转我国基础信息产品在安全可控自主保障方面的被动局面。

干细胞整体研究水平将进入国际第一阵营。我国干细胞部分科研成果已达到国际领先水平，有望在细胞命运调控的基础理论方面取得突破，获得多能干细胞的新技术，干细胞和再生医学研究的大动物模型产业化前景明朗，基于基础研究的干细胞转化工作将得到加强，形成稳定可靠的细胞治疗技术，实现规范化的临床试验与应用。

先进材料可能实现原创突破和全面提升。高性能钢铁等基础原材料的质量有望达到世界先进水平。高铁、核电、大飞机等国家重点工程的关键材料，将实现自给，并形成自主标准。铁基超导体和纳米孪晶强化等研究有望取得原创性重大突破，形成新理论，并可望获得实际应用。

除此之外，我国还有望在普惠计算方面取得重大进展，生物医药领域实现局部跨越式发展，工业生物制造技术进入世界先进行列，泛在制造信息感知与网络技术可能率先取得重大突破，煤炭资源清洁高效综合利用将形成新兴产业，规模化可再生能源发电及分布式电网有望实现商业应用，载人航天、"嫦娥"工程及其他空间重大工程将产生重大突破，深海探测勘察技术将实现跨越发展。

在重要基础前沿研究领域，我国在若干方面已具有深厚的积累，也孕育着新的突破，如暗物质、新粒子发现、河内巡天，有望深化人类对宇宙的认知；在高温超导与拓扑绝缘体、量子存储器、量子调控、介尺度科学等领域，有望探索发现新的物理和化学原理并产生应用价值；在合成生物学、脑科学等研究领域，探索生命的起源和创新科学思维方法成为可能；在数学与交叉科学等研究领域的突破，将极大推动其他学科领域的发展。

三、深入实施创新驱动发展战略

必须走中国特色自主创新道路，坚持自主创新、重点跨越、支撑发展、引领未来的方针，紧密围绕全面建成小康社会的战略需求，抓住新科技革命和由此引发的新工业革命的战略机遇，大幅提升自主创新能力，推动科技与经济紧密结合，加强协同创新，加快建设中国特色国家创新体系。

一是要大幅提升自主创新能力，支撑加快转变经济发展方式。加快推进国家科技重大专项，加强重点产业关键核心技术、重大装备和关键产品研发，突破对产业竞争力整体提升具有全局性影响、带动性强的关键共性技术。推动信息化和工业化融合，加快高新技术向传统产业特别是支柱性的制造业扩散转移，推动传统产业升级。高起点建设现代产业体系，加快培育和发展战略性新兴产业，掌握关键技术及相关知识产权，形成新的经济增长点，培育未来支柱性、先导性产业。

二是要紧紧抓住新科技革命和新工业革命的战略机遇，抢占未来科技经济制高点。抓住关系国家全局与长远发展的关键领域和重大问题，聚焦新工业革命可能的战略领域方向，瞄准可能发生革命性变革的重要基础和前沿方向，凝练重大科学问题和关键核心技术问题，聚焦科技创新目标，超前部署具有前瞻性、探索性的战略先导研究，建设一流科研院所和高水平研究型大学，强化基础研究、前沿技术研究、社会公益技术研究，在关键领域取得重大变革性创新，在战略必争领域取得先导性成果，在科学原理层面取得原创性突破。

三是要大力推进协同创新，提高国家创新体系整体效能。发挥政府主导作用和市场在资源配置中的基础性作用，明确不同创新主体的功能定位，完善协同创新的体制机制，推动科技与产业协同创新，推动科技与区域协同发展，推动科教融合。以知识产权为纽带，以资本为要素，完善科技成果转移转化激励政策，畅通创新价值链，实现创新资源的合理配置、高效利用和开放共享。

四是要着力建设创新生态系统，营造激励创新的环境和氛围。通过财税、金融等政策保障科技投入的持续增长，健全竞争性经费和稳定支持经费相协调的投入机制。完善国家人才培养体系，优化人才队伍结构。健全科技人才竞争择优、开放流动机制，探索有利于创新人才发挥作用的多种分配方式。逐步建立和不断完善注重科技创新质量和实际贡献的科研评价体系。深化拓展国际科技合作，充分利用好全球科技创新资源。保障学术自由，鼓励学术争鸣，营造激励创新、宽松和谐的创新文化和氛围。

前　言

　　科学技术的迅猛发展及其对经济与社会发展的巨大推动作用，已成为当今社会的主要时代特征之一。科学作为技术的源泉和先导，作为现代文明的基石，它的发展已成为全社会关注的焦点之一。中国科学院作为我国科学技术方面的最高学术机构和自然科学与高技术的综合研究机构，有责任也有义务向决策层和社会全面系统地报告世界和中国科学的发展情况，这将有助于把握世界科学技术的整体发展脉络，对科学技术与经济社会的未来发展进行前瞻性思考，提高决策的科学化水平。同时，也有助于先进科学文化的传播和全民族科学素养的提高。

　　1997 年 9 月，中国科学院决定发布年度系列报告《科学发展报告》，连续综述世界科学进展与发展趋势，评述科学前沿与重大科学问题，报道我国科学家所取得的突破性科研成果，介绍科学在我国实施"科教兴国"与"可持续发展"两大战略中所起的关键作用，并向国家提出有关我国科学发展的战略和政策的建议，特别是向全国人大和全国政协会议提供科学发展的背景材料，供国家宏观科学决策参考。随着国家实施创新驱动发展战略和持续推进创新型国家建设，《科学发展报告》将致力于连续揭示世界科学发展态势和我国科学发展状况，服务国家发展的科学决策。各年度的《科学发展报告》采取报告框架基本固定但内容与重点有所不同的方式，受篇幅所限每年所呈现的内容并不一定能体现科学发展的全部，重点是从当年关注度最高的科学前沿领域和中外科学家所取得的重大成果中，择要进行介绍与评述，进而连续反映世界科学发展的整体趋势，以及我国科学发展水平在其中的位置。

　　《2013 科学发展报告》是该系列报告的第十六本，主要包括以下八部分内容：

　　一、科学展望；二、科学前沿；三、2012 年诺贝尔科学奖评述；四、2012 年中国科学家代表性成果；五、公众关注的科学热点；六、科技战略与政策；七、中国科学发展概况；八、科学家建议。

　　本报告的撰写与出版是在中国科学院白春礼院长的关心和指导下完成的，得到了中国科学院规划战略局、中国科学院院士工作局的指导和直接支持。中国科学院国家科学图书馆承担本报告的组织、研究与撰写工作。丁仲礼、杨国桢、杨福愉、陆埮、陈凯先、姚建年、郭雷、曹效业、潘教峰、夏建白、于在林、习复、白登海、叶成、吕厚远、刘国诠、李卫、李永舫、李喜先、吴善超、邱举良、邹振隆、张利华、赵见高、郭兴华、黄矛、龚旭、程光胜、谭宗颖等专家参与了本报告的咨询与审稿工作，本报告的部分作者也参与了审稿工作，中国科学院规划战略局陶宗宝、蔡长塔、刘剑同志对本报告的工作给予了帮助。在此一并致以衷心的感谢。

中国科学院"科学发展报告"课题组

目　　录

CONTENTS

第一章

科学展望

An Outlook on Science

1.1 新生物学：生命科学的第二次多学科交叉浪潮

吴家睿

(中国科学院上海生命科学研究院，中国科学院上海高等研究院)

20世纪40年代，奥地利物理学家薛定谔(Schrödinger)写下了《生命是什么》一书，从物理学的角度对生命现象进行了卓有创见的讨论，指出生命与非生命没有本质上的差别，生命活动是以物理学定律为基础的。今天生命科学中的许多重要概念，如"遗传密码"就是该书首次提出的[1]。在那段时期，许多物理学家和化学家转入生物学研究领域，如美国化学家鲍林(Pauling)和物理学家德尔布鲁克(Delbrück)；许多新型的物理或化学的技术手段被发展出来用于生物体和生物分子的研究，如X射线衍射仪和离心机。这就是生命科学的第一次多学科交叉浪潮。从此，以描述为主的传统生物学转变成基于物理和化学实验方法的现代生命科学，其代表学科就是分子生物学。分子生物学的迅速发展，带动了生物学各分支学科向分子水平研究的深入：一方面是在分子水平上对遗传和发育等各种生命现象进行解释；另一方面是把分子生物学研究手段推广到宏观生物学学科，如进化论、分类学、生态学，用实验的方法研究传统的生物学问题，使微观研究和宏观研究得到了紧密的结合。经过科学工作者半个世纪的努力，生命科学已成为自然科学中发展最快、影响最大的学科之一。

20世纪90年代，随着"人类基因组计划"的实施，生命科学进入了一个"后基因组"(post-genome)时代。在这样一个时代，生命科学关注的范围越来越大，涉及的问题越来越复杂，采用的技术越来越定量化。这一切使得科学界再一次兴起生命科学的多学科交叉浪潮；不仅物理和化学继续介入，而且数学、信息科学、计算机科学和工程学等更多的非生物学学科也都进入到了生命科学研究领域。为此，美国国家研究理事会邀请了16位杰出的生命科学领军人才和其他学科的技术专家，组成一个研究团队，深入分析了在目前科学技术迅速发展形势下的生命科学发展趋势。该项研究的报告于2009年9月发布，题为"21世纪的新生物学：确保美国领导即将来临的生物学变革"(A New Biology for the 21st Century：Ensuring the United States Leads the Coming Biology Revolution)[2]。在这些科学家看来，当前的生命科学已经处于革命性变化的前沿，新生物学正在形成。新生物学的核心特征是，生命科学与其他学科的高度整合，生物学家与物理学家、化学家、计算机科学家、数学家以及工程师等不同学科的专家密切交流与合作，形成一个有利于更深层次地理解生物复杂系统、能够处理重大科学和社会问题的新生物学研究共同体(图1)。

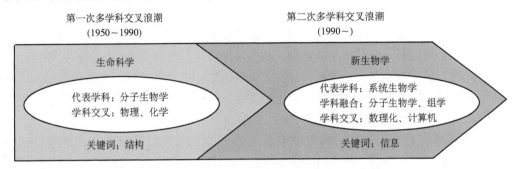

图1　生命科学研究领域的两次多学科交叉浪潮

一、对生命复杂系统的研究奠定了基于整合特色的新生物学

20世纪中叶，第一次多学科交叉浪潮为生命科学打下了"还原论"的理论基础：生物体同样遵循非生命世界的物理和化学规律；如果人们能够揭示生物体的组成分子，如核酸或蛋白质的结构与功能，就能够认识和解释细胞乃至个体的各种生命活动。在还原论的指导下，人们把重心放在研究个别基因、个别蛋白质的结构与功能上，形成了一种"碎片化"的研究模式。然而，20世纪末的"人类基因组计划"引发了人们对生命的全局性关注，并导致了许许多多与各种生物大分子或小分子相关的组学的出现，如蛋白质组学(proteomics)、转录组学(transcriptomics)、代谢组学(metabolomics)等。组学的核心思想正是整体性研究，即以细胞或者机体内的某一类生物分子，如全部基因表达产物或蛋白质为对象进行完整的研究。

随着"人类基因组计划"以及其他各种组学研究取得巨大进展，研究者不再满足于研究个别基因或个别蛋白质，而是将视野逐渐扩展到生物体内众多组分之间的相互作用。越来越多的科学家认识到，生命活动并非是过去还原论者想象的那样简单——由个别单分子决定；而是由体内成千上万的基因、蛋白质和代谢小分子之间广泛的相互作用构成的复杂网络来实现。所有的生理或病理活动都基于这种复杂分子网络的结构和动力学机制之上。"人类基因组计划"发现，在人类基因组中，只有1.5%左右的序列是用来编码蛋白质的基因，大约有2.5万多个；这些基因能够制造出数十万种蛋白质。人们起初认为，在人类基因组内的非编码蛋白质序列大部分都没有生物学功能，因此又被称为"垃圾序列"(junk sequences)。但是，美国启动的基因组功能研究计划——"DNA元件百科全书计划"(The Encyclopedia of DNA Elements Project)最近报道，基因组内大约80%非编码蛋白质的核苷酸序列也有生物化学功能[3]。显然，生命的复杂程度远远超出了人们的想象。

为了研究生物复杂系统，在21世纪初诞生了一门新兴的交叉学科——系统生物学。这门学科通过基于经典实验生物学技术的"湿实验室"研究与计算机数据分析和数学建模技术的"干实验室"研究之间的整合，从整体性角度对生物复杂系统的构成和活动机制进行研究。自1999年在美国西雅图成立了世界上第一个系统生物学研究机构以来，这门新学科已经在世界各发达国家有了广泛的发展，并在中国也有了许多相应的研究机构和专门的人才培养点，现已成为当前国际生命科学研究的一个主流学科。

系统生物学不仅在基础研究方面得到重视，而且在人口健康领域也逐渐得到重视。随着社会经济的发展、生活方式的改变和人类寿命的延长，人类疾病谱从以传染病为主变成以慢性病为主。与传染病研究领域相比，研究者在慢性病的发病机制和防治方法方面的研究进展缓慢，主要原因之一是，目前的生物医学采用基于还原论的分子生物学等经典实验生命科学研究模式，通常只是从个别基因或者个别蛋白质的变化来理解慢性病的机制。系统生物学的出现为克服这种局限性提供一个有力的工具；它注重从复杂的、整体的角度对慢性病的发生发展机制进行研究，并注重把分子层面的复杂行为与细胞、组织、器官、个体等不同层面的活动整合起来进行系统的分析。

显然，系统生物学的诞生也进一步证明了当前新生物学的存在及其特征。新生物学之"新意"主要表现在两个方面：首先是生物学内部的各种分支学科的重组与融合；其次是物理、化学、数学、信息科学和工程学等众多非生物学科与生物学之间的交叉与整合。系统生物学这门新学科一方面融合了经典的分子生物学、细胞生物学以及基因组学、蛋白质组学等各种生物学分支学科的研究策略和研究技术，从生物体的局部到整体开展系统性研究；另外一方面整合了数学、信息科学、计算机科学等非生物学科，进行海量生物数据分析以

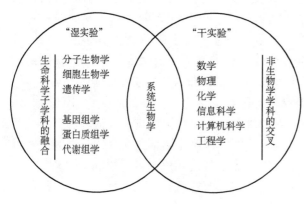

图2　系统生物学的学科整合特点

及生物分子网络的动力学建模，进而对生物复杂系统的行为进行预测。可以说，系统生物学就是新生物学的标志性学科(图2)。

二、高通量分析与大数据管理成就了基于信息处理的新生物学

结构一词可以说是20世纪分子生物学的关键词。利用X射线衍射技术揭示的DNA双螺旋结构为人类展示了遗传活动的分子基础；而采用同一技术了解到的蛋白质三维空间结构则是认识蛋白质功能的基础。分子生物学家认为，不同种类的生物大分子的特定空间结构导致了不同的生物学功能。"结构决定功能"是20世纪生命科学的基本信条。但是，对于新生物学而言，信息一词才是关键词。可以说，21世纪的生命科学是建立在信息处理的基础之上的(图1)。

随着"人类基因组计划"的实施以及各种组学的出现，基因组测序以及各种高通量生物学研究技术快速发展，生物学数据量以指数级数的速度增长。在2000年人类基因组草图发表时，美国的基因数据库(GenBank)拥有近8×10^9个碱基序列。近年来，由于采用了第二代核酸测序技术——深度测序(deep sequencing)，高通量测序能力更是迅猛提高。目前，基因数据库拥有的碱基序列已经达到2.7×10^{11}个，即基因数据库的数据量大约是每18个月翻一番。为了应对大数据的存储、处理及分析，研究者越来越依靠先进的数学和高性能计算机技术。2012年3月，美国国立卫生研究院(NIH)宣布，"千人基因组计划"所测定的个体基因组序列的全部数据(总量预计达到200TB。1TB[terabyte]=1万亿字节)将由亚马逊(Amazon)公司旗下的云计算公司"亚马逊网络服务"(Amazon Web Services)负责存储并对公众开放。

生物学信息的处理不仅面临着海量数据的巨大挑战，而且还面临着复杂数据的巨大挑战——生物数据库里面的数据类型已经远远不止是DNA序列了，还包括大量基于质谱图谱的蛋白质组数据和代谢小分子数据，以及基于生物分子成像技术和芯片技术的生物分子、细胞、组织和个体等的三维甚至四维动态数据。为了处理并分析复杂的生物学大数据，研究者需要利用物理学、信息科学乃至天文学、地球科学等各种学科的最新技术。显然，生物信息处理能力已经成为生命科学发展不可或缺的基础。各个发达国家纷纷加强了生物信息处理能力的建设。目前，美国国立卫生研究院拥有世界上最大的生物学数据库和生物信息研究中心——国立生物技术信息中心(National Center for Biotechnology Information, NCBI)。欧洲分子生物学实验室下属的欧洲生物信息学研究所则仅次于NCBI。2012年7月，英国政府和私立基金会决定联合投资7500万英磅，在欧洲生物信息学研究所再建设一个新的生物信息技术中心。该中心将为学术界和产业界的研究人员提供支持，并开展产业导向的生物信息领域的临床转化研究。

　　高通量研究和大数据处理不仅帮助人们进一步全面、深入地认识生命，而且在保护人类健康和抗击疾病方面也发挥了重要作用。国际疾病分类体系(International Classification of Diseases，ICD)已有110年的发展历史；现在被世界广泛采用的ICD是世界卫生组织在1994年修订的版本。随着核酸和蛋白质等各种生物分子数据，特别是疾病相关数据和个体患者数据的规模化高效获取，需要把这些海量生物医学研究信息整合到疾病分类体系中，从而能够更精确地定义疾病，并提供新的医疗实践指南。为此，美国国家研究理事会在2011年11月发布了题为"迈向精确医学：构建生物医学研究知识网络和疾病分类体系"(Toward Precision Medicine: Building a Knowledge Network for Biomedical Research and a New Taxonomy of Disease)的报告，提出了构建基于生物学信息和大数据的人类疾病分类新体系的基本方案[4]。

　　上述方案的要点是，建立含有信息共享空间(information commons)和知识网络(knowledge network)的信息库(information bank)。其中，信息共享空间中要有大规模患者群体的数据可供研究；当前的任务是在医疗环境中开展试点研究，广泛采集信息共享空间所需的个体患者的分子和表型数据；同时要制定数据共享标准，让研究人员能够从中挖掘有用的信息。而知识网络则通过整合个体患者在基因组、蛋白质组、代谢组以及其他类型的数据，形成一个相互联系的数据网络，使生物学数据与生物学研究的知识相结合，从而提高数据的生物学和临床价值。在信息库建设的基础上制定新的疾病分类体系，从而发展出更精确诊断、更有效治疗的"精确医学"(图3)。

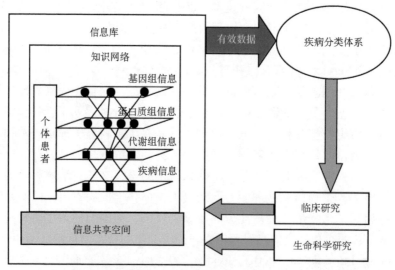

图3　基于生物学海量信息和知识网络的疾病分类体系与精确医学

　　就在美国发布"迈向精确医学"报告的同时，欧洲科学基金会也发布了题为"健康研究分类系统——目前的方法和未来建议"(Health Research Classification Systems—

Current Approaches and Future Recommendations)的报告。该报告建议，应该通过不断开发新的信息组合和利用方法，以降低健康研究领域的分类成本，并提高分类系统的灵活性。可以说，生命科学目前获得的海量信息正在让人们重新审视传统的医学观点，而获取和利用生物学信息的方法正在成为未来抗击疾病的重要武器。

三、新的科研模式打造了旨在解决 社会重大需求的新生物学

20世纪的分子生物学采用了物理和化学的研究模式，即以科学问题为导向的"假设驱动的科学"。在分子生物学年代，研究者通常是在个人好奇心的驱使下提出研究课题，并选择相应的研究内容；其研究成果与应用前景没有紧密联系，与社会需求常常脱节。随着"人类基因组计划"的实施，生命科学不再是科学家在"象牙塔"里从事的"纯科学"，而是解决人类社会面临的巨大挑战的重要工具。美国科学家在2009年关于新生物学的报告中指出，新生物学可以用来解决来自粮食、环境、能源以及健康等4个方面的挑战。

新生物学所开展的面对社会重大需求的研究是传统的个体化科研体制和经费资助结构难以支撑的，需要不同国家、不同科研团体和部门的精密设计和跨界合作，需要来自政府、学术机构和民间组织等不同经费渠道的共同支持。最近发表的"千人基因组计划"就是一个国际大协作的成功范例。该研究论文仅仅署名就包括了美国、加拿大、英国、德国、中国等14个国家的110个研究机构的300多名研究人员；他们分属于总体协调组、数据生产组、数据分析组、结构变异分析组、外显子分析组、功能解释组、数据协调中心组和样品制备组等[5]。显然，如果不进行多项资源的有效整合，不注意各种研究队伍的技术特长和工作任务之间的充分协调，新生物学的巨大潜能就很难得到释放。

在新生物学形成的过程中，工程学的参与是一个重要特色。工程学的本质就是预测性的设计。在面对不完整的信息的情况下，工程学致力于建立可以在特定的条件下稳定运行的系统。由于生物系统的复杂性，研究者通常获得的信息有限。因此，工程学方法为解决生物学中复杂的内在问题提供了新思路。2011年1月，在由美国科学促进会主办的论坛上，美国麻省理工学院的研究人员发表了题为"第三次革命：生命科学、物理学和工程学的汇聚"的报告，认为融合了生命科学、物理学和工程学的"汇聚"(convergence)作为新的科研模式，将可能为生物医学和其他科学领域带来革命性进步[6]。汇聚技术不是简单地把一个学科的研究方法用于另一个学科——来自物理学和工程学的技术和方法可用于生物学研究，而生命科学也同时可以影响物理学和工程学。这些研究人员认为，在汇聚研究领域，多学科的思维与分析技术将有助于发现新

的科学原理；物理学家和工程师将与生物学家和医生一起去面对众多的医学挑战。

合成生物学(synthetic biology)的诞生也体现了当前工程学对生命科学发展的影响。这门新学科建立在系统生物学和工程学的理论和方法的基础之上；其主要任务是，通过标准化的生物模块的分析与设计，将生物复杂系统内的多元成分从功能性方面联系在一起；并致力于利用生物模块作为原料，构建出新的生物系统，最终实现人工细胞或生物仿生系统在工业或医疗领域的应用。合成生物学的目标是，发现生物系统中的核心设计原则，并利用这些设计原则去进行生物系统的预测和改造。

人类正在面对由于人口老龄化和生活方式改变所带来的健康和疾病问题的挑战。虽然世界各国，尤其是美国等发达国家在人口健康领域给予了巨大的经费投入，并在生命科学的前沿领域取得了许多重大成果；但是，在提高人类健康水平和抗击疾病方面的实际情况并不乐观。由此，美国国立卫生研究院在2003年正式提出了"转化型研究"(translational research)的新研究模式，即形成"从实验室到病床"的一个双向开放的研究过程。转化型研究希望打破基础研究与药物研发和临床研究之间的现有屏障，在其间建立起直接关联；把基础研究获得的知识成果快速转化为临床方面的防治新方法(图4)。

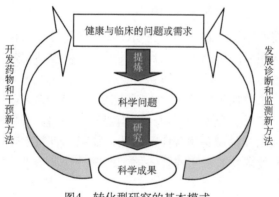

图4　转化型研究的基本模式

当前，基于转化型研究模式的转化医学已经得到了美欧等发达国家和地区的高度重视。美国政府已在40多所大学建立了转化医学中心；美国国会于2011年12月批准在美国国立卫生研究院成立一个专门开展转化型研究的新机构——国立转化科学推进中心(National Center for Advancing Translational Sciences)，通过政策和经费等各种措施，推动美国医学研究机构之间转化型研究的合作。在我国，转化医学也正在得到人们越来越多的关注和支持，许多院校和科研单位都成立了转化医学研究中心，为我国转化医学的未来发展打下了坚实的基础。卫生部在2012年发布的《"健康中国2020"战略研究报告》中明确提出"推动有利于国民健康的医学模式的转化"。可以说，转化型研究的出现代表了新生物学在生物医学领域研究模式的革命性转变。

参 考 文 献

1　埃尔温·薛定谔. 生命是什么. 罗来鸥, 罗辽复译. 长沙: 湖南科学技术出版社, 2003. 59-60.

2　National Research Council USA. A new biology for the 21st century: ensuring the United States leads the coming biology revolution. http://www.nap.edu/catalog.php?record_id=12764[2013-01-05].

3　The ENCODE Project Consortium. An integrated encyclopedia of DNA elements in the human genome. Nature, 2012, 489 (7414): 57-74.

4　National Research Council USA. Toward precision medicine: building a knowledge network for biomedical research and a new taxonomy of disease. http://www.nap.edu/nap-cgi/report.cgi?record_id=13284&type=pdfxsum [2013-01-05].

5　The 1000 Genomes Project Consortium. An integrated map of genetic variation from 1,092 human genomes. Nature, 2012, 491 (7422): 56-65.

6　Massachusetts Institute of Technology. The third revolution: the convergence of the life sciences, physical sciences and engineering. http://web.mit.edu/dc/Policy/MIT%20White%20Paper%20on%20Convergence.pdf [2013-01-05].

New Biology: The Second Wave of Multidisciplinary Research in Life Science

Wu Jiarui

The first wave of multidisciplinary research in life science was generated due to physics and chemistry entering the area of biological research in the middle of 20th century. Since then, traditional biology has been transformed into modern experimental life science based on physical and chemical theories as well as their technologies. Today, the second wave of multidisciplinary research in life science is coming, which might result in the born of a New Biology. The major characteristics of New Biology are the merger of various sub-disciplines of life science and the integration of mathematics, physics, chemistry, information science and other non-biology disciplines with life science. A new scientific community on a new biology is forming based on tight interaction and inter-disciplinary cooperation among biologists, physicists, chemists, mathematicians and engineers, which aims to understand the complex biological systems and solve the big challenges in food, energy, environment and health.

1.2　加强海洋生态学及其观测技术研究

——修复沿海、开发陆坡的生物资源

苏纪兰[1]　周　朦[2]

(1 国家海洋局第二海洋研究所；2 清华大学)

一、海洋是我国可持续发展的重要基础

党的十八大报告明确提出，要"提高海洋资源开发能力，发展海洋经济，保护海洋生态环境，坚决维护国家海洋权益，建设海洋强国"。海洋经济在近年我国经济快速发展成为世界第二经济大国的过程中做出了很大的贡献，海洋产业增加值目前已接近全国GDP的6%。但是我们的沿海环境、生态和资源也为此付出了极大的代价，遭到很大破坏。目前我国的海洋生态环境状况已严重制约了我国经济的可持续发展，同时我们现有的海洋科学和技术既不足以解决近海(沿海－陆架－陆坡－海盆)环境、生态和资源问题，更无法满足和支持深远海资源开发以及国家安全的需要。这是我们未来必须面对的巨大科学技术挑战。

渔业是我国经济的重要组成部分，渔业产品历来在国民食物中占有重要比重，渔业的稳定增长对我国经济社会的可持续发展有重要的意义。2010年淡水渔业年产量为0.26亿吨，海洋渔业年产量为0.28亿吨。海洋渔业中海水养殖产量和海洋捕捞量分别为0.15亿吨和0.13亿吨，海水养殖产量居世界之首。以我国海洋初级生产力为124~365克碳/(米^2·年)估计，渤海年初级生产量为3亿~9亿吨，黄海为16亿~46亿吨，东海为32亿~94亿吨，南海为150亿~430亿吨，总计为200亿~580亿吨/年[1]。我国海平均营养级估计为3级，若营养级之间转换效率为10%，我国潜在可持续海产捕捞量渤海为0.03亿~0.09亿吨，黄海0.16亿~0.46亿吨，东海0.32亿~0.94亿吨，南海1.5亿~4.3亿吨，鱼类蛋白质总计可达2亿~5.8亿吨/年[2]。但由于我国过去几十年的过度捕捞和近海生态环境的恶化，近年来海洋渔业捕捞质量急剧下降，同时捕捞量也逐渐减少。修复我国海洋环境、恢复生态平衡是提高海洋渔业水平的基础，对我国经济稳定持续发展至关重要。

我国面临的海洋环境、生态和资源问题在发达国家发展过程中也曾经经历过。比如，20世纪40年代美国加利福尼亚州近海的沙丁鱼渔业和80年代美国东北部近海的鳕

鱼由于被过度捕捞，濒于灭绝时，美国联邦、加利福尼亚州政府及涉海大学和研究所协同进行了持续的海洋生态环境和渔业的调查和过程研究，逐渐恢复渔业产量。再如美国东岸的切萨皮克湾和南部密西西比河三角洲地区，由于农业、工业和城市发展，大量的生活、工业和农业废水排入，导致有害藻华暴发及低氧和无氧区扩大，再加上湿地破坏导致底栖生物和鱼蟹贝的卵及幼体死亡，这些地区被公认为海洋死亡区。80年代美国联邦和周边各州政府制定了水域减少营养盐的方案及水质、环境、生态、产卵育幼场和渔业资源等的修复计划，生态和渔业资源逐渐恢复。这些都是我们在经济发展中可以学习的例子。

在修复沿海和海洋专属经济区生态系统和资源的同时，我们还必须走出陆架寻找更多的海洋生物资源以满足我国经济的发展。陆坡连接陆架(水深：100～200米)与海盆(水深：1000～3000米)，是大陆和海洋地壳板块交接之处。在陆坡上陆架水与深海水交汇，使得大量陆源及海源沉积物在此聚集，生物生产力增高，因而有丰富的渔业资源。南海是世界上最重要的渔场之一，年捕捞产量为0.11亿吨，有鱼类3300多种[3]。我国目前在南海的年捕捞量为220万吨，占整个南海周边国家总捕捞量的20%，但南海陆坡带的渔业资源尚远未充分开发。

南海的陆坡与邻近海盆的油气储存远超过美国在墨西哥湾和阿拉斯加的油气储量[4]，周边国家在南海陆坡开发石油已经十几年，我国开发南海油气已迫在眉睫[5]。但开采深海油气对海洋生态环境和渔业可能造成危害，如2010年墨西哥湾和2011年渤海的石油泄漏事件都是前车之鉴。对南海陆坡带生态环境和过程的充分认识，是科学和安全地利用和开采南海生物和油气资源的前提。

中国海岸线总长3.2万公里(其中不包括岛屿的大陆海岸线总长为1.8万公里)，海域经济区东面接壤朝鲜、韩国和日本，南面接壤菲律宾、越南、马来西亚、印度尼西亚等东南亚国家。过去10年来，我国渔民为捕鱼权与邻国冲突不断。修复沿海海洋生态环境和渔业资源，保护和开发陆坡和深海资源是解决我国对生物资源的需求，实现与邻国和平共富的根本对策之一。

修复、保护和开发海洋生态环境和海洋资源首先需要对海洋生态环境和过程有充分的认识，并基于这些认识建立以海洋生态环境科学为基础的海洋功能区划分及渔业管理政策和法律。海洋科学的认识需要具有充分的海洋观测能力，虽然我国海洋研究在理论及实验室手段上相当先进，但海上取样和观测能力方面则非常薄弱，仪器设备主要依赖于进口。国际经验和我国海洋技术的发展历史均表明，只有海洋科学和技术的结合才能促进海洋观测技术的研发能力。必须促进海洋科学和技术的结合，培养一代以海洋观测为主的海洋专业人才，发展自己的海洋技术研发团队和产业，才能完成党的十八大提出的建设"海洋强国"和"美丽中国"的重任。

二、沿海生态环境与资源的修复是促进
海洋经济发展的保障

我国沿海和海洋专属经济区曾经是世界上渔业最高产的海域之一，盛产大黄鱼、小黄鱼、带鱼、鲈鱼等经济鱼类，以及对虾、梭子蟹、乌贼和海参等各种名贵海产品。直到1960~1970年沿海大开发之前，我国的海产品"取之不尽、捞之不绝"。伴随改革开放，我国的海产品不仅为国人提供了高质量的蛋白质，同时又成为一个重要的外向型行业，水产品出口额已连续多年占到农产品出口额的30%。随着捕捞技术的进步和捕捞强度的提高，我国海洋捕捞产量从20世纪50年代的年产量100万吨发展至2000~2010年的年产量1300万吨；与此同时，捕到的鱼却越来越小，主要经济鱼种逐渐消失[4]。我国沿海和海洋专属经济区经济鱼类和其他海产品急剧减少的原因是多方面的，比如，过度捕捞导致鱼类种群亲体量过低；围填海对鱼类产卵地、育幼地、索饵地的破坏，对鱼类洄游关键区域的阻碍导致鱼类生命周期的破坏；沿海城市化、工业、农业和养殖业发展造成海水污染，海洋环境急剧恶化，有害藻类和绿藻水华及水母暴发的规模和频率逐年增加。所有这些生态环境问题都对野生鱼类的生长和发育造成了不利影响。

过度捕捞直接减少鱼类种群亲体量，从而减少鱼卵和幼鱼数量，造成鱼类群体的补充量减少、种群衰退。近年来，一些重要经济海产品如大黄鱼、真鲷和中国对虾的捕获量剧减或消失，并且渔获物低龄化趋势明显，渔获量的60%以上为幼鱼和1龄鱼，都充分说明这些经济鱼类资源已经严重衰退或濒于灭绝。每个鱼种在食物网中都是一个传递生物量的连接，鱼群数量的减少和鱼种的灭绝直接影响生物量的传递，造成食物网和生态的不平衡和不稳定，进一步影响其他鱼种的生长和繁衍，造成生态和食物网的破坏。例如，过量捕捞大黄鱼使得野生大黄鱼濒于灭绝，从而降低了大黄鱼对其食饵——小杂鱼的捕食压力，而小杂鱼的增多又增加了对浮游动物的捕食压力，这反过来又减少了对浮游植物的噬食压力，这也是除富营养化之外可能导致水华和水母暴发频率增加的原因之一[6]。恢复海洋生态平衡和修复食物网是减少海洋生物灾害和提高海洋资源量的根本方法。

填海造地和围海养殖是鱼类自然产卵和育幼海域消失的主要原因。大部分中国经济鱼虾种群都有特定的洄游习性，成鱼和成虾栖息于近海的中下层水，洄游至河口及滩涂湿地特殊底质区域产卵，孵化后仔稚鱼利用河口和滩涂湿地丰富的海藻和浮游动物为饵料，生长发育后幼鱼又逐渐外游。随着沿海经济的发展，再加上耕地保护政策的执行，改革开放以来掀起了向大海要地的热潮，大量滩涂和浅海被围垦，特别是河口及海湾，随之而消失的是大面积的自然鱼类产卵、育幼的海域。例如，渤海湾70%的海岸已被围垦，围垦滩涂面积达720多平方公里，其中曹妃甸原有大面积的浅湾滨海

湿地，在其围垦计划中，围垦滩涂湿地为300多平方公里，90%的滩涂湿地将会消失。海水养殖也同样会破坏生态环境，导致鱼类自然产卵和育幼海域的消失。我国海水养殖面积从2003年的460平方公里发展至2010年的18 000平方公里[4]，其中渤海为我国最大的海水养殖基地，鱼塘和浅水养殖面积达渤海总面积的18%。渤海湾曾是中国对虾在黄渤海的主要产卵场和仔稚虾的栖息地，但如今基本消失[7]。类似的情况也发生在与长江三角洲相邻的苏北、上海和浙北沿海的渔场，以及我国其他的沿海海域。

在我们过度捕捞和破坏鱼类产卵地、育幼地、索饵地和洄游区等栖息地的同时，陆源和沿海养殖废水排放造成近海海水富养化。大量营养盐和有机物进入近海，造成水华、水母暴发和低氧区，造成鱼类死亡和破坏鱼类产卵育幼场。譬如渤海湾由于陆源和养殖废水排放导致其总氮量为我国重要渔业区域内最高，水质严重污染，从第一、二类降到近年来劣于第四类。

此外，近海沉积物中主要污染物为石油类和重金属。水污染直接和间接影响了海洋生物的行为、生长和生殖，致使对污染敏感的生物种类和个体数量减少甚至消失，耐污生物种类个体数量增多，破坏了生物种群的多样性、生态系统的平衡和稳定性。随着近海油气的大力开发，油田密集引起溢油事故连年发生，如2011年溢油造成5500多平方公里海水污染，其中渤海湾为重灾区。这些事故对海洋生态系统会造成更大的压力和破坏。

世界许多国家对过度捕捞和沿海工业化导致的近海生态失控和渔业产量下降进行了研究和治理，相关的经验值得我们借鉴。例如，在美国：

● 加利福尼亚州渔业合作调查(CalCOFI)：当20世纪40年代加利福尼亚州近海的沙丁鱼产量降低时，美国联邦和加利福尼亚州政府及斯克利普斯(Scripps)海洋研究所协同进行了CalCOFI，在加利福尼亚州近海进行了持续至今的海洋生态环境和渔业的调查和过程研究：开展了1950~1960年渔业资源调查，1970~1980年食物链潜在生产力研究，1990~2000年综合生态系统和鱼类生活史研究，及2000年后针对气候、生态系统和食物网变化机制的研究。CalCOFI成为海洋生态环境和渔业研究的典范。

● 切萨皮克湾生态治理：美国东岸的切萨皮克湾曾经有过富饶的鱼蟹贝资源，但在20世纪70年代由于大量的生活、工业和农业废水排入，导致该湾有害藻华暴发和低氧区扩大，再加上湿地破坏导致底栖生物和鱼蟹贝的卵及幼体死亡，该湾成为公认的海洋死亡区。80年代联邦和周边各州政府制定了切萨皮克湾水域营养盐减少40%的方案；21世纪初进一步实施水质、环境、生态、产卵育幼场和渔业资源等的修复计划，鱼蟹贝资源逐渐恢复。

为保护渔业资源，美国政府通过了一系列法律法令，并于2010年发布了《海洋、我们的海岸与大湖区管理的总统行政令》，将修复受损近海生态和渔业资源、建立以环境－生态－食物网为科学基础的海洋和渔业管理、海洋功能区划分上升为法律。欧盟也有类似的举措。这些法律的制定促使海洋研究的深度从过去仅仅用以限制和减少污染物深入到对海洋环境－生态－食物网的总体认识和监控，以达到在保护海洋环境、稳定海洋生态和提高渔业产量的同时促进海洋经济的发展。

我国海洋环境保护法制定于1982年，过去30年来进行了一系列的修正补订，主要内容还是对排污总量的检测和控制[8]。近年来，人们对湿地、生物多样性和生态平衡的重要性逐渐认识，但尚未对海洋环境和生物习性、生物资源和可持续性开发、沿海工业发展和生态系统保护等关系进行综合研究，更未将科学成果作为修复海洋环境和生态及划分海洋功能区的依据。我们必须以认识海洋生态过程为根本、以环境－生态－食物网的科学系统为基础制订海洋保护相关法律，并以此指导海洋功能区划分和渔业管理。

在过去20多年中，我国对鱼虾产卵场、有害藻华、海洋水质污染和低氧区、水母暴发等进行了一系列的科学研究并设立了观测站。这些研究项目给中国海洋科学带来了很大的进步，解释了我国近海出现的部分环境和生态问题。但是这些研究无法代替也不能达到对海洋环境和生态进行系统性研究的要求。在未来的海洋研究中，我们在重视专项研究的深度的同时要重视海洋研究的整体性、系统性、长期性和连续性，将修复海洋环境、生态、生物种群和渔业资源作为我国长期战略目标，完成"十二五"提出的"统筹海洋环境保护与陆源污染防治，加强海洋生态系统保护和修复"重大任务。

三、陆坡－海盆生态环境研究是制定深海生态保护、资源开发策略与管理政策的必要条件

陆坡位于陆架边缘，陆架上的有机物和沉积物进入深海的最有效方式是随浊流顺陆坡流下，陆坡上的各种中尺度过程导致陆架和海盆之间的水体、物质和生物交换，大量浮游动物和中层鱼汇聚于陆坡，捕食陆架上输送于陆坡的有机物和陆坡上升流区繁殖的藻类和浮游动物。这些中层鱼类大部分都还没有被开发捕捞。

中层鱼的研究和开发始于20世纪70年代。世界上许多国家和国际渔业组织对太平洋、大西洋、南大洋、印度洋、北极海域及一些边缘海进行了一系列的中层鱼类生物量调查、食物网研究及探捕和渔业评估。挪威等发达国家最早开始研究挪威海、地中海、阿曼海、阿拉伯海和印度洋中层鱼类生物量和分布，提出中层鱼类可作为人类新的渔业资源，并积极发展捕捞技术；1982～2002年，俄罗斯对纽芬兰和法罗岛海区的中层鱼分布和渔业进行研究，从2002年起开始发展捕鱼技术和进行经济效益研究；1996～2001年冰岛对冰岛海陆坡中层鱼渔业进行研究并从2002年开始中层鱼渔业捕捞试验。伊朗和阿曼等发展中国家则从1970年起与挪威和韩国等国合作在阿曼湾开展中层鱼调查，并于2000年起开始建立中层鱼渔业；1990～2000年菲律宾、越南、泰国等

国对南海中层鱼进行种群数量和渔业调查，探讨建立渔业的可能性。

多年的研究结果表明，灯笼鱼占陆坡上渔业资源量的65%，全球灯笼鱼年产量估计为8亿~10亿吨，是全球现有海水鱼捕捞量的10倍。2005年国际科学联合会理事会的海洋研究科学委员会特别成立工作小组，研究中层鱼种群、生物量和渔业潜力。我国在东海、南海也进行过中层鱼调查以及可开发性的初步研究，调查结果证实中层鱼在陆坡上大量聚集，南海为灯笼鱼高产区，仅仅广东省外陆坡灯笼鱼即达到140万吨，整个南海可达0.2亿~1亿吨[9]。陆坡上的中层鱼是一个潜在可开发的巨大生物资源。

我国渔业和资源开发必须走出近海陆架，进入陆坡、深海和西太平洋，从而走向世界大洋，这是我国经济社会发展的需求。虽然我国捕捞和养殖海产品占世界海洋渔业总量近30%，但一方面我国捕捞产量中高值优质鱼类甚少，另一方面远洋的比例不到4%。我国内地缺少捕捞远洋优质鱼类所需要的先进技术和手段，如以高值鱼类金枪鱼为例，日本、中国台湾、印度尼西亚和韩国的每年捕获量分别为56万、50万、40万和27万吨，而我国内地捕获量仅为15万吨[10]。西太平洋和南海是各种金枪鱼的产卵和育幼场，幼鱼常常捕食于陆架和陆坡，以浮游动物和磷虾为主，随着成长逐渐开始捕食中层鱼、乌贼和其他鱼类的幼鱼。有的金枪鱼成鱼生活于近海，有的种群则洄游于整个大洋至太平洋北部和东部，穿越多国海域和海洋经济区。金枪鱼的长距离洄游性和南海周边国家金枪鱼渔业发展使得保护和开发金枪鱼渔业成为一个海洋资源保护和合理分享的国际性海洋事务。

在生命系统的进化过程中，中层鱼和大洋鱼类种群的生活史和习性都已和整个生态系统达到了短期到长期的生态和能量转换平衡，成为生态系统和食物网中关键的环节。陆坡和海盆渔业资源的开发必然会给其生态系统带来巨大压力。同样，陆坡油气开发也给陆坡和海盆生态系统带来潜在的威胁。深海溢油不仅随海流污染沿海生态和海水养殖区域，造成巨大经济损失，而且造成对陆架、陆坡和深海鱼类的污染。因此，需要对陆坡和海盆的生态群落和食物网有充分的认识，才能在合理开发这些海洋资源中保护这一生态系统，以达到可持续发展的目的。

陆坡和海盆具有许多有待研究认识的重要物理、生化和生物过程。例如，陆坡地形形成环流和漩涡的机制及其对物质输运和海洋生物种群洄游的影响；海盆内中尺度涡的生成过程及其对生产力、食物圈、垂直碳通量的作用；鱼类的产卵、育幼、索饵和洄游的生活史和习性与中-大尺度流场和生化环境的关系等。如美国在20世纪80年代开始对加利福尼亚州所产生的陆架和海盆之间的物理和生物通量进行研究，90年代美国海军在加利福尼亚州陆坡研究中尺度涡生成和物质输送机制，21世纪初美国国家海洋与大气管理局展开对陆坡至洋中脊(0~3000米)中深水层鱼量和多样性等研究。从2010年起，美国科学家已经召开了一系列有关陆坡-海盆大-中尺度物理、生化、生物和种群综合过程研究的科学-技术讨论会。欧盟也开展了类似的研究，如20世纪90

年代开展的穿越挪威海陆坡和海盆的物理过程、生物输运和渔业研究,21世纪初开展了一系列的近海和海盆生态、鱼产量和渔业的长期变化研究,2010年起开展了北大西洋近海－海盆整体物理、生化、生物和种群过程研究。这些研究为欧美发达国家近海生态环境修复和保护提供了科学基础,同时也为他们抢先开发深海生物资源提供了实地资料、科学技术支撑及渔业经济效益评估。

开展陆坡和海盆海洋生态环境和资源研究,是我国制定以生态环境科学为基础的深海生态保护、资源开发策略和管理政策的必要条件。对陆坡和海盆的物理、生化和生物过程的认识不仅是一个国家海洋科学和技术水平的标志,是衡量一个国家安全保障力量的标准,也是我国在国际海洋事务谈判和合作中保护和合理分享海洋资源的依据。

四、海洋观测能力是海洋科技发展的关键

海洋观测是海洋科学发展的基础。现代世界海洋学发展百年历史中有几个里程碑:20世纪初海洋声学的发展不仅仅支持了军事发展,同时发现了洋中脊和海沟,证实了地球板块理论;60年代电子仪器的发展给观测大洋温盐环流奠定了基础,海洋声学和生物声学的继续发展为探测海洋油气田和生物资源提供了技术支撑;70年代,卫星遥感提供的时空精度和覆盖使得我们对海洋时空变化过程重新认识,并使得海洋研究从区域海洋进入了全球性的海洋;1980~1990年,海洋光学的发展使得化学和生物量的测量速度从以小时和天为单位进入到以秒为单位计算和现场实测,同时中－亚中尺度物理、生化和生物过程的发现促进了快速拖体、生物水声和光学传感器为主的观测手段的发展;进入21世纪后,无人潜水器、深潜器、现代综合考察船和海洋观测网的发展将使海洋观测进入无人、自动、全球、深海、多学科长期观测的时期,并有望通过观测网系统解决中尺度物理、生化、生物过程中的观测难题。

我国海洋技术的发展在20世纪50年代主要依赖于苏联。但自80年代后,海洋仪器与装备以从美国和欧洲进口为主,我国的海洋技术工业基本消失。尽管从1996年至今,在海洋863计划的持续支持下,围绕海洋环境监测、海洋油气资源勘探开发、海洋生物资源高效利用、深海探测与作业技术等4个方面开展了一系列专项研究,突破了一批关键技术,但大多数是尾随国外技术和装备,研制停留在实验室原理样机阶段。目前,国家重大工程专项的仪器装备以及成套系统几乎被国外公司垄断,大型和高精度的仪器仪表及海洋仪器几乎全部依赖进口。但美国和欧洲对我国禁止出口关键技术和仪器。在未来的海洋科学发展、海洋能源和资源开发、海上通道的保护等需求中,中国正面临着巨大的技术挑战。

开展近海(沿海－陆架－陆坡－海盆)生态系统的研究需要对物理、生化、生物和地质过程进行综合,这要求科学和技术的密切结合。新的科学问题需要新的观测技术,

信息和数据集成技术，需要多学科多种传感器和仪器集成发展。例如：

● 中－亚中尺度涡：中尺度涡对生态系统中的物质输运有着至关重要的作用。亚中尺度结构是决定中尺度过程的关键，但传统海洋观测方法的速度使其无法被观测。20世纪80年代开始，美国和欧洲采用托体和船载仪器对中尺度涡进行研究。近年来美国科学家开始探讨运用多个水下无人自动飞行器和母船组成观测网研究中－亚中尺度涡过程，并且开始建造此类可移动式的中尺度时空观测系统[11]。我国中尺度涡过程观测是一空白，水下飞行器的研究刚刚开始。我们必须迅速研发此类仪器，使我们具备观测和研究中尺度涡的能力。

● 物理－地化－生化－生物同步同精度观测：海洋的流动性、生物习性和生态过程的特点要求对物理、地化、生化和生物的观测必须同步和同精度才能正确地解释和预报海洋生态过程和环境状况。受到技术条件的限制，我们过去的观测往往做不到这一点，无法观测和分解各个过程的不同时间和空间尺度，因而在观测数据中含有大量的不确定性。我们要以发展综合学科的同步观测系统为目标，根据物理、地化、生化和生物过程的特性，集成各种电子、光学和声学仪器，提高我们综合观测生态系统的能力。

● 食物网能量转换：食物网中的物质能量转换是生态系统的核心。研究生物的食性和物质能量转换效率的能力代表生态学研究的水平。近20年来，国际上在海洋微生物、浮游动物、鱼类至海洋哺乳动物的取样方法、同位素营养级的测定、基因谱方法等方面有了较大发展。我国虽然具备许多先进的实验室仪器设备，但在取样和现场测量能力上仍然落后。我们要着力发展浅海－深海的取样技术，为研究海洋生物能量转换提供手段。

海洋研究的科学水平取决于海洋观测技术的能力。我国海洋研究已有较强的理论和模型基础，也不乏先进的实验室设备。还需大力发展我国海洋观测技术能力，摆脱仪器设备依赖进口的现状。发展自己的海洋技术研发团队和产业，培养一代从事于海洋观测的专业人才是我国海洋科学和技术发展的关键一步。

五、结　论

我国沿海和海洋专属经济区的环境和渔业资源目前已无法支撑我国经济社会的持续发展。我们必须修复海湾、湿地和滩涂生态环境，尤其是鱼类产卵、育幼及索饵场及其相关的沿海海域，恢复由于过度捕捞、围填海和污染所破坏的食物网和种群结构，建立以生态环境科学为基础的海洋功能区划和渔业管理法规，在沿海和海洋专属经济区逐渐恢复和重塑稳定、高产的海洋生态结构。同时，我们应寻找陆坡和海盆的海洋生物资源，积极主动对南海和世界大洋的生物资源进行开发和保护，在区域和全球政治经济中争取主动。

我国海洋科学在过去的几十年内取得了很大的进展，但是远不能满足我国经济社会的发展和需求，特别是海洋观测技术的落后已严重妨碍了海洋科学的进步。只有提升我们自己的海洋观测技术研发能力，建立对海洋的长期观测，推动理论和观测的有机结合，我们才有能力修复我国近海环境生态系统和生产力，开发和保护陆坡和海盆的海洋生物资源，才能成为一个海洋科技强国，担当起党的十八大提出的建设"海洋强国"和"美丽中国"的重任，以保障我国经济的可持续发展。

参 考 文 献

1　焦念志, 王荣, 李超伦. 东海春季初级生产力与新生产力的研究. 海洋与湖沼, 1998, 29: 135-140.

2　Pauly D, Christensen V. Primary production required to sustain global fisheries. Nature, 1994, 374: 255-257.

3　农业部渔业局. 中国渔业统计年鉴. 北京: 中国农业出版社, 2012

4　Energy Information Administration. South China Sea Energy Data, Statistics and Analysis. 2012

5　肖裕声. 国家周边安全战略的热点问题. 新时代国防, 2010, 1: 1-7.

6　孙松. 水母暴发研究所面临的挑战. 地球科学进展, 2012, 27: 257-261.

7　李忠义, 王俊, 赵振良等. 渤海中国对虾资源增殖调查. 渔业科学进展, 2012, 33: 1-7.

8　中国海洋环境保护法, 1982.

9　李永振, 陈国宝, 赵宪勇等. 南海北部海域小型非经济鱼类资源声学评估. 中国海洋大学学报, 2005, 35: 206-212.

10　Miyake M P, Miyabe N, Nakano H. Historical trends of tuna catches in the world. FAO Fisheries Technical Paper 467, 2004

11　Woods Hole Oceanographic Institution. The Pioneer Array. http://www.whoi. edu /ooi_cgsn/pioneer-array [2013-1-4].

Strengthening Ocean Ecosystem Studies and Ocean Observation Technology Development

—Restoring Coastal Ocean Ecosystems and Exploring Deep Ocean Resources

Su Jilan, Zhou Meng

Ocean economy has played an important role in recent rapid economic development in China. Unfortunately, this is accompanied with significant degradation to the environment, ecosystems and living resources in China's coastal and exclusive economic zones. Waste water discharges from agriculture, industry and municipalities, land reclamation for coastal development, improper aquaculture practices and overfishing have resulted in serious problems in the coastal and ocean ecosystems, which in turn will have significant negative repercussion on the sustainability of China's economy. There is an urgent need to protect the ecosystems of the coastal and shelf seas and to restore the eco-functions of the coastal ecosystems, including living resources. It is also necessary to explore resources over slopes and open ocean in a sustainable way under internationally agreed upon guidelines. China needs to develop strong capabilities in ocean observation technology and to carry out sustained observation and studies of ocean environment and ecosystems.

第二章

科学前沿

Frontiers in Sciences

2.1　2011年9月至2012年8月物理学、化学、生物学、医学前沿的热门课题

王海霞[1]　朱海峰[2]　王浩鑫[3]　章静波[4]

(1 中国科学院国家科学图书馆；2 中国科学院化学研究所；3 山东大学生命科学学院；4 中国医学科学院基础医学研究所)

本文以美国科学信息研究所(ISI)出版的双月刊《科学观察》(Science Watch，2013年1月起改为季刊)所提供的科学引文统计数据为基础，重点介绍了一年来国际上物理学、化学、生物学、医学四大基础学科中最受人们关注和最新出现的前沿热门课题，其相关论文均曾进入这一时期公布的前10名排行榜或受到世人所关注的专题评述。与前一年的情况相比，这些领域在前沿热点的分布上都不同程度显示出若干变化。这一时期，四大学科前沿的最热门分支分别为物理学中的天文学和激光物理学，化学中的氟化反应、石墨烯的应用和高性能太阳能电池，生物学中有关基因组和癌症的研究，医学中的青蒿素与碳青霉烯的耐药性研究、经导管主动脉瓣植入手术和个体化医疗等。

一、物　理　学

这一期间物理学的前沿热点课题中，最引人注目的是来自美国国家航空航天局(NASA)开普勒计划的大量研究，以开普勒探测器为背景并介绍其发现的研究论文引用次数在这一时期增加了几乎40倍。开普勒探测器(图1)于2009年3月6日发射升空，在围绕太阳的轨道上观测约15万颗恒星。当一颗行星对其母恒星发生凌日时，开普勒探测器的光度计探测到的光会稍微变得暗淡一些。当同一颗恒星发生3次这种现象，那么它就被宣布为行星的候选者，这是基于亮度的下降是由凌日的行星引起的这一推测。开普勒探测器前4个月的观测数据分析表明：1235颗行星候选者中的68颗是地球般大小的候选者，288颗是"超级地球"，而且大部分类似海王星和木星般大小。质量几乎为

地球4倍的岩石行星开普勒-10b是开普勒探测器首次发现的超级地球。密度只有水的1/6的开普勒-7b的发现暗示，外部行星的属性可能跨越一个很宽的物理性质的范围。观察者还描述了外部行星HAT-P-7b与其母恒星之间的引力相互作用，开普勒探测器的光度计探测到在恒星的光变曲线(图2)中有规律的波动，从这些变化中能对该恒星的形状进行建模。而有些恒星的轨道上可以运行几个行星的发现，推进了在母恒星的适居区内寻找类地行星的探索。其他令人兴奋的发现还包括：有些小行星的密度太低，以致它们没有岩石成分；行星系统的结构常常排布得非常紧密，而且非常平坦；围绕着双星在轨道上运行的行星也是常见的。目前，NASA对开普勒计划的资助已由原定的由2012年末延长到2016年。

图1　开普勒探测器示意图

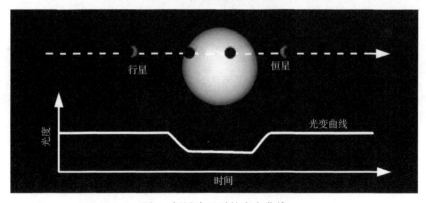

图2　行星凌日时的光变曲线

　　天文学领域的另一研究热点来自精确宇宙学及其催生出的共识。20世纪90年代，宇宙背景探测器(COBE)对宇宙微波背景辐射(CMB)的测量产生的科学新发现极大拓展了人们对CMB的观测，尤其是来自威尔金森微波各向异性探测器(WMAP)的观测，其借助基于地面的和气球运载的实验支持。2001年，当WMAP发射升空时，天文学家们正在忙于研究那些半个世纪以来的宇宙学核心问题：宇宙的年龄？它的膨胀有多快？它的大小、形状和组成是怎样的？大尺度结构的起源是什么？这些问题也是超新星宇宙学这个新领域的焦点，该领域中遥远星球的爆炸被天文学家作为标准烛光来校正宇宙的距离尺度。为了确立在有星球和星系存在之前的早期宇宙中的距离尺度，宇宙学家们利用与声波相似的重子声学振荡(BAO)。CMB、BAO及超新星这三种类型的观测，已经导致了一个对于理论宇宙学来说高度精确的观察数据库。精确宇宙学的出现及其催生出的共识，成为这一时期的研究前沿之一。WMAP的3年数据发布确证了观察得到的宇宙符合一个相对简单的宇宙模型，该模型以一个扁平的几何形状为特色，并含有冷暗物质和暗能量；7年的数据发布获得追溯到红移$z=1090$的宇宙中物理过程的知识，那是一个物质和辐射相互不挂钩的时期；9年的数据发布给出有关宇宙年龄更为精确的估计(约137亿年)，确认了超过95%的宇宙由暗物质和暗能量组成，天文学家还根据这些数据绘制出宇宙初期的全天图(图3)。超新星宇宙学的研究也受到很大关注：来自高红移($z>1$)超新星的数据表明负压的存在，这是一个暗能量的信号，同时是一个导致加速的"宇宙颠簸"；哈勃常数的不确定度被降低至4.8%($H_0 = 74.2 \pm 3.6$千米/(秒·兆秒差距))，这一改进再反馈到WMAP和BAO的数据以改善暗能量参数的值。关于BAO，科学家通过分析宇宙中聚集的冷漠的"红移片"的功率谱来理解不同宇宙时期BAO的影响，这种方式能确立宇宙结构出现的历史。

图3　天文学家借助威尔金森微波各向异性探测卫星(WMAP)
9年来的数据绘制出详细的宇宙初期全天图

此外，在医学中具有广泛应用前景，特别是用于眼科激光工具设计的激光器受到关注。最初的激光器是通过被激发原子的受激发射来运行的，但是现在的固体激光器则采用拉曼散射。研究人员已经找到一种在小型装置中产生橙黄色激光的方法：利用激光二极管泵浦一块钕掺杂的钒酸镥晶体，其输出在非线性材料硼酸锂(LBO)中获得倍频。合成的晶体材料钇铝石榴石($Y_3Al_5O_{12}$，简写为YAG)用在激光器中已达半个世纪之久，绿光(532纳米)激光笔采用带有倍频器的Nd：YAG，其医学应用包括眼科(特别是光焊接)、激光脱毛及皮肤癌治疗。研发人员开发了一种新的技术，即在869纳米的发射，而不是946纳米的发射。这种LBO倍频器在435纳米处产生输出光束，这为达到光谱蓝端深波长开辟了一条新途径。以上研究获得了对于实际应用来说至关重要的优良的光束质量和高的输出功率稳定性。

物理学领域的其他热门课题还包括大型强子对撞机(LHC)部分子分布、石墨烯晶体管、三维拓扑绝缘体等。

二、化　　学

一年来，化学领域的热点主要集中在氟化反应、石墨烯的应用、高性能太阳能电池三大科学前沿领域。

在新的化学合成方法中，生态视角成为绿色可持续化学关注的重点，其不仅要求合成方法的有效性和选择性，要求环境的友好性，而且还应在大规模的生产中表现出色。为促进有机化合物氟化反应朝着上述方向发展，研究人员对于1,3-二羰基化合物的氟化反应特别注意了避免有机溶剂的使用，选择了以水为溶剂的Selectfluor™ FTEDA-BF_4氟化试剂或无溶剂条件下的Accufluor™ NFSi氟化试剂。一系列环状与非环状的1,3-二羰基化合物被转化成2-氟或2,2-双氟代衍生物，而此转化反应并不需要对反应物的事先激活或者使用酸性类的激活物。事实表明，在以水为溶剂的反应条件下，反应受到烯醇化程度、反应温度下的聚集状态以及疏水的相互作用的控制。聚集状态与疏水性对反应的影响可以通过十二烷基磺酸钠的加入而减弱，从而提高整个过程的化学反应性。而无溶剂条件下的氟化反应快于水条件下的反应，这主要是因为共熔状态下的反应系统更加均化，因此反应物的移动更加快速、接触更加充分、传热更加规则。羰基化合物直接亲电氟化反应水溶剂或无溶剂条件的运用，意味着向绿色氟有机化学迈进了重要的一步。

在临床检验与治疗中，选择一种对生物分子敏感、可选择、快速、成本合理的分析方法异常重要。碳纳米管、碳纳米点、碳纳米纤维等碳纳米结构可用于此目的，并已有碳纳米管与单链DNA组装被用来检测生物分子的报道。目前，将石墨烯用于生物分子检测也逐渐受到关注。不久前，科学家研究了水溶性氧化石墨烯(graphene oxide，GO)高敏感性有选择地检测DNA和蛋白质的能力。研究证实，氧化石墨烯可以通过非共价键的作用强烈结合碱基和芳香化合物。实验设计为氧化石墨烯结合染料标记单链

DNA，并且能够完全抑制染料发出荧光。当目标靶物出现，染料单链DNA与其结合，同时破坏染料DNA与氧化石墨烯之间的键合作用，使染料单链DNA得以从氧化石墨烯层上释放，最终使染料重新发出荧光。这种设计能够增强靶物分子敏感性与选择性的荧光检测。研究结果证明，染料单链DNA的荧光光谱在无氧化石墨烯的条件下显示出较强的荧光发射；而当增加氧化石墨烯后，可观察到大约97%的荧光淬灭。这充分表明单链DNA在氧化石墨烯上的强吸附性及氧化石墨烯对荧光较高的淬灭效率。因此，氧化石墨烯可以像碳纳米管一样用作快速、敏感、选择性检测生物分子的传感材料；并且与碳纳米管相比，石墨烯的低成本以及规模化生产优势使其成为用作设计生物传感器的优选材料(图4)。

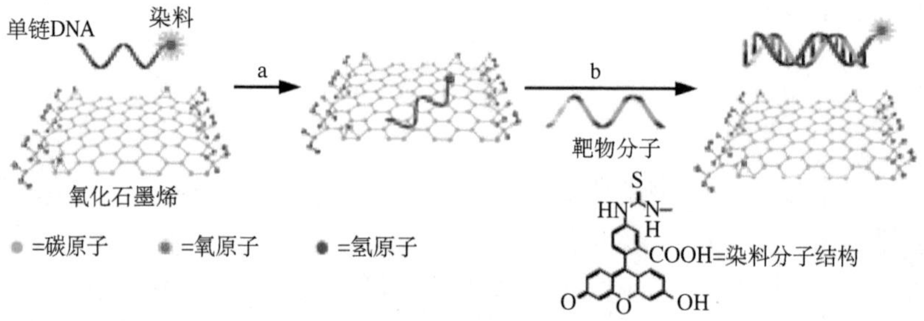

图4　石墨烯生物检测平台示意图

高昂的成本阻止了无机半导体材料太阳能电池装置大规模应用的步伐，这也正是发展有机光伏材料装置的主要原因。对于聚合物太阳能电池，活性层材料的开发是研究的难点和热点领域，尤其是新供体材料的开发。当前应用较为广泛或效率较高的供体材料有三类。一类是基于噻吩并[3,4-C]吡咯-4,6-二酮(TPD)受体片段的聚合物。“台湾国立交通大学”通过溶剂添加使聚合物更容易结晶，从而将基于PBTTPD/$PC_{71}BM$的光伏器件转换效率提高到7.3%。另一类是基于二酮吡咯并吡咯(DPP)受体片段的聚合物。由于DPP具有较强的吸电子能力和强的π-π堆积能力，使电荷得以有效传输，因而是一类更具潜力的光伏材料。基于苯并二噻吩(BDT)和噻吩并[3,4-b]噻吩(TT)的共聚物是目前最为高效的聚合物给体光伏材料。芝加哥大学合成的名为PTB7的这类聚合物，转换效率达到7.4%。中国科学院化学研究所在BDT单元上引入噻吩共轭支链合成的这类聚合物PBDTTT-C-T，转换效率达到7.6%，通过器件优化(等离子吸收增强)效率进一步提高到8.8%。华南理工大学则用醇溶性的PFN对阴极进行修饰，将基于PTB7的光伏器件转换效率提高到8.37%。2012年，他们制备的反转器件将转换效率进一步提高到9.2%，这些成果使我们向有机太阳能电池的商业化应用又迈进了一大步。

化学领域的其他热门课题还包括碳氢键破裂反应、高温超导体等。

三、生 物 学

在过去的一年里，生物学热点论文的前10名排行榜中有60%的论文都集中在基因组测序或基因组关联分析(GWAS)方面。随着测序技术的不断进步，基因组测序规模也从早期的对个体测序发展到对群体进行测序，如这段时期一直占据热点论文榜首的"千人基因组计划"和"肠道微生物宏基因组计划"，基因组测序规模的跃升为通过基因组关联分析鉴定重要疾病易感位点注入了新的活力。

"千人基因组计划"目标是通过组装大量个人的基因组全序列数据，提供一份更深入全面的关于人类基因组序列变异的图谱，为系统研究基因型和疾病等表型的关系提供可靠的数据和坚实的基础。在前期的工作中，科学家们开发和评估了三种不同的全基因组测序策略。策略一是对父亲、母亲和女儿进行平均42倍高覆盖度的全基因组测序。将女儿的序列与父母进行比较能估计新突变出现的频率，绝大多数在女儿中新出现的突变都是在体细胞生长或测序时的细胞培养中产生的，生殖细胞真正的突变率约为$(1.0 \sim 1.2) \times 10^{-8}$每代每碱基对。策略二是对来自于4个种群的179个不相关个人进行$2 \sim 6$倍的低覆盖度测序。由于覆盖度较低，组装结果的序列完整性和准确性都较低，但是更快更便宜，利用该策略发现了超过1500万个单核苷酸多态性(single-nucleo-tide polymorphism，SNP)位点，其中约800万个是新发现的。将这些数据与之前的疾病GWAS数据进行比较，发现了一些与疾病强烈相关的新变异，显示该计划能显著增强GWAS的能力。策略三是对随机挑选的906个基因的8140个外显子进行平均大于52倍覆盖度的靶向深度测序，该策略可鉴定出靶向区域从常见到稀有的所有频率的变异。前期的探索确认了低成本策略的有效性，探索了人类基因组基本生物学的许多方面，并观察了重组对突变速率的影响。在下一阶段，将结合4倍低覆盖度测序、基于芯片的基因分型和所有编码区域的靶向测序继续对来自世界上5个地区的2500个个体进行测序，通过使用来源于血样的DNA将假象降至最低。

在微生物基因组研究领域，这一时期主要有两项重要的标志性研究："人类肠道微生物宏基因组 (MetaHIT)计划"和"细菌和古菌的基因组百科全书(GEBA)计划"。MetaHIT计划目标是阐明肠道微生物基因与人类健康与疾病如肥胖、肠炎的关系。该计划已识别出一个包括超重和肠道疾病患者在内的所有被研究对象共有的最小宏基因组，发现许多基因与营养摄入有着密切联系。以前，关于细菌进化和谱系的知识几乎都来自于约40个细菌门中的3个，为了更全面地理解微生物的进化、系统发育史和功能分化，科学家们实施了"细菌和古菌的基因组百科全书计划"，对来自德国微生物和细胞培养物保藏中心(DSMZ)菌种库中位于系统树上没有或只有很少序列数据的分支的微生物基因组进行测序(图5)。首批数据公布了53株细菌和3株古菌的序列。与随机选择相比，精心挑选的细菌实现了4.4倍的系统发育多样性。选择亲缘关系较远的微生物进行测序还能极大地提高新基因家族和新基因功能的发现率，GEBA测序鉴定出的蛋白家族中与已知蛋白"没有显著序列相似性"的超过10%。其中，一种属于细菌肌动蛋白相关蛋白(BARP)家族的蛋白格外重要和令人兴奋。分离自海洋细菌*Haliangium ochraceum*的BARP与真核肌动蛋白在结构和序列上明显相关，可能是真核生物肌动蛋白进化上的祖先。基于最初的56个基因组和从中获得的大量新知识，GEBA团队估计，要揭示已知细菌和古菌中一半的多样性，可能需要1520个系统发育多样化的基因组序列。根据宏基因组测序结果估计，仅需9218个基因组序列即可捕获所有未培养微生物一半的多样性。随着计算费用的降低和测序成本的快速下降以及宏基因组学新方法的涌现，在不远的将来，人类将能更深入地理解和重现更完整的生命之树。

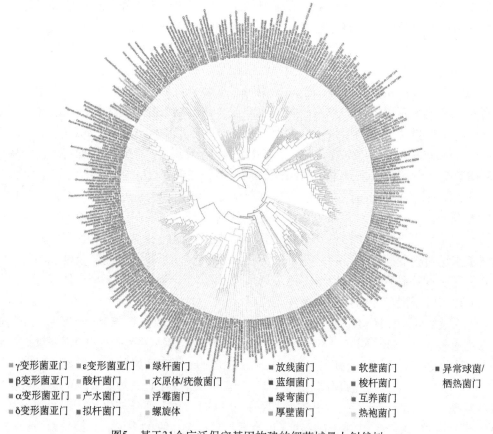

■ γ变形菌亚门	■ ε变形菌亚门	■ 绿杆菌门	■ 放线菌门	■ 软壁菌门	■ 异常球菌/
■ β变形菌亚门	■ 酸杆菌门	■ 衣原体/疣微菌门	■ 蓝细菌门	■ 梭杆菌门	栖热菌门
■ α变形菌亚门	■ 产水菌门	■ 浮霉菌门	■ 绿弯菌门	■ 互养菌门	
■ δ变形菌亚门	■ 拟杆菌门	■ 螺旋体	■ 厚壁菌门	■ 热袍菌门	

图5　基于31个广泛保守基因构建的细菌域最大似然树
不同门所在分支用不同的颜色标识，外圈红色字体的是GEBA计划测序的物种

　　另一个研究热点是癌症研究，采用类似软件开发的开源策略，科学家们在癌症治疗的策略上而非科学上取得了突破。癌症研究的另一项重要进展是根据分子特征明确

地将多形性神经胶质母细胞瘤(GBM，成人最常见的脑瘤)分成原神经、神经、经典和间叶细胞型共4个亚型。不同亚型的GBM实际上是不同的疾病而非之前认为的起源于一个共同的前体神经干细胞的突变。不同亚型中许多改变的基因刚巧是药物靶标，这暗示有可能用不同药物选择性地靶向不同类型的GBM实现个体化医疗。

生物学领域的其他热门课题还包括MicroRNA和表观遗传学等细胞调控方面的研究。

四、医　　学

在这一时期内，基因组研究在医学领域的前沿热点课题中也占有重要位置，研究热点主要集中在单核苷酸多态性(SNP)与肿瘤基因突变研究两个方面。单核苷酸多态性是指DNA序列中单个核苷酸发生异变(图6)，它与多种疾病的发生、治疗相联系。2011年报道19号染色体IL28B基因附近存在SNP，即rs12979860，它与肝炎的治疗反应密切相关，当前已建立起针对IL28B基因配型设计的C型肝炎治疗试验。研究已证明，在大约一半的黑色素瘤细胞中发现有激酶BRAF的基因突变，如何开发出BRAF的基因突变的快速诊断方法与抑制其突变的药物已成为人们逐鹿的焦点。现已证明一种名为vemurafenid的药物对突变的BRAF具有强烈的抑制作用。为了提高抗癌的疗效以及防止抗药性的产生，vemurafenid与另一种抗黑色素瘤转移药物ipilmumab也在临床试验之中进行了联合应用。

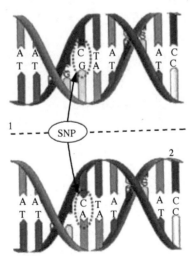

图6　分子1与分子2的差别在于单个碱基对位置的不同(即C/T多态性)

青蒿素与碳青霉烯的耐药性研究进入人们视线。由于疟疾已对氯喹、乙胺嘧啶等药产生明显的抗药性，人们对青蒿素仍寄厚望。青蒿素是我国学者从中药青蒿中提取的一种具有过氧基因的倍米萜内酯，迄今证明它与氯喹无交叉耐药性，其疗效与氯喹相近，并且对间日疟、恶性疟均有疗效，此外还有速效、低毒及副作用少等优点。因此，自青蒿素问世以来，它在抗疟中一直发挥着重要作用。而一旦疟原虫对它产生抗性，对疟疾的防治无疑是一场灾难。为此，世界卫生组织(WHO)已设立专项研究，解决和遏制青蒿素耐药性的传播。医学家们认为在该问题的研究中特别要注意下列几个因素：①假药问题；②持续单一使用青蒿素问题；③不遵守医嘱问题。今后基础研究重点更应该放在寻找耐药性的细胞和分子机制，尤其应找出耐药性的遗传标记。与疟原虫耐药性一样，"超级细菌"，尤其是对甲氧西林具有耐药性的金黄色葡萄球菌(MRSA)仍令人担忧。最近的研究发现，包括大肠杆菌在内的革兰氏阴性肠杆菌出现对碳青霉烯(carbapenems)的耐药性。这种耐药性的产生与一种新德里金属β-内酰胺酶(new delhi metallo-β-lactamase 1，NDM-1)密切相关，病菌通过空气传播该基因并感染其他健康人群。所幸这种抗药菌种对粘菌素(colistin)和替加环素(tigecycline)尚具有一定的敏感性。学界指出，今后使用β-内酰胺类、氟喹诺酮和氨基糖苷类药物可能不再有效。

主动脉直接由左心室发出，压力极大。血流的泵出与防止倒流由主动脉瓣控制，由此可知主动脉瓣手术的难度与高危性。10年前医生们首次实施了经导管主动脉瓣植入手术(transcatheter aortic valve implantation，TAVI)，至2011年底，已经实施手术约2万例。尽管TAVI在医学热点论文榜中的座次有新起伏，但2010年有关TAVI总被引仍高达125次。2010年秋天进行的一项重要的多中心对照试验显示，TAVI组的死亡率为30.7%，明显低于对照组(50.7%)。TAVI的并发症以卒中和血管并发症为常见，今后尚需在技术上进行改进，包括采用体积更小、创伤更小的设备。此外，若改善患者的血液循环，术后病人的生活质量可以得到显著提高。今后还需对TAVI治疗与其他治疗措施(包括主动脉球囊扩张)的效果做出更准确的比较与评价。

早在1500多年前，中医经典著作《黄帝内经》中便已提出治病要"因人制宜"的观点。在分子遗传学充分发展的近代，个体化治疗的概念在近10年中突兀而至，尤其到了2011年，涉及"个体化医学"(personalized medicine)的论文达750篇，是2001年有关文献的60倍(图7)。个体化医学是指针对个体的遗传特性，采用最合适的治疗方案治疗患者的疾病。当前，最常见的个体化治疗是依据患者的基因组学、蛋白质组学、药物的代谢组学和药物遗传学的特征，选用抗癌药物来治疗特定病人的特定癌症。此外，也见于感染性疾病的治疗，诸如丙型肝炎、结核、HIV感染等。乳腺癌的治疗最能体现个体化治疗的优越性。以往的治疗方案只从细胞水平对乳腺癌进行分型，治疗效果往往不十分理想。随着分子生物学与分子遗传学的发展，不但知道乳腺癌有雌激素受体阳性/阴性的肿瘤，更有乳腺癌基因*BRCA1*或*BRCA2*表达者。2011年科学家还将它

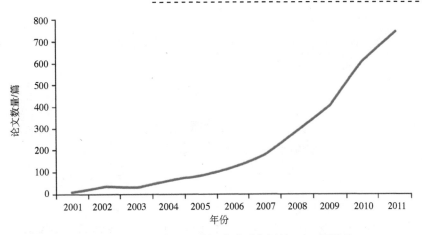

图7 2001～2011年，通过汤森路透集团的WOS数据库
检索到的明确提到"个体化医学"的论文数量

们分成10个亚型，更为乳腺癌的个体化治疗带来曙光。诚然，有人认为将来看病只需携带一份遗传学数据即可，或许有点言过，但遗传学数据卡片仍可能帮助医生做出及时准确的诊断，并制定出相应的个体化治疗方案。

医学领域的其他热门课题还包括肺腺癌治疗药物、丙型肝炎的治疗与肥胖症等。

参 考 文 献

1 Science Watch, 2011, (5,6)

2 Science Watch, 2012, (1,2)

3 The 1000 Genomes Project Consortium. A map of human genome variation from population-scale sequencing. Nature, 2010, 467(7319): 1061-1073.

4 Qin J J, Li R Q, Raes J, et al. A human gut microbial gene catalogue established by metagenomic sequencing. Nature, 2010, 464(7285): 59-65.

5 Wu D Y, Hugenholtz P, Mavromatis K, et al. A phylogeny-driven genomic encyclopaedia of Bacteria and Archaea. Nature, 2009, 462(7276): 1056-1060.

6 Huo L J, Zhang S Q, Guo X, et al. Replacing alkoxy groups with alkylthienyl groups: a feasible approach to improve the properties of photovoltaic polymers. Angew Chem Int Ed, 2011, 50: 9697-9702.

7 Li X H, Choy W C H, Huo L J, et al. Dual plasmonic nanostructures for high performance inverted organic solar cells. Adv Mater, 2012, 24: 3046-3052.

8 Huang Y, Guo X, Liu F, et al. Improving the ordering and photovoltaic properties by extending π–conjugated area of electron-donating units in polymers with D-A structure. Adv Mater, 2012, 24: 3383-3389.

9 科学观察, 2011, 6(6)

10 科学观察, 2012, 7(1)

11 科学观察, 2012, 7(4)

12 科学观察, 2012, 7(5)

Leading-edge and Hot Topics in Physics, Chemistry, Biology and Medicine from September 2011 to August 2012

Wang Haixia, Zhu Haifeng, Wang Haoxin, Zhang Jingbo

Hot topics and leading-edge areas in physics, chemistry, biology and medicine from September 2011 to August 2012 were identified and concisely introduced based on the statistical citation data published in the *Science Watch* during the past year. The identification was achieved according to the top ten most highly cited papers in each field listed in each issue that reflect exciting and important discoveries in specific specialty areas by world leading institutions and researchers. The hottest branches dominating the top ten hot paper listings for this period are astronomy and laser physics in physics; fluorination, the applications of graphene, and high-efficiency solar cell in chemistry; studies on genomes-related topics and cancers in biology; the resistance of artemisinin and the carbapenems, TAVI, and personalized medicine in medicine.

2.2 太阳系外类地行星探测的研究进展

赵　刚　刘玉娟

(中国科学院国家天文台)

人类在宇宙中是孤独的吗？千百年来，人们一直试图寻找问题的答案。现在我们知道太阳在宇宙中是一颗非常普通的恒星，普通到没有任何特征使得它可以同银河系其他无数恒星区分开来。天文学家对太阳系行星系统的研究表明，行星的形成过程应该是与恒星形成同步进行的，是宇宙中的一种普遍现象。因此，天文学家预期在大部分类太阳恒星的周围也存在着像地球这样的行星系统。

究竟什么是行星呢？国际天文学联合会太阳系外行星工作组给出的定义是：①围绕恒星或恒星遗迹旋转；②不围绕其他行星旋转；③质量大于10^{22}千克，区别于小行星和卫星；④质量小于能够发生核反应的最小质量，在太阳丰度下约为13倍木星质量。

而太阳系外行星是指围绕除太阳之外其他恒星或恒星遗迹公转的行星。

一、太阳系外行星探测现状

近20年来，太阳系外行星成为天文学的前沿和热门研究领域，其发展势头迅猛，激动人心。自1995年麦耶(Mayor)和奎洛兹(Queloz)[1]在类太阳恒星飞马座51周围发现第一颗气态巨行星开始，至今(2013年1月20日)人类已经发现了859颗太阳系外行星，分布在676颗恒星周围。这些行星系统各具特色，如巨蟹座55周围发现了5颗行星，其中一颗质量是木星质量的4倍，一颗质量与木星相媲美，另两颗比土星质量稍小，而最内层的行星质量与天王星类似。在红矮星Gliese 581周围也发现了多颗行星，其中Gl 581c[2]和Gl 581d[2]有可能是类地行星，分别位于Gliese 581可居住带的内外边缘。美国国家航空航天局(NASA)发射的开普勒(Kepler)探测器发现了许多的多行星系统，其中Kepler-22b[3]的半径约是地球的2.4倍，位于一个类似太阳的恒星的可居住带，这是人类第一次发现处于可居住带的行星。图1为太阳系及其行星分布示意图。

图1 太阳系及其行星分布示意图

自2004年开始，中国科学院国家天文台与日本国立天文台联合开展搜寻有行星系统恒星的合作项目。双方天文学家主要利用探测主星视向速度变化的方法，在1000颗中等质量的红巨星周围搜寻系外行星系统。双方共同使用国家天文台兴隆观测站2.16米望远镜和日本国立天文台冈山天体物理观测站1.88米望远镜进行观测，其配备的高分辨率光谱仪均采用碘蒸汽吸收盒进行精确的波长定标，整体视向速度精度可达6米/秒。该合作项目已成功发现了18颗类木系外行星和5颗褐矮星[4,5]。

二、类地行星及地外生命的探索

发现太阳系外生命乃至地外文明是行星探测的终极目标。由于类木气态巨行星不适宜生命的存在，人们更希望在可居住带内发现类似地球固态行星。但是此类行星的质量很小，对主星视向速度的扰动和掩星过程中对主星光度的变化极其微小，这要求探测仪器有非常高的测量精度。例如，地球对太阳的扰动引起太阳视向速度的变化仅为8厘米/秒，地球对太阳掩星光度的变化也仅为万分之一。地面的设备受大气层的影响，很难达到这样高的探测精度，2006年升空的法国COROT卫星和2009年升空的美国开普勒探测器，其仪器设计精度均可以达到探测类地行星的目的。

值得特别指出的是，自开普勒探测器升空以来，探测到的太阳系外行星系统快速增加。开普勒探测器于2009年升空，它是利用凌星方法探测太阳系外行星，其科学目标是在太阳附近的一定区域内发现数十颗位于可居住带或可居住带附近的地球大小的行星，并确定此类行星的存在比率。由于恒星光度的变化也可能是来自于恒星表面的耀斑或者黑子造成的，所以单独利用凌星方法无法确认系外行星的真实性。要确认系外行星的存在，还需要利用视向速度方法才能最后证实。截至2013年1月7日，开普勒探测器已经探测到2740颗太阳系外行星候选体，其中获得确认的有105颗。图2给出了开普勒探测器发现的2740颗不同类型及大小的行星候选体的观测数目分布。由图2可以看出，绝大部分行星类似于海王星或者超级地球。

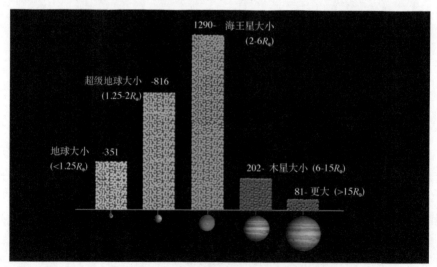

图2　开普勒探测器发现的行星候选体大小统计图(截至2013年1月7日)

$R_\oplus$为地球半径

生命的存在是由许多因素决定的，其中最关键的因素之一是液态水的存在。因此，一颗恒星的可居住带指的是距离该恒星的某一区域，位于该区域的行星表面能够维持长期存在的液态水。到目前为止，还没有真正发现适合居住的类地行星。乌德瑞(Udry)等人曾提出红矮星Gliese 581的两颗行星Gl 581c和Gl 581d是适合生命存在的可居住行星，但北京大学胡永云等[6]的计算表明，Gl 581c的表面温度太高，很可能是一颗类似金星那样的行星，而Gl 581d距离其恒星太远，需要7倍以上大气压的二氧化碳才能使其表面温度高于0℃。而且，这两颗行星的最小质量分别是地球质量的5倍和8倍，所以，也有可能是类似海王星那样的冰态行星。Kepler-22b是迄今为止发现真正位于可居住带的行星，但其半径是地球的2.4倍，其质量还不清楚，很可能也是一颗类似于海王星的行星。图3给出可居住带随行星轨道半径和主星质量的分布范围。

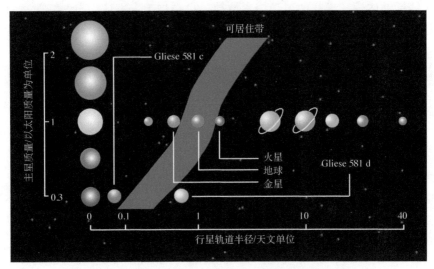

图3　可居住带随行星轨道半径和主星质量的分布图

位于可居住带的行星并不一定就适合生命的存在。目前的观点认为，生命能够产生的环境除了存在液态水之外，还需要一个固体表面，如岩石行星或卫星。因此，适合生命存在的行星应该是类地的固态星球。相对而言，气态行星由于其质量和压力巨大，一般被认为并不适合生命的存在。即使是类地的固态行星，生命也只能在行星形成后经过相当长的时间才能够出现。例如，现在认为地球最初生命的出现是在其形成将近8亿年之后，即大约38亿年前。大约40亿年后才出现动物，即距今大约5.4亿年前，而人类的出现仅发生在300万年前。

近年来，人们相继在一些行星状星云和行星上发现了生命所必需的一氧化碳、二氧化碳、甲烷和水等大气谱线。天文学家甚至已经能够通过大望远镜和先进的技术方法直接观测到围绕恒星旋转的行星和能够显示生命迹象的有机分子谱线。人类通过太阳系外行星的探测，正朝着推翻宇宙生命中心说的方向发展。越来越多的天文观测表明，地球并不是宇宙中唯一存在生命的星球。

三、展　望

新的科学发现使我们更为接近揭开太阳系外行星及系外生命的一些基本问题，但又提出了更多的新问题。我们有理由相信，这种人类与生俱来的好奇心和求知欲将是持续驱动人们进行太阳系外行星及其生命搜寻的原动力。新的天文观测和发现必将继续深刻地影响和改变整个人类的宇宙观，不断加深人类对宇宙的认识。这种在理性指导下的实践活动体现了现代的科学探索精神，也必将为人类认识自然、改造自然带来无穷的益处。

参 考 文 献

1　Mayor M, Queloz D. A Jupiter-mass companion to a solar-type star. Nature, 1995, 378: 355-359.

2　Selsis F, Kasting J F, Levrard B, et al. Habitable planets around the star Gliese 581? Astron Astrophys, 2007, 476: 1373-1387.

3　Borucki W, Koch D, Batalha N, et al. Kepler-22b: a 2.4 earth-radius planet in the habitable zone of a sun-like star. Astrophys J, 2012, 745: 120-135.

4　Liu Y J, Sato B, Zhao G, et al. A substellar companion to the intermediate-mass giants 11 Comae. Astrophys J, 2008, 672: 553-557.

5　Wang L, Sato B, Zhao G, et al. A possible substellar companion to the intermediate-mass giant HD175679. Res Astron Astrophys, 2012, 12: 84-92.

6　Hu Y Y, Ding F. Radiative constraints on the habitability of exoplanets Gliese 581c and Gliese 581d. Astron Astrophys, 2011, 526: A135.

Progress in Searching for the Earth-like Planet

Zhao Gang, Liu Yujuan

The concept and definition of the planet, the extra-solar planet and the earth-like planet are given briefly. The current status of searching for extra-solar planet, especially the progresses of earth-like planet discoveries by Kepler mission and extra-terrestrial life explorations are introduced in this review.

2.3 声子学研究进展

李保文

(同济大学声子学与热能科学研究中心)

声子，即表征固体材料中原子晶格振动的基本能量单元，能在不同材料中"流动"，而电子却只能在金属和半导体中流动。此外，声子还是半导体和绝缘材料中热能的主要载体。因此，如果能像调控电子一样对声子进行有效的调控，我们不仅能扩展目前基于微电子和光子技术的信息产业，还可以很好地操控热流和利用热能，为即将来临的第三次工业浪潮——能源革命做出贡献。

但不同于电子和光子，声子并不是一种真实的粒子，而是一些没有质量、不带电荷的由晶格振动形成的能量团，不受电场和磁场的直接影响。所以，控制声子要比控制电子难得多。近年来，对声子微观机制的深入研究为声子调控提供了新思路。2012年7月，《现代物理评论》发表了李保文团队的综述文章[1]，标志着"声子学"(phononics)作为一门新兴学科受到国际物理学界的肯定和重视。

声子学主要是研究声子的产生、传输及存储的微观机制和调控原理，从而达到以下两个目的：①控制热流和利用热能；②用声子进行信息传输和处理。

一、热能调控的基本声子器件：热二极管和热三极管

热二极管(图1)的研究可以追溯到20世纪30年代。但是，真正基于调控声子而构造的热二极管，则是21世纪的事情[2]。2004年，我们基于共振原理和非相性系统的声子频率随温度改变的事实，提出热二极管的理论模型[2]。两年之后，美国加利福尼亚大学伯克利分校的张之威等人用碳纳米管(CNT)和氮化硼纳米管(BNN)实现了首个固体热整流器，但效率只有3%～7%[3]。之后，日本的

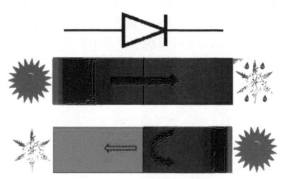

图1 热二极管示意图

当向其两端加正向温差(左端温度高)时，热二极管是一个良导体，热流可以通过；而当加反向温差时(右端温度高)，热二极管是一个热的绝缘体，热流不能通过

小林航(Takayashi)用氧化物材料做出了效率高达100%的热二极管[4]。中国的张刚小组在还原的氧化石墨烯纸片中，也观察到了热整流效应[5]。

由于非线性特征，热二极管在适当的温度范围内还表现出一个有趣的现象——负微分热阻[2]。也就是说，当二极管两端的温差愈大时，流过的热流愈小。利用这一特征，人们就能够实现功能更强大的热三极管[6]。

热二极管和热三极管让人们能够自如地控制热流的流动，为人类利用和管理热能开启了崭新的空间。

二、声子信息处理的元器件：热逻辑门和热信息存储器

热常常被认为对信息传输有害。而我们从理论上证明[7]，将热三极管按照不同的方式组合，可以得到处理信息所需的各种逻辑门，包括"与"门、"或"门和"非"门。此项工作为声子信息学奠定了理论基础。

但是，单有逻辑门只能够进行运算，运算后的信息还需要有地方存储。在电子计算机里，我们有动态存储器(内存)和硬盘(外存)。基于同样的道理，要存储声子信息也需要有声子信息存储器。利用热三极管模型，我们于2008年构造了热存储器模型[8]，并于两年之后在实验室实现了固态热存储器[9]。

三、热能调控的其他声子器件

以上所述的声子学器件的工作条件是稳定的温度(差)。其实，我们还可以通过同时但不同步地让器件两端温度随时间变化，实现热流的动态调控。当器件两端平均温差为零时，就可以得到一个由几何相位——贝利相引起的热流，甚至还出现了分数声子的响应[10]。通过动态温差调控，人们还可以构建热泵和热刺轮效应[11-13]。对于磁性材料，加上磁场后还可以观察到声子霍尔效应[14,15]。

四、声子学发展面临的挑战和机遇

近些年，声子学研究取得了长足的发展和进步[1]，但是该领域的研究仅处于起步阶段，我们仍然面临很多理论和实验上的挑战[16]。困难和机会总是并存的。声子学的诞生不仅为我们提供了更多的新的研究方向和机遇，也带动了其他传统学科的发展，如声学。

(1) 从声子学到传统的声学：声子学器件的物理原理是调控频率为太赫兹的声子能带。声子学的概念完全可以推广到其他频率范围的力学/弹性振动。所以，声学

二极管[17,18]和弹性能量的开关和整流功能的实现[19]，完全在意料之中。在不远的将来，类似热三极管等的声学三极管、声学逻辑门、声学存储器甚至声学计算机等的实现也是不足为奇的。反过来，控制声波的概念和方法，如声子晶体和超材料的概念，也可以借鉴过来用于控制热流[20,21]。

(2) 声子学与光子学的联姻：把声子学器件和光子学器件组成一个集成器件，这样可以实现同时操控光子和声子能量[22]。人们把这一新兴方向叫做"PhoXonics"，这里的"X"代替"声子学"(Phononics) 中的"n"和"光子学"(Photonics) 中的"t"。中文里我们是否可以将繁体字"聲"下面的"耳"加上"目"来形成一个新词"目耳"，表示可以同时感受到声和光。这种新兴的器件肯定会让人类更好地利用太阳能/热能和不同的信息。

(3) 声子学和电子学：电子除了带电外，也带有热量。所以，人们也可以用电场和磁场来调控电子带有的热能。例如，人们把两个量子点不对称地耦合起来就可以达到热整流效果[23]。加上一个门电压后，也可以实现热三极管功能[24]。人们利用声子与电子的耦合，也可以用温度变化来调控电子的热流。这些器件若能与声子学器件集成，将在纳米或是分子器件的散热和热能利用方面大有可为。

五、结　束　语

声子可以在各种固体材料里"流动"，不受材料种类的限制。声子学研究不仅有重要的科学意义，其在相关产业与国防高科技领域的潜在应用价值也正受到各国政府和研究机构的重视。例如，美国国防研究机构为此设立了专项研究经费。

为了能让中国科学家在声子学和热能控制方面不断取得原创性的突破进展，抢占制高点，并为关系到国计民生的信息科学技术和新型能源材料等领域的研究提供新思路和新方法，为中国的知识经济服务，我们希望有关部门对该原创学科给予适当的支持，以避免在若干年后我们又去跟踪国外热点。

令人高兴的是，同济大学成立了世界第一个"声子学与热能科学研究中心"，专门从事声子学的基础和应用研究，希望这个中心能吸引更多的年轻人进入此领域从事原创性工作。

参　考　文　献

1　Li N, Ren J, Wang L, et al. Colloquium: phononics: manipulating heat flow with electronic analogs and beyond. Rev Mod Phys, 2012, 84: 1045-1066.

2　Li B, Wang L, Casati G. Thermal diode: rectification of heat flux. Phys Rev Lett, 2004, 93: 184301.

3 Chang C W, Okawa D, Majumdar A, et al. Solid-state thermal rectifier. Science, 2006, 314: 1121-1124.

4 Sawaki D, Kobayashi W, Moritomo Y, et al. Thermal rectification in bulk materials with asymmetric shape. Appl Phys Lett, 2011, 98: 081915.

5 Tian H, Xie D, Yang Y, et al. A novel solid-state thermal rectifier based on reduced graphene oxide. Sci Rep, 2012, 2: 523.

6 Li B, Wang L, Casati G. Negative differential resistance and thermal transistor. Appl Phys Lett, 2006, 88: 143501.

7 Wang L, Li B. Thermal logic gates: computation with phonons. Phys Rev Lett, 2007, 99: 177208.

8 Wang L, Li B. Thermal memory: a storage of phononic information. Phys Rev Lett, 2008, 101: 267203.

9 Xie R G, Cong T B, Varghese B, et al. An electrically tuned solid-state thermal memory based on metal-insulator transition of single-crystalline VO_2 nanobeams. Adv Funct Mater, 2011, 21: 1602-1607.

10 Ren J, Hänggi P, Li B. Berry-phase induced heat pumping and its impact on the fluctuation theorem. Phys Rev Lett, 2010, 104: 170601.

11 Li N, Hänggi P, Li B. Ratcheting heat flux against a thermal bias. Europhys Lett, 2008, 84: 40009.

12 Li N, Zhan F, Hänggi P, et al. Shuttling heat across 1D homogenous nonlinear lattices with a Brownian heat motor. Phys Rev E, 2009, 80: 011125.

13 Ren J, Li B. Emergence and control of heat current from strict zero thermal bias. Phys Rev E, 2010, 81: 021111.

14 Strohm C, Rikken G L J A, Wyder P. Phenomenological evidence for the phonon hall effect. Phys Rev Lett, 2005, 95: 155901.

15 Inyushkin A V, Taldenkov A N. On the phonon hall effect in a paramagnetic dielectric. JETP Lett, 2007, 86: 379-382.

16 Liu S, Xu X, Xie R, et al. Anomalous heat conduction and anomalous diffusion in low dimensional nanoscale systems. Eur Phys J B, 2012, 85: 337.

17 Liang B, Guo X, Tu J. et al. An acoustic rectifier. Nat Mater, 2010, 9: 989-992.

18 Li X F, Ni X, Feng L, et al. Tunable unidirectional sound propagation through a sonic-crystal-based acoustic diode. Phys Rev Lett, 2011, 106: 084301.

19 Boechler N, Theocharis G, Daraio C. Bifurcation-based acoustic switching and rectification. Nature Mater, 2011, 10: 665-668.

20 Fan C Z, Gao Y, Huang J P. Shaped graded materials with an apparent negative thermal conductivity. Appl Phys Lett, 2008, 92: 251907.

21 Narayana S, Sato Y. Heat flux manipulation with engineered thermal metamaterials. Phys Rev Lett, 2012, 108: 214303.

22 Maldovan M, Thomas E L. Simultaneous localization of photons and phonons in two-dimensional

periodic structures. Appl Phys Lett, 2006, 88: 251907.

23 Scheibner R, Koenig M, Reuter D, et al. Quantum dot as thermal rectifier. New J Phys, 2008, 10: 083016.

24 Saira O P, Meschke M, Giazotto F, et al. Heat transistor: demonstration of gate-controlled electronic refrigeration. Phys Rev Lett, 2007, 99: 027203.

Phononics: Manipulating Heat Flow and Processing Information with Phonons

Li Baowen

Phonon, the quantization of lattice vibration in solids, can transfer in all solid materials. It is also the heat carrier in semiconductors and insulators. The emerging field of "Phononics" is about the study of fundamental laws of phonon transport in microscopic scale and the management and control of phonons. Phononics will enable us to manipulate heat energy flow on the nanoscale and molecular level by phononic devices like thermal diode and thermal transistor etc., and process information by utilizing phonons through the devices like thermal logic gates, thermal memory etc.

2.4 合成科学的革命
——C—H键直接官能团化

施章杰

(北京大学化学与分子工程学院)

一、背 景 概 述

在社会发展和人类生活水平提高的迫切需求下，化学学科取得了突飞猛进的发展。然而，传统的合成化学工业犹如一把威力巨大的双刃剑，在为人类社会带来许多福祉的同时，也给人类酝酿着巨大的危机，由合成科学的发展伴随的环境污染问题已成为人类社会可持续发展甚至是人类生存的巨大威胁。为了遏制合成科学对环境产生的负面影响，化学家们致力于实现绿色化学的目标，以期最终从源头上消除化学带来的污染问题。

传统的合成科学基于活性官能团的相互转化。将从化石燃料中获得的简单的碳氢化合物转化为具有活性官能团的起始原料往往需要苛刻的反应条件和冗长的合成步骤，并且会产生大量有害的副产物。如果能够在温和的条件下高效、高选择性地实现C—H键的直接化学转化，则可以避免传统合成中对于原料繁琐的预官能团化步骤，大大提高反应的原子经济性和步骤经济性，实现提高生产效益和减轻环境污染的双赢目标，促进合成科学的革命性发展(图1)。

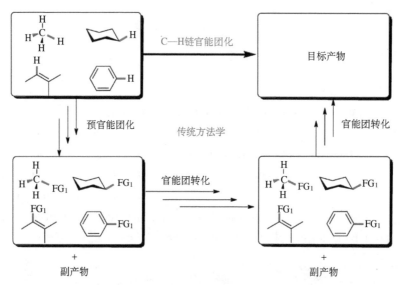

图1 C—H键的直接化学转化

无疑，C—H键官能团化有着明显的优势和应用潜力，但是，要高效、高选择性地实现这一目标却面对重重困难：① C—H键具有很高的键能，使得C—H键的断裂在热力学上是不利的；② 对特定C—H键的选择性的官能团化相当困难；③ C—H键官能团化后的产物往往比原料更加活泼，需要避免过度反应。由于该研究的重要性和挑战性，C—H键官能团化一直被誉为"化学中的圣杯" (The Holy Grails of Chemistry)。尽管最早的C—H键活化可以追溯到19世纪末，但直至20世纪后期才逐渐得到广泛关注并获得蓬勃发展。

二、最近C—H活化的重大进展

20世纪六七十年代发展起来的交叉偶联反应如今已经成为构建C—C键最为常见及有效的方法之一，三位科学家由于在此领域的杰出贡献获得2010年诺贝尔化学奖。但是，由于有机卤代物的使用使得反应会产生大量的对环境有害的含卤废弃物，而卤代物又需以碳氢化合物为原料制备而得，使得此类反应具有一定的局限性。无论从原子经济性、步骤经济性还是从环境保护的角度来看，以有机卤代物作为起始原料并不是明智的选择。若能以碳氢化合物直接参与偶联反应则能够弥补传统交叉偶联反应的缺点，基于此设计的"氧化偶联"是目前此领域的重要进展(图2)[1-3]。

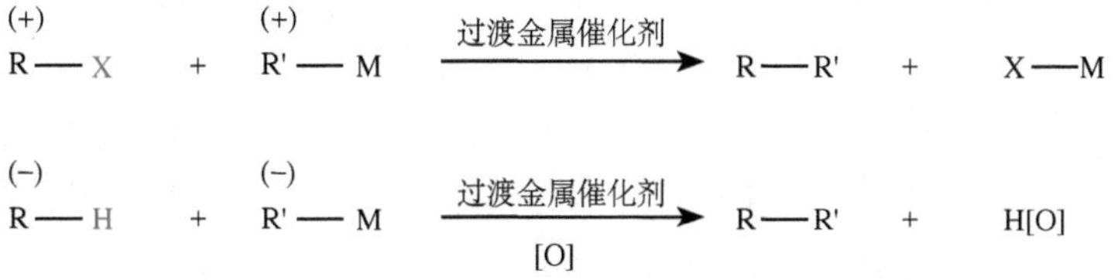

$$\overset{(+)}{R}-X \quad + \quad \overset{(+)}{R'}-M \quad \xrightarrow{\text{过渡金属催化剂}} \quad R-R' \quad + \quad X-M$$

$$\overset{(-)}{R}-H \quad + \quad \overset{(-)}{R'}-M \quad \xrightarrow[[O]]{\text{过渡金属催化剂}} \quad R-R' \quad + \quad H[O]$$

图2 经典的交叉偶联与C—H键的氧化偶联

1998年，大井(Shuichi Oi)等率先报道了吡啶基导向Rh催化的芳基C—H键与有机锡试剂的偶联，这一发现充分证实了上述偶联反应的可行性[4]。随后十几年中，硅试剂、硼试剂甚至格氏试剂相继被应用于C—H键的氧化偶联反应中[5-7]。而C—H键与烯烃偶联反应的报道最早可以追溯到20世纪60年代晚期，藤原祐三(Yuzo Fujiwara)及其合作者发现在钯化合物的存在下，普通芳环C—H键能与多种烯烃发生偶联。这个里程碑式的重大发现为此后该领域的蓬勃发展奠定了基础[8]。2002年，范·列文(van Leeuwen)在温和的条件下实现首个导向的芳基C—H键与烯烃的偶联反应，有效地解决了反应的区域选择性难题[9]。近几年来，余金权教授在弱配位的导向基团的使用、氨基酸配体的开发，以及具有特殊区域选择性C—H键的烯基化反应等方面做出巨大的贡献[10-13]。

显而易见，通过不同C—H键之间的交叉偶联直接构建新的C—C键是偶联反应中最为高效的反应方式。李朝军及其合作者率先明确地提出了交叉脱氢偶联(cross-dehydrogenative-coupling, CDC)的概念，并且通过铁、铜等过渡金属参与的单电子转移反应氧化活泼位点C—H键以实现sp^{3}C—H键官能化反应[14]。2008年施章杰和怀特(White)等率先高效地实现了烯丙位C—H键与羰基α位C—H键的偶联反应[15,16]。同年，法格诺(Fagnou)等还利用吡咯环sp^{2}C—H键钯化形成的C—Pd中间体实施了分子内远程sp^{3}C—H键的活化[17]。这些重要结果鼓舞了化学家去探索新型的sp^{3}C—H键串联活化反应。

从不同芳环C—H键出发直接合成联芳基化合物一直是许多有机化学家长期以来的奋斗目标。直至2006年，陆文军等通过调节不同芳烃的比例首次实现了钯催化的芳烃之间的交叉脱氢偶联反应[18]。2007年，法格诺(Fagnou)及其合作者实现了吲哚环C—H键与普通芳烃的交叉脱氢偶联[19]。随后，施章杰等利用导向基团策略实现了两个结构更为复杂取代苯环之间的交叉脱氢芳基化(cross-dehydrogenative-arylation, CDA)反应并利用此策略实现了复杂分子的合成[20]。进一步研究证明此策略也可以用于C—X键(X 相当于氮、氧、卤素原子等)的构建，从而使得C—H键官能团化反应更加丰富多彩[1-3]。

活泼金属试剂广泛地应用于对极性不饱和键的亲核加成反应中，然而，这类试剂对水和氧气非常敏感，增加了制备和储存的难度，并且较差的官能团兼容性也影响其在合成中的应用。因此，以C—H键替代金属有机试剂实现加成反应一直是化学家的梦想，但是该转化却具有巨大的挑战性(图3)。近年来，高井和彦(Kazuhiko Takai)和黄汉民等在此领域做出了重要的贡献[21,22]。2011年，施章杰和埃尔曼(Ellman)等首次实现了严格意义上的C—H对亚胺和醛的加成反应，反应机制的研究完全支持了最初的设计[23-25]。最近，利用过渡金属催化，从C—H键出发直接与CO_2的羧基化合成羧酸也取得了很好的进展[26-28]，为这一领域的进一步发展提供了实验基础。

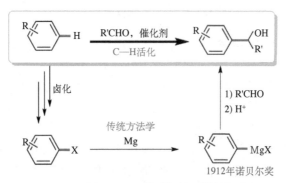

图3 C—H键对极性双键的加成

三、总结与展望

无论是对基础研究、工业生产，还是解决环境污染问题，C—H键官能团化作为一种符合绿色化学要求的新型方法学都具有非常重要的意义。近几十年来，这个领域已经取得了令人瞩目的进展。然而，大量贵金属催化剂的使用、局限的底物范围和反应类型以及较为苛刻的反应条件限制了这一方法学在合成和工业生产中的应用。在今后的发展中，化学家们将会进一步开发更为清洁的高效催化剂，争取用低毒廉价的普通过渡金属甚至是有机催化体系来实现C—H键官能团化[29-31]。对映选择性的C—H键官能团化在最近也开始兴起。目前，对sp^3C—H键的官能团化反应尚存在很大的拓展空间。利用可移除辅基实现对远程位点的sp^3C—H键近来已成为化学家们关注的热点之一[32,33]，而sp^3C—H键对极性不饱和键的亲核加成反应也亟待得到发展。因此，在可预见的未来里，化学家们在C—H键官能团化这片广阔的天地中依然大有可为。

参 考 文 献

1 Liu C, Zhang H, Shi W, et al. Bond formations between two nucleophiles: transition metal catalyzed oxidative cross-coupling reactions. Chem Rev, 2011, 111: 1780.

2 Yeung C S, Dong, V M. Catalytic dehydrogenative cross-coupling: forming carbon-carbon bonds by oxidizing two carbon-hydrogen bonds. Chem Rev, 2011, 111: 1215.

3 Kuhl N, Hopokinson M N, Wencel-Delord J, et al. Beyond directing groups: transition-metal-catalyzed C–H activation of simple arenes. Angew Chem Int Ed, 2012, 51: 10236.

4 Oi S, Fukita S, Inoue Y. Rhodium-catalysed direct ortho arylation of 2-arylpyridines with arylstannanes via C–H activation. Chem Commun, 1998, 2439.

5 Yang S, Li B, Wan X, et al. Ortho Arylation of acetanilides via Pd(II)-catalyzed C–H functionalization. J Am Chem Soc, 2007, 129: 6066.

6 Kakiuchi F, Kan S, Igi K, et al. A ruthenium-catalyzed reaction of aromatic ketones with arylboronates: a new method for the arylation of aromatic compounds via C–H bond cleavage. J Am Chem Soc, 2003, 125: 1698.

7 Li B, Wu Z H, Gu Y F, et al. Direct cross-coupling of C–H bonds with grignard reagents through cobalt catalysis. Angew Chem Int Ed, 2011, 50: 1109.

8 Fujiwara Y, Moritani I. Aromatic substitution of olefins. VI. Arylation of olefins with palladium(II) acetate. J Am Chem Soc, 1969, 91: 7166.

9 Boele M D K, van Strijdonck G P F, de Vries A H M, et al. Selective Pd-catalyzed oxidative coupling of anilides with olefins through C–H bond activation at room temperature. J Am Chem Soc, 2002, 124: 1586.

10 Engle K M, Mei T S, Wasa M, et al. Weak coordination as a powerful means for developing broadly useful C–H functionalization reactions. Acc Chem Res, 2012, 45: 788.

11 Wang D H, Engle K M, Shi B F et al. Ligand-enabled reactivity and selectivity in a synthetically versatile aryl C–H olefination. Science, 2010, 327: 315.

12 Ye M, Gao G L, Yu J Q. Ligand-promoted C-3 selective C–H olefination of pyridines with Pd catalysts. J Am Chem Soc, 2011, 133: 6964.

13 Leow D, Li G, Mei T S, et al. Activation of remote meta-C–H bonds assisted by an end-on template. Nature, 2012, 486: 518.

14 Li C J. Cross-dehydrogenative coupling (CDC): exploring C–C bond formations beyond functional group transformations. Acc Chem Res, 2009, 42: 335.

15 Lin S, Song C X, Cai G X, et al. Intra/intermolecular direct allylic alkylation via Pd(II)-catalyzed allylic C–H activation. J Am Chem Soc, 2008, 130: 12901.

16 Young A J, White M C. Catalytic intermolecular allylic C–H alkylation. J Am Chem Soc, 2008, 130: 14090.

17 Liegault B, Fagnou K. Palladium-catalyzed intramolecular coupling of arenes and unactivated alkanes in air. Organometallics, 2008, 27: 4841.

18　Li R, Liang L, Lu W. Intermolecular cross-coupling of simple arenes via C–H activation by tuning concentrations of arenes and TFA. Organometallics, 2006, 25: 5973.

19　Stuart D R, Fagnou K. The catalytic cross-coupling of unactivated arenes. Science, 2007, 316: 1172.

20　Li B J, Tian S L, Fang Z, et al. Multiple C–H activations to construct biologically active molecules in a process completely free of organohalogen and organometallic components. Angew Chem Int Ed, 2008, 47: 1115.

21　Kuninobu Y, Tokunaga Y, Kawata A, et al. Insertion of polar and nonpolar unsaturated molecules into carbon-rhenium bonds generated by C–H bond activation: synthesis of phthalimidine and indene derivatives. J Am Chem Soc, 2006, 128: 202.

22　Qian B, Guo S, Shao J, et al. Palladium-catalyzed benzylic addition of 2-methyl azaarenes to *N*-sulfonyl aldimines *via* C–H bond activation. J Am Chem Soc, 2010, 132: 3650.

23　Li B J, Shi Z J. Ir-Catalyzed highly selective addition of pyridyl C–H bonds to aldehydes promoted by triethylsilane. Chem Sci, 2011, 2: 488.

24　Li Y, Li B J, Wang W H, et al. Rhodium-catalyzed direct addition of aryl C–H bonds to n-sulfonyl aldimines. Angew Chem Int Ed, 2011, 50: 2115.

25　Tsai A S, Tauchert M E, Bergman R G, et al. Rhodium(III)-catalyzed arylation of boc-imines via C–H bond functionalization. J Am Chem Soc, 2011, 133: 1248.

26　Boogaerts I I F, Nolan S P. Carboxylation of C–H bonds using N-heterocyclic carbene gold(i) complexes. J Am Chem Soc, 2010, 132: 8858.

27　Zhang L, Cheng J, Ohishi T, et al. Copper-catalyzed direct carboxylation of C–H bonds with carbon dioxide. Angew Chem Int Ed, 2010, 49: 8670.

28　Mizuno H, Takaya J, Iwasawa N. Rhodium(I)-catalyzed direct carboxylation of arenes with CO2 via chelation-assisted C–H bond activation. J Am Chem Soc, 2011, 133: 1251.

29　Sun C L, Li H, Yu D G, et al. An efficient organocatalytic method for constructing biaryls through aromatic C–H activation. Nat Chem, 2010, 2: 1044.

30　Liu W, Cao H, Zhang H, et al. Organocatalysis in cross-coupling: DMEDA-catalyzed direct C–H arylation of unactivated benzene. J Am Chem Soc, 2010, 132: 16737.

31　Shirakawa E, Itoh K, Higashino T, et al. *tert*-Butoxide-mediated srylation of benzene with aryl halides in the presence of a catalytic 1,10-phenanthroline derivative. J Am Chem Soc, 2010, 132: 15537.

32　Zaitsev V G, Shabashov D, Daugulis O. Highly regioselective arylation of sp3 C–H bonds catalyzed by palladium acetate. J Am Chem Soc, 2005, 127: 13154.

33　Simmons E M, Hartwig J F. Catalytic functionalization of unactivated primary C–H bonds directed by an alcohol. Nature, 2012, 483: 70.

Revolution of Synthetic Chemistry: Direct Functionalization of C–H Bond

Shi Zhangjie

Different from conventional synthetic chemistry based on the transformations among the functional groups, direct C–H bond functionalization will induce the revolution of synthetic science due to its commence from the feedback of fossils with higher atom- and step-economic and environmentally benign approaches. This review outlined the histories, recent developments and the perspectives in this field.

2.5　选择性氟化
——合成化学的新机遇

胡金波　倪传法
(中国科学院上海有机化学研究所)

选择性氟化反应，不仅包括向分子中直接引入氟原子的氟化反应，还包括向分子中引入含氟片段的氟烷基化反应。本文主要讨论利用各种含氟试剂所进行的碳氟键构建，以及利用含有一个碳的氟烷基片段(三氟甲基、二氟甲基与一氟甲基)所进行的含氟碳碳键构建。

一、选择性氟化的意义

2000年以来，由于生物化学、药物化学及影像医学的快速发展，少氟分子在生命科学领域得到了广泛的应用。根据2007年报道的统计结果，20%的医药和30%的农药中至少含有一个氟原子[1]。如何在温和的条件下，高选择性地将一个或几个氟原子引入到复杂结构的分子中，成为迫切需求。发展新的选择性氟化方法，不但可以拓展用于药物筛选的含氟分子种类、优化含氟药物分子合成工艺、满足对已有药物分子后期氟化修饰的需要，还可以拓宽有机化学的研究范围，加深对有机化学中成键规律的认识。

二、选择性氟化研究进展

1. 新的氟化试剂

氟化试剂一直是选择性氟化研究的核心。近5年来，在原有亲核氟化试剂的基础上，通过添加组分或改变取代基，演变出了很多优秀氟化试剂。例如，常用的四丁基氟化铵 (TBAF) 可以与四分子叔丁醇形成不易吸潮的稳定络合物，其氟化效果优于TBAF；商品化的(二乙基氨基)三氟化硫 (DAST) 与三氟化硼作用所形成的稳定固体，具有比液体DAST选择性更高的去氧氟化能力；在苯基的两个邻位及对位分别引入了甲基与叔丁基后得到的固体的芳基三氟化硫Fluolead™是一种比DAST更温和的氟化试剂。这些新的亲核氟化试剂的发现，保证了在温和条件下高选择性亲核氟化反应的进行，促进了含氟化合物合成方法研究。在氟烷基化试剂中，Togni试剂弥补了基于三价碘的亲电三氟甲基化试剂的空白，大大拓展了选择性三氟甲基化的研究范围。我们也利用硫原子的调控作用，发展了一些氟烷基化试剂，推动了二氟和一氟甲基化的发展。

2. 新的氟化方法

随着新试剂新配体的出现，结合金属有机化学的成键方法，各种三氟甲基化反应发展迅速。2011年，格鲁申(Grushin)在《化学评论》上对过渡金属参与的芳基氟烷基化进行了详细总结[2]，其中包括卿凤翎研究员最近提出的氧化三氟甲基化；同年，里特尔(Ritter)在《自然》上综述了催化的氟化及氟烷基化反应[1]。2012年，自由基三氟甲基化反应的研究开始复兴，施图德(Studer)在《德国应用化学》上对该领域做了综述[3]。

相比于含氟碳碳键的构建，过渡金属参与的碳氟键的形成研究更具挑战性。尽管桑福德(Sanford)早在2005年就实现了钯(Ⅱ)催化的对碳氢键的亲电氟化反应，但是寻找合适的导向基团，实现具有普适性的反应，一直是人们不懈努力的方向[1]。2009年，布赫瓦尔德(Buchwald)在《科学》上发表了零价钯催化的对芳基磺酸酯的亲核氟化反应，首次实现了钯(Ⅱ)氟络合物还原消除形成碳氟键，为研究低价过渡金属催化的碳氟键形成奠定了基础[1]。而铜(Ⅰ)在碳氟键形成中的应用研究刚刚揭开序幕：在首例铜催化的氟卤交换反应的基础上，2012年，哈特维(Hartwig)报道了具有普适性的对芳基碘的亲核氟化反应[4]。

自由基氟化反应是2012年新出现的研究热点，迄今先后有6篇研究论文发表。其中有5篇使用亲电氟化试剂作为氟源，还有一篇是使用亲核氟化试剂氟化银，在锰(Ⅲ)卟啉络合物的催化下，对脂肪碳上碳氢键的选择性氧化氟化，该工作发表在《科学》上[5]。所有这些自由基氟化反应构建的均是脂肪碳上的碳氟键。

另外，受基姆(Kim)研究工作启发，渊上(Fuchigami)于2012年首次报道了利用碱金属氟化物在聚乙二醇促进下的电解氟化反应[6]，避免了使用氟化氢及其络合物，对电解氟化的发展具有很好的借鉴意义。

3. 不对称反应

不对称反应主要是在有机小分子或过渡金属络合物催化下形成碳氟键的反应。利用亲电氟化试剂对碳氢键的不对称氟化已有很多报道，但是对不饱和体系氟化后引发的串联反应的研究刚刚兴起。例如，2011年，托斯特(Toste)在《科学》上报道了利用Selectfluor^{TM}在手性膦酸盐催化下对烯烃的分子内高对映选择性氟环化反应，可以构建结构复杂的含氟螺环化合物[7]。不对称亲核氟化起步较晚，最近几年刚刚引起人们关注。2010～2011年，多伊尔(Doyle)在《美国化学会会志》上先后报道了利用氟化银及现场产生的氟化氢在过渡金属催化下的对映选择性氟化反应[8]。在形成含氟碳碳键方面，尽管在对映选择性亲核氟烷基化研究方面取得了一些结果，也实现了两例对映选择性的亲电三氟甲基化，但总体进展缓慢。

4. 特殊应用导向的氟化

由于正电子发射断层显像(PET)技术在疾病诊断中有重要应用，如何快速制备氟-18标记的化合物已经成为有机氟化学的一个重要研究方向。2012年，古韦纳尔(Gouverneur)在《德国应用化学》上综述了氟-18标记芳基化合物合成方法研究进展[9]。其中令人印象最为深刻的例子是2011年里特尔在《科学》上发表的利用氟化钾在钯(IV)作用下对芳基钯(II)络合物按照1∶1∶1化学计量比进行的氧化氟化[9]。该方法克服了传统亲核氟化时间长的缺点，满足了半衰期只有110分钟的氟-18同位素对操作时间的苛刻要求。尽管在氟化过程中要用到总共两个当量的贵金属钯，但是在诊断过程中对化合物的需求量极少(毫克级)，试剂成本不会影响该氟化方法的实用性。

三、总结与展望

尽管选择性氟化越来越引起人们的重视，在很多方面取得了快速发展，但是仍有很大发展潜力。含氟试剂的开发不但可以提高引入氟的效率，而且可以促进新反应的发现。虽然我们已经在含氟碳碳键构建中取得了一些进展并发展了几种试剂，但是迄今为止还缺少中国人自己开发的用于形成碳氟键的试剂。今后，环境友好且具有可持续发展性的高效、高选择性含氟试剂的研究值得关注。在合成方法研究中，鉴于大多数含氟药物中的氟原子直接连在芳基上，各种过渡金属催化的碳氟键形成将是一大重点。在不对称反应研究中，对映选择性亲核氟化及各种氟烷基化将是今后努力的方向。在特殊应用导向的氟化中，利用亲核氟化试剂快速高效地合成氟-18标记的包括氟烷基化合物在内的各类含氟化合物，仍将是此领域追逐的热点。除此之外，如何利用廉价易得的氟盐(如氟化钠和氟化钾)在温和条件下(如常温、空气氛围下)实现高效碳氟键形成，将是今后研究的一个重要方向。

参 考 文 献

1 Furuya T, Kamlet A S, Ritter T. Catalysis for fluorination and trifluoromethylation. Nature, 2011, (473): 470-477.

2 Tomashenko O A, Grushin V V. Aromatic trifluoromethylation with metal complexes. Chem Rev, 2011, (111): 4475-4521.

3 Studer A. A "renaissance" in radical trifluoromethylation. Angew Chem Int Ed, 2012, (51): 8950-8958.

4 Fier P S, Hartwig J F. Copper-mediated fluorination of aryl iodides. J Am Chem Soc, 2012, (134): 10795-10798.

5 Liu W, Huang X, Cheng M J, et al. Oxidative aliphatic C–H fluorination with fluoride ion catalyzed by a manganese porphyrin. Science, 2012, (337): 1322-1325.

6 Sawamura T, Takahashi K, Inagi S, et al. Electrochemical fluorination using alkali-metal fluorides. Angew Chem Int Ed, 2012, (51): 4413-4416.

7 Rauniyar V, Lackner A D, Hamilton G L, et al. Asymmetric electrophilic fluorination using an anionic chiral phase-transfer catalyst. Science, 2011, (334): 1681-1684.

8 Hollingworth C, Gouverneur V. Transition metal catalysis and nucleophilic fluorination. Chem Commun, 2012, (48): 2929-2942.

9 Tredwell M, Gouverneur V. ^{18}F labeling of arenas. Angew Chem Int Ed, 2012, (51): 11426-11437.

Selective Fluorination: A New Opportunity for Synthetic Chemistry

Hu Jinbo, Ni Chuanfa

Introduction of fluorine atom or fluorinated moiety often imparts beneficial properties to the target molecule, and a variety of fluorine-containing pharmaceuticals and agrochemicals have been developed. Very recently, increasing attention has been paid on the development of practical selective fluorination reagents and exploitation of conceptually new methods for the formation of both carbon-fluorine bonds and carbon-fluoroalkyl bonds. Many breakthroughs achieved within the past few years have shown that the selective fluorination has become an important and fast-growing research field in organofluorine chemistry. However, many of the new methods still lack practicality and cost efficiency for industrial production. Future research in organofluorine chemistry will need to focus on the development of more general and practical selective fluorination reactions.

2.6 高致病性禽流感H5N1病毒研究新进展

周 梵 周保罗

（中国科学院上海巴斯德研究所）

一、高致病性禽流感H5N1病毒的流行病学特性

自2003年开始，高致病性禽流感H5N1病毒(简称H5N1病毒)持续在亚洲、欧洲及非洲等地区的家禽和野生鸟类中传播，其间伴随人类病例。至2012年10月30日，根据世界卫生组织(WHO)的统计，已有63个国家和地区报告了数千次在养禽业及野生鸟类中的H5N1病毒暴发[1]。同时，共有608例确诊的人类病例，其中359例死亡，死亡率高达60%[2]。在中国内地，仅2012年前两季度就出现四次养禽业中的H5N1病毒暴发，分别在辽宁省、宁夏回族自治区、甘肃省和新疆维吾尔自治区。2010～2012年，我国共有5例确诊的人类病例：两例在香港特别行政区、一例在广东省、一例在湖北省、一例在贵州省，其中死亡三例[1]。虽然迄今为止被确诊的病例都被证明曾和H5N1病毒感染致病的禽类有近距离接触，且从这些病例体内分离到的病毒株都具有明显的禽类病毒特性，但是已有两个著名实验室的独立实验结果显示，流感病毒血凝素蛋白(简称HA蛋白)上少数几个氨基酸的改变就可以使含有此突变的H5N1病毒株通过飞沫从感染雪貂传播到未感染雪貂[3,4]。最近的研究显示，在现行的流感病毒株数据库中存在两株野生病毒株，一株为越南来源，另一株为埃及来源，含有除了两个以外的全部上述实验室适应衍生株的氨基酸突变，这就意味着一旦这两株野生病毒株通过持续的演化获得了仅剩的两个HA蛋白上的氨基酸突变，就会获得和此前实验室衍生株一致的飞沫传播的特性[5]。鉴于雪貂是和人类最相近流感病毒传播机制的动物模型，上述的发现极大地增加了全世界对于H5N1病毒可能会演化成为可以在人群中以飞沫传播，进而导致其世界范围内大规模暴发流行的担忧。

随着在东半球不同地区多种宿主中的广泛传播，H5N1病毒不断演化。根据其主

要表面抗原HA蛋白的遗传学性质可以被划分为10个亚枝(clade)[6]。其中，亚枝1可分出一个二级亚枝(subclade)：1.1；亚枝2又可分为五个二级亚枝：2.1、2.2、2.3、2.4和2.5；亚枝7又可分为两个二级亚枝：7.1和7.2；二级亚枝2.1、2.2和2.3又可进一步向下分出三级亚枝等。亚枝1.1主要局限在越南和柬埔寨，东南亚的其他国家和地区主要流行亚枝2.3.2和2.3.4，中东地区以亚枝2.2.3和2.3.2为代表，非洲(主要是埃及)流行亚枝2.2.1及2.2.1.1[7]。各型亚枝的分布和各自的野生鸟类宿主的长距离迁徙有直接关系。中国自2010年起，在养禽业和野生鸟类中以亚枝2.3.2、2.3.4和7共同传播为主。从1996年H5N1病毒暴发以来，所有的确诊人类病例均为亚枝0、1、2和7，但是不排除在禽类中流行的其他亚枝获得传播到人类的可能性。与此同时，除人以外的许多哺乳动物，例如，虎、豹、犬、猫及石貂都曾被报道通过食用染病的禽类而感染H5N1病毒；灵猫、驴和猪能够天然感染H5N1病毒。实验感染已经成功建立了小鼠、雪貂、猕猴、牛和狐狸的动物模型。因此，现行的H5N1病毒具有极强的动物传染特性。

二、高致病性禽流感H5N1病毒感染的临床症状及治疗

H5N1病毒感染的临床症状及体征主要为发热、咳嗽、呼吸增快和困难，实验室检查主要为外周血白细胞数、淋巴细胞绝对数的减少和呼吸道高病毒滴度，影像学改变以浸润、实变等肺炎改变为主，重症人禽流感患者最易出现的并发症为急性呼吸窘迫综合征。通常能从脑脊液、排泄物、咽拭子及血清样品中培养得到病毒。除辅助疗法外，治疗主要依赖于四种抗流感药物：病毒表面离子通道蛋白M2的抑制剂金刚烷胺(amantadine)和金刚烷乙胺(rimantadine)；神经酰胺酸酶活性抑制剂特敏福(Tamiflu)和乐感清(Relenza)，有研究证明对上述两类药物的逃逸病毒株已存在。所以，急需开发出能够在病征出现后及时控制病毒在机体内扩散的新疗法。

虽然现今还没有被批准上市的治疗H5N1病毒病例的抗体类药物，但基于抗体作用的单克隆或多克隆抗体制备的药物已经被用于预防和治疗多种其他病毒性疾病感染。在流感中，母婴间垂直传播的特定抗体形成的被动免疫被证明在早期婴儿对流感病毒的免疫保护中占主要地位。在1918年的西班牙流感大暴发期间，给病人输送已恢复病人的血液成分能够降低50%的致死率。将感染过H5N1病毒的痊愈病人的血浆输送给正被H5N1病毒感染的患者极大地降低了病毒滴度并促使其痊愈。更多的实验结果表明多种来源的抗体，例如，小鼠、雪貂、马及人源等可以在小鼠感染模型中提供有效的被动免疫保护。最近有研究报道：在小鼠感染模型中，单次注射15毫克/千克的人源单克隆抗体能够获得比连续5天每天接受10毫克/千克特敏福更好的预防和治疗效果[8]。最后，由于单克隆细胞分离技术和分子克隆技术的迅猛发展，许多针对流感病毒的高效

广谱人源单克隆抗体已经在近年被发现[9-11]。这些人源单克隆抗体可以单独或多价不同表位抗体联合，或者抗体和小分子抑制剂联合治疗H5N1病毒感染患者。目前，国内已研发出多个拥有自主知识产权的人源抗H5N1病毒单克隆抗体[12-14]，这些抗体被证明具有极高的病毒中和能力、动物感染保护治疗功能，并且针对HA蛋白的不同表位。这些抗体的单独或联合使用具备了巨大的潜在临床研究和使用价值。在此我们建议国家对这些抗体进行系统和综合的评价，从中挑选出高效且广谱的抗体进行战略储备以应对日益严峻的H5N1病毒的威胁。

三、高致病性禽流感H5N1病毒的疫苗研发

自1996年暴发以来，高致病性禽流感H5N1病毒演化出了10个亚枝。其中，亚枝1、2和7又可进一步向下分出二级亚枝、三级亚枝等。如此高度分化的遗传学性质给疫苗研发带来了科学挑战和经济压力。在难题面前，两种研究策略应运而生：其中一种是根据所需要保护对象的地域范围挑选当地的一个或多个代表流行株作为疫苗的亲本株。世界卫生组织就是根据这一原则推荐了分属亚枝1、1.1、2.1、2.1.3.2、2.2、2.2.1、2.2.1.1、2.3.2.1、2.3.4、4和7.1的多达22个流行株作为不同地区的疫苗亲本株[6]。在国内，中国农业科学院哈尔滨兽医研究所国家禽流感参考实验室根据每年的养禽业样本采集，得出了由亚枝0演化为亚枝2.3.4和7共同传播，近几年亚枝2.3.4又逐步被亚枝2.3.2.1替代的流行病学规律，并由此研发了具有高度针对性的禽用灭活重组疫苗[15]。同时，利用家鸭养殖业中现行鸭流行性肠胃炎病毒(duck enteritis virus)减毒疫苗大规模接种的优势，研究人员研发了能同时针对H5N1病毒亚枝2.3.2和鸭流行性肠胃炎病毒的新型减毒疫苗，大大降低了疫苗生产成本，并且拓展了H5N1病毒疫苗在家鸭养殖业中的保护范围[16]。第二种研究策略是根据H5N1病毒遗传学性质的演化规律人为构建共有序列(consensus)或祖先序列(ancestral sequence)作为疫苗的亲本株。这些人为构建的序列具有同时和多株现行流行代表株相接近并能激发更广泛交叉反应的特性。"台湾国立阳明大学"的何大一(David Ho)教授实验室的实验结果证明基于H5N1病毒HA蛋白遗传学性质的一株共有序列的脱氧核糖核酸(DNA)疫苗能够在包含亚枝1、2.1、2.2、2.3.2和2.3.4多种病毒感染的小鼠动物模型中提供保护[17]。美国田纳西州圣裘德儿童研究医院的理查德·威比(Richard J. Webby)教授实验室重建了H5N1病毒HA蛋白祖先序列，在雪貂模型中能很好地诱导出针对亚枝1、2.1、2.2、2.3.4和4的保护性交叉免疫活性[18]。新加坡国立大学的Jimmy Kwang教授实验室在杆状病毒系统中表达包含多种中和表位的H5N1病毒HA蛋白，在小鼠模型中能获得和亚枝1、2.1、2.2、4、7和8的交叉中和抗体反应，以及针对亚枝1、2.1和7的病毒感染保护[19]。综上可见，上述基于H5N1病毒HA蛋白遗传性质进化树或有限的抗原性质的研究策略，相比于单一病毒株为亲本株的

疫苗能够得到较为广泛的交叉反应活性，但仍是局限于某些特定亚枝，而无法证明其在所有现行亚枝中的反应活性和保护功能。

鉴于上述不足之处，中国科学院上海巴斯德研究所周保罗教授实验室采取了一种全新的策略，即基于全面的血清学研究设计出能够有效针对所有现行H5N1病毒亚枝的免疫原，并在小鼠高致死量感染模型中提供有效保护[20]。因此，这种基于全面的血清学研究设计广谱免疫原的策略不仅可以用于H5N1流感病毒，而且可以用于其他亚型流感病毒乃至其他病毒。

四、挑战和机遇

高致病性禽流感H5N1病毒因其快速演化、遗传学性质多样性、宿主广泛、易在鸟类中传播，以及潜在的人—人传播隐患等特征引起了全世界的广泛关注。高度分化的遗传学多样性和传统灭活疫苗在免疫原性上的欠缺也给研发有效疫苗带来了困难和不确定性。尤其近年来具有增强的人类特定受体亲和力及耐药病毒株的不断发现，以及病毒由禽类向人类传播可能性的增加都使得H5N1病毒成了经济和公共卫生安全的巨大隐患。

由于国家在过去的10余年中对流感病毒的相关研究投入和支持，许多研究团队和疫苗生产厂家在H5N1病毒各自领域内都获得了长足的进步。更可喜的是，中国疾病预防控制中心已成为世界卫生组织流感病毒参考实验室。这将大大推动中国与世界其他国家在流感研究和疫苗开发中信息和资源共享以及技术和产品的标准化。

由此，我们建议国家在三方面加强H5N1病毒的相关研究。第一，鉴于其极强的跨种传播特性，在病毒致病性和跨种传播机制等方面，动物传染病、基础病毒学和临床的研究应当更加紧密地合作。第二，加强针对H5N1病毒通用疫苗的研究和开发。运用新型免疫原设计来开发出针对H5N1病毒通用疫苗是应对其快速演化和传统灭活疫苗的弱免疫原性的有效途径。近阶段越来越多的针对H5N1病毒HA蛋白的广谱中和单克隆抗体被发现，相应保守中和表位的解析为H5N1病毒通用疫苗的研发提供了坚实的科学依据。第三，为了获得确切的H5N1病毒跨种传播率及准确评价疫苗有效性和广谱性，各种实验方法、技术平台和下游生产制备环节的建立和标准化是亟待解决的。

参 考 文 献

1 WHO. Avian influenza situation updates. http://www.who.int/influenza/human_animal_interface/avian_influenza/archive/en/index.html [2013-02-01].

2　WHO. Cumulative number of confirmed human cases of avian influenza A(H5N1) reported.

3　Herfst S, Schrauwen E J A, Linster M, et al. Airborne transmission of influenza A/H5N1 virus between ferrets. Science, 2012; 336(6088): 1534-1541.

4　Imai M, Watanabe T, Hatta M, et al. Experimental adaptation of an influenza H5 HA confers respiratory droplet transmission to a reassortant H5 HA/H1N1 virus in ferrets. Nature, 2012, 486(7403): 420-428.

5　Neumann G, Macken C A , Karasin A I, et al. Egyptian H5N1 influenza viruses-cause for concern? PLoS Pathog, 2012, 8(11): e1002932.

6　WHO. Antigenic and genetic characteristics of zoonotic influenza viruses and development of candidate vaccine viruses of pandemic preparedness. September 2012.

7　FAO. Global overview April-June 2012. http://www.fao.org/docrep/016/ap387e/ap387e.pdf [2013-02-01].

8　Koudstaal W, Koldijk M J, Brakenhoff J P, et al. Pre- and postexposure use of human monoclonal antibody against H5N1 and H1N1 influenza virus in mice: viable alternative to oseltamivir. J Infect Dis, 2009, 200:1870-1873.

9　Ekiert D, Bhabha G, Elsliger M, et al. Antibody recognition of a highly conserved influenza virus epitope. Science, 2009, 323: 246-251.

10　Ekiert D, Friesen R H E, Bhabha G, et al. A highly conserved neutralizing epitope on group 2 influenza A viruses. Science, 2011, 333: 843-850.

11　Corti D, Voss J, Gamblin S J, et al. A neutralizing antibody selected from plasma cells that binds to group 1 and group 2 influenza A hemagglutinins. Science, 2011, 333: 850-856.

12　Hu H, Voss J, Zhang G, et al. A human antibody recognizing a conserved epitope of H5 hemagglutinin broadly neutralizes highly pathogenic avian influenza H5N1 viruses. J Virol, 2012, 86(6): 2978-2989.

13　Sun L, Lu X, Li C, et al. Generation, characterization and epitope mapping of two neutralizing and protective human recombinant antibodies against influenza A/H5N1 viruses. PLoS One, 2009, 4:e5476.

14　Chen Y, Qin K, Wu W, et al. Broad cross-protection against H5N1 avian influenza virus infection by means of monoclonal antibodies that map to conserved viral epotopes. J Infect Dis, 2009, 199(1): 49-58.

15　Chen H, Bu Z. Development and application of avian influenza vaccines in China. Curr Top Microbiol Immunol, 2009, 2: 153-162.

16　Liu J, Chen P, Jiang Y, et al. A duck enteritis virus-vectored bivalent live vaccine provides fast and complete protection against H5N1 avian influenza infection in ducks. J Virol, 2011, 85(21): 10989-10998.

17　Chen M, Cheng T R, Huang Y, et al. A consensus-hemagglutinin-based DNA vaccine that protects mice against devergent H5N1 influenza viruses. PNAS, 2008, 105(36): 13538-13543.

18　Ducatez M, Bahl J, Griffin Y, et al. Feasibility of reconstructed ancestral H5N1 influenza viruses for cross-clade protective vaccine development. PNAS, 2011, 108(1): 349-354.

19　Prabakaran M, He F, Meng T, et al. Neutralizing epitopes of influenza virus hemagglutinin: target for the development of a universal vaccine against H5N1 Lineages. J Virol, 2010, 84(22): 11822-11830.

20 Zhou F, Wang Q, Buchy P, et al. A triclade DNA vaccine designed on the basis of a comprehensive serologic study elicits neutralizing antibody responses against all clades and subclades of highly pathogenic avian influenza H5N1 viruses. J Virol, 2012, 86(12): 6970-6978.

Advance in Highly Pathogenic Avian Influenza H5N1 Research

Zhou Fan, Zhou Paul

Highly pathogenic avian influenza (HPAI) H5N1 viruses have been endemic in bird species since its emergence in 1996 and its ecology, genetics and antigenic properties have continued to evolve. This results in diverse virus strains to emerge in endemic areas and some of these strains with enhanced binding affinity to the human-type receptor. The strain diversity poses enormous challenge in vaccine development against HPAI H5N1 viruses. Conventional vaccine development against HPAI H5N1 viruses encounters poor immunogenicity, poor cross-reactivity and low yield. As a result, various new vaccine strategies aiming to increase immunogenicity and cross-reactivity are being developed. During the past 10 years research teams in China have made significant contribution to HPAI H5N1 virus research, including epidemiology, zoonotic transmission, pathogenesis and vaccine development. However, more coherent approach is needed in order to maximize the impact. Here, we propose a nationally coordinated strategy in research and vaccine development to effectively deal with this potential human threat.

2.7　干细胞与再生医学研究现状与展望

刘征鑫[1,2]　朱宛宛[1]　周　琪[1]

(1 中国科学院动物研究所；2 中国科学院大学)

干细胞与再生医学已成为当今生物医学研究中最受瞩目的研究领域，2012年的诺贝尔生理学/医学奖授予在体细胞核移植和诱导性多能干细胞方面做出杰出贡献的英国科学家约翰·格登(John B. Gurdon) 和日本科学家山中伸弥(Shinya Yamanaka)，足以彰显这一研究领域的重要性。

一、干细胞与再生医学研究的兴起和发展

1963年，麦卡洛克(McCulloch)等人证实小鼠骨髓具有自我更新的能力，开启了干细胞研究的大门。小鼠和人类胚胎干细胞的诞生、体细胞核移植及诱导性多能干细胞(induced pluripotent stem cells，iPSC)技术的出现，使干细胞及其临床应用的价值进一步受到重视，并掀起了干细胞与再生医学的研究热潮。美国、日本等发达国家长期以来一直关注干细胞方面的研究，相关文献数量逐年增加(图1)。

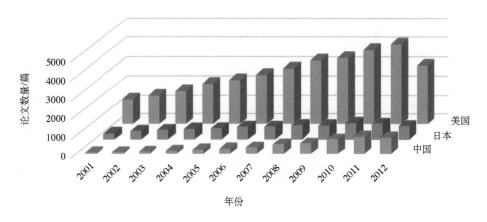

图1　2001～2012年中国、日本、美国三国干细胞领域文献发表情况对比
数据来源：Web of Science，检索式：TS=“stem cell”、CU=“国家名”

我国在干细胞方面的研究起步较晚，2001年才正式启动了两个关于干细胞研究的973计划。但随着我国政府对科研经费投入力度的不断加大及我国科学家的努力，近几年我国的干细胞研究已取得显著进步(图1)并获得了一些重要进展，为我国的干细胞研究争得了国际重要地位。尤其是2011～2012年，我国的干细胞方面文献发表数量已跃居世界第三位(图2)，但是被引用频次仍明显低于美国等世界主要科技发达国家，所以我们也应清楚地认识到我国的干细胞研究仍需进一步提高质量和创新性。

机体损伤和疾病康复过程中受损组织和器官的修复与重建，一直是生物学和临床医学面临的重大难题。因此，以干细胞技术为核心的再生医学研究已经成为生物学、基础医学与临床医学共同关注的研究焦点，不仅具有重要的科学意义，同时具有巨大的应用前景。

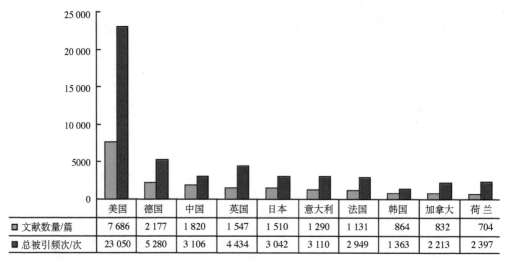

	美国	德国	中国	英国	日本	意大利	法国	韩国	加拿大	荷兰
文献数量/篇	7 686	2 177	1 820	1 547	1 510	1 290	1 131	864	832	704
总被引频次/次	23 050	5 280	3 106	4 434	3 042	3 110	2 949	1 363	2 213	2 397

图2　2011～2012年世界主要国家在干细胞领域发表的相关文献数量及其被引情况
数据来源：Web of Science，截至2012年12月26日

二、干细胞的研究现状及临床应用前景

1. 多能性干细胞的研究与临床应用前景

胚胎干细胞(embryonic stem cell，ESC)具有自我更新和多向分化潜能，并且相比于其他类型的干细胞，具有较低的免疫源性，因此可以广泛应用于细胞替代治疗和药物研发等方面。目前已有研究显示，由人ESC分化获得的神经细胞可以成功地减轻灵长类帕金森病模型的相应症状[1]。同时，将人ESC来源的少突胶质细胞移植到脊髓损伤的小鼠模型中，能明显恢复其运动能力。在特定生长因子的作用下人ESC能分化成视网膜祖细胞，将其移植入白化型成年兔的视网膜下腔后，细胞能迁移至损伤部位修复损伤。人ESC分化获得的细胞在治疗视网膜黄斑变性方面也取得了一定的效果[2]。但通过体外受精获得胚胎干细胞的方法一直受到伦理制约，限制了ESC的临床应用，而孤雌胚胎来源ESC具有和正常ESC一样的自我更新和多向分化潜能，因此是一种更为理想的可以临床应用的细胞类型。目前，国际上已经建立了临床级人ESC的建系标准[3]，为ESC的临床前试验和临床应用奠定了坚实基础。

由于体外获得卵母细胞的途径具有很大的局限性，以及灵长类克隆的技术瓶颈，治疗性克隆的发展受到了极大的限制。2006年iPSC技术的出现使人们重新看到了多能干细胞临床应用的希望。iPSC技术可以将成体细胞在外源因子的作用下转变成具有多向分化能力的诱导性多能干细胞，成功地规避了传统的伦理制约，2012年的诺贝尔生理学/医学奖更是极大地肯定了该技术的价值与意义。

然而，随着iPSC研究的不断深入，更多的研究者开始注意到iPSC技术的自身缺陷，如使用了逆转录病毒或慢病毒载体，外源基因*c-Myc*是致癌基因；近来又有报道iPSC在诱导过程和培养过程中基因的突变率明显增加[4]，因此目前iPSC仍无法应用于临床治疗。与此同时，最近也有很多研究发现利用新的诱导方法可以避免外源基因的插入和原癌基因的使用[5]，并能提高诱导效率，iPSC诱导技术的不断突破为其在再生医学领域的应用奠定了基础。

此外，2012年我国科学家首次实现了利用基因修饰的单倍体胚胎干细胞获得健康成活的转基因哺乳动物[6,7]，该研究为灵长类等大动物的基因功能研究及疾病模型的建立开辟了一条新的道路，这一方法对药物开发、疾病发生机制等研究工作将产生积极的促进作用，可能对人类致病基因的筛查和通过辅助生殖技术进行基因修正提供新的途径。

2. 成体干细胞的基础与临床研究进展

20世纪70年代初，造血干细胞被第一次应用于临床细胞移植治疗，这项壮举荣获了诺贝尔生理学/医学奖，如今造血干细胞已成为唯一一种被广泛应用于临床的干细胞类型。但是异基因造血干细胞移植的治疗方式仍存在很多问题，在细胞移植过程中及移植后都容易发生多种并发症，其中肺损伤是最常见的并发症。如何防止及降低闭塞性细支气管炎综合征的发病率已成为异基因造血干细胞移植的关键[8]。

间充质干细胞(mesenchymal stem cell，MSC)是另一种具有广阔应用前景的成体干细胞，目前可以从骨髓、脂肪或脐带中分离获得，在体内或体外特定的诱导条件下可以分化为多种组织细胞类型，在2型胶原导致的关节炎、2型糖尿病、阿霉素诱导的肾病、创伤性脑损伤、急性呼吸窘迫综合征、心肌梗死和肺部疾病等各类型疾病的治疗上均表现出巨大的潜力。最近的证据表明，间充质干细胞具有调节免疫应答、减少损伤和增加机体抗感染能力的作用，而且在肺部损伤修复及更新上发挥着重大作用[9]。因此，MSC可作为一种理想的种子细胞用于衰老或病变引起的组织器官损伤修复，其临床研究已在许多国家开展，是最具临床应用前景的一类成体干细胞。最近，从脂肪中分离获得的脂肪干细胞(adipose-derived stem cells，ASC)已成为一个新的研究热点[10]，其在体内分布广泛而且获得量大；已有临床研究表明ASC更为安全和有效[11]。

此外，像胰岛干细胞、表皮干细胞等成体干细胞类型，同样具有重要的基础研究和临床应用价值。然而，细胞的获得、有限的体外增殖能力、细胞状态和供体年龄的相关性都限制了成体干细胞的广泛应用，因此这些成体干细胞还主要停留在基础研究阶段。

3.转分化的研究价值和应用前景

借鉴iPSC的获得方式，在体外或体内将某种终末分化的细胞在外源因子的诱导下直接转变成所需的功能性细胞，是再生医学的一个新的研究领域。目前已有报道成纤维细胞在外源因子的作用下可以直接转变为多巴胺能神经元[12]，为转分化的临床应用提供了证据。体内转分化的实现，不仅免去了体外培养可能造成的基因突变，也免去了大规模培养所带来的不必要的经济投入及资源消耗，是一种新的干细胞技术的发展趋势。

4.干细胞的临床应用

目前美国食品药品监督管理局(Food and Drug Administration, FDA)已批准多项干细胞临床应用研究计划，涉及多种干细胞类型以及多种疾病类型(表1、表2)。2012年5月17日，加拿大卫生部(Health Canada)批准了奥西里斯治疗公司(Osiris Therapeutics, Inc.)生产的干细胞药物上市销售。多种干细胞临床实验先后获得批准，干细胞商品化前景非常光明。

表1　涉及干细胞治疗产品的Ⅲ期临床试验情况

企业名称	治疗病种	产品名称
BHOsiris Therapeutics	移植抗宿主病、激素抵抗性急性移植排斥反应和局限性肠炎	Prochymal
BHBioHeart	充血性心衰	MyoCell
BHAldagen, Inc.	代谢性疾病	ALD-101
BHCellerix, S.A.	肛瘘	Ontaril(CX401)
BHGamida Cell and Teva Pharmaceuticals	恶性血液病	StemEX
BHAastrom Bioscience	骨坏死	Bone Repair Cells

数据来源：GBI research

表2　涉及干细胞治疗产品的Ⅱ期临床试验情况

企业名称	治疗病种	产品名称
Aldagen, Inc.	危险性肢体缺血	ALD-301
Aastrom Biosciences	心肌重构	Cardiac Repair Cells
Aastrom Biosciences	危险性肢体缺血	Vascular Repair Cells
Advanced Cell Technology	充血性心衰	Myoblast Therapy
AngioBlast Systems	心肌梗死	Allogeneic Mesenchymal Precursor Cells
AngioBlast Systems	心肌梗死	Autologous Mesenchymal Precursor Cells
Baxter Healthcare	心肌缺血	ACT34-CMI

续表

企业名称	治疗病种	产品名称
Cellerix,S.A.	克罗恩病的肛瘘	Ontaril(CX401)
Mesoblast Limited	脊柱融合手术	Allogeneic Adult Mesenchymal Precursor Cells
Osiris Therapeutice	骨关节炎	Chondrogen
Osiris Therapeutice	心肌梗死和糖尿病	Prochymal
TCA Cellular Therapy	危险性肢体缺血	Autologous Adult Stem Cells
Teva Pharmaceuticals	骨干骨折	Autologous Mesenchymal Stem Cells
VesCell	冠心病	TheraVitae,Inc.

数据来源：GBI research

三、展　望

随着干细胞研究的不断深入，再生医学已展现出美好的发展前景。2012年，中国科学院干细胞与再生医学战略性先导科技专项和"十二五"期间的"干细胞研究"国家科技重大专项的正式启动，标志着我国的干细胞研究已经迈入了新阶段，并将在重大基础科学理论、干细胞治疗核心机制，以及应用体系和各相关学科集成形成研究系统方面取得重大突破。

但与此同时，干细胞治疗的巨大市场需求导致了秩序紊乱，尤其是在未取得任何临床许可的情况下，已有多家医院开展了各种类型的干细胞治疗，这其中存在着巨大的风险和安全隐患。2012年初，卫生部叫停未经许可的干细胞治疗，并在一段时间内暂不受理任何干细胞临床应用的申报项目。目前，由相关部门起草的《干细胞临床研究指导原则(讨论稿)》《干细胞临床研究基地管理办法(讨论稿)》和《干细胞制剂质量控制及临床前研究指导原则(讨论稿)》已于2012年9月底上报卫生部干细胞临床研究领导小组，之后将择机公布。我国的干细胞治疗正在逐步规范化。

总之，干细胞及再生医学的发展将带来新的医学革命，21世纪将是生命科学的世纪，也将成就重大医学变革。2012年的诺贝尔生理学/医学奖显得如此不同，因为它将开启人类战胜疾病的新篇章，干细胞与再生医学必将迎来更美好的未来。

参 考 文 献

1　Doi D, Morizane A, Kikuchi T, et al. Prolonged maturation culture favors a reduction in the tumorigenicity and the dopaminergic function of human ESC-derived neural cells in a primate model of Parkinson's disease. Stem Cells, 2012,5(30):935-945.

2　Schwartz S D, Hubschman J P, Heilwell G, et al. Embryonic stem cell trials for macular degeneration: a preliminary report. Lancet, 2012, 379(9817): 719-720.

3 Stephenson E, Jacquet L, Miere C, et al. Derivation and propagation of human embryonic stem cell lines from frozen embryos in an animal product–free environment. Nat Protoc, 2012, 7(7): 1366-1381.

4 Abyzov A, Mariani J, Palejev D, et al. Somatic copy number mosaicism in human skin revealed by induced pluripotent stem cells. Nature, 2012, 492(7429): 438-442.

5 Anokye D F, Trivedi C M, Juhr D, et al. Highly efficient miRNA-mediated reprogramming of mouse and human somatic cells to pluripotency. Cell Stem Cell, 2011, 8(4): 376-388.

6 Yang H, Shi L Y, Wang B A, et al. Generation of genetically modified mice by oocyte injection of androgenetic hasloid embryonic stem cells. Cell, 2012, 149(3): 605-617.

7 Li W, Shuai L, Wan H F, et al. Androgenetic haploid embryonic stem cells produce live transgenic mice. Nature, 2012, 490(7420): 407-411.

8 Sengsayadeth S M, Srivastava S, Jagasia M, et al. Time to explore preventive and novel therapies for bronchiolitis obliterans syndrome after allogeneic hematopoietic stem cell transplantation. Biol Blood Marrow Transplant, 2012, 18(10): 1479-1487.

9 Akram K M, Samad S, Spiteri M, et al. Mesenchymal stem cell therapy and Lung diseases. Adv Biochem Eng Biotechnol, 2012, 1616-8542 (Electronic).

10 Mizuno H, Tobita M, Uysal A C, et al. Concise review: Adipose-derived stem cells as a novel tool for future regenerative medicine. Stem Cells, 2012, 30(5): 804-810.

11 Tobita M, Orbay H, Mizuno H. Adipose-derived stem cells: Current findings and future perspectives. Discov Med, 2011, 11(57): 160-170.

12 Caiazzo M, Dell'Anno M T, Dvoretskova E, et al. Direct generation of functional dopaminergic neurons from mouse and human fibroblasts. Nature, 2011, 476(7359): 224-227.

Research Progress and Prospect of Stem Cell and Regenerative Medicine

Liu Zhengxin, Zhu Wanwan, Zhou Qi

Stem cell has the ability of self-renewal and differentiation potential, and can be induced to differentiate into a variety of functional cell types. It plays an important role in both basic research and disease therapy. Regenerative medicine, taking stem cell technology as the core, will bring a new medical revolution. Therefore, stem cell and regenerative medicine have become the most high-profile research field in both life science and medical research. This paper focuses on the basic research and clinical application prospects of many types of stem cell, and tries to summarize the important progress in stem cell research in 2012.

2.8 2012年世界科技发展综述

王海霞[1] 帅凌鹰[2] 张树庸[3] 房俊民[4]
边文越[1] 张 军[5] 曲建升[6]

(1 中国科学院国家科学图书馆;2 中国科学院动物研究所;3 中国生物工程杂志社;
4 中国科学院国家科学图书馆成都分馆;5 中国科学院国家科学图书馆武汉分馆;
6 中国科学院国家科学图书馆兰州分馆)

2012年,世界科技领域迅速发展,众多新突破、新进展继续扩展人们对未知世界的认知。本文将从天文学与物质科学、生命科学与生物技术、信息与通信技术、纳米科学技术、能源与环境及航天科技6个方面对其中的主要发现和成果加以综述。

一、天文学与物质科学

2012年,全球学术界在天文学、物理学、化学等方面的研究继续深入,取得多项重大成果。

精确宇宙学仍然是2012年天文学最令人瞩目的领域之一。两年前退役的威尔金森微波各向异性探测器(WMAP)发布了9年来的观察数据,最终分析结果给出对宇宙年龄更加准确的估计——约137亿年,确认了宇宙由4.6%的原子、24%不发光的暗物质和71.4%的暗能量组成。这些数据也帮助科学家们确定了宇宙空间曲率小于0.4%,而且查明了第一代恒星开始闪耀的时期大约是在大爆炸后的4亿年。

天文学家用阿克塔马宇宙学望远镜(ACT)和重子振荡光谱巡天(BOSS),通过微波背景辐射的畸变首次获得星系团运动的可靠证据;利用弱引力透镜效应绘制出迄今为止最大的宇宙暗物质分布图,证实了目前关于宇宙物理特性、构成以及进化的普适理论;普朗克卫星绘制出全新的宇宙全景图,并观测到极其罕见的分子云和一种特殊的微波"雾霾"。

围绕黑洞的观测和研究长期以来一直占据着天文学领域的重要位置。2012年天文学家在此领域取得了多项重大发现:例如,首次观测到27亿光年外的一个超大质量黑洞吞噬一颗红巨星事件;通过将距离数千千米的三台大望远镜组网进行高分辨率观测,发现一个类星体的核心区域藏着一个超大质量黑洞,并首次观测到黑洞"事件视界"存在的直接证据,堪称天文领域的一次里程碑;利用"霍比·埃伯利"望远镜在NGC 1277星系发现可能是迄今质量最大的黑洞(质量达170亿个太阳),这一发现可能改写黑洞与星系的形成演化理论。

恒星是宇宙中最为常见的天体，过去一年在此领域仍然取得了不少激动人心的成果：日本天文学家在距离地球约119亿光年处发现了一个可能是迄今为止最遥远的超新星遗迹；澳大利亚天文学家发现了最为古老(距今125亿年)的超新星，其亮度可达到其他类型超新星的100倍；荷兰天文学家使用3台大型观测设备发现，宇宙中恒星的诞生率已经下降到其最高峰时期的3%，且这种下降的趋势仍将持续；一个欧洲研究小组发现HR 8752这颗超亮恒星的表面温度在过去30年内竟然上升了超过3000℃，该发现有助于科学家们了解大质量恒星的演化奥秘；"雨燕"探测器在银河系核心附近天区探测到一个强烈的高能X射线源，这一爆发是由一个罕见的X射线新星引发的，说明该区域存在一个此前未知的恒星级黑洞。

人们对太阳系外行星仍然保持着浓厚兴趣。利用开普勒探测器，美国天文学家首次观测到一个双星系统中两个行星围绕一对恒星运转的现象，进一步的研究有可能发现类似地球的宜居行星；英国天文学家确认了一颗由天文爱好者发现的与4颗恒星相伴的行星，这意味着该行星的天空上有"4个太阳"，这在天文学史上尚属首次；利用"斯皮策"望远镜，天文学家发现一颗大小只有地球2/3的太阳系外行星，该天体距地球约33光年，表面温度非常高，可能是与太阳系距离最近的小于地球的系外行星；一个国际研究小组在一颗代号为HD40307的恒星周围新发现了3颗环绕它运行的行星，且其中有一颗处在宜居带上，具备支撑生命的可能；波多黎各科学家在银河系中新发现了7颗可能适合生命居住的星球，成果远超预期。

对太阳系内天体的研究仍在稳步推进：借助"信使号"探测器，美国科学家对水星的内部特殊构造有了更为深入的认识，其发现有助于解释该行星的引力场；日美科学家经长期观测发现，太阳活动近20年来正在逐渐减弱，如果这种情况继续，地球也许会进入一个变冷周期；日本科学家通过分析太阳观测数据发现，在太阳北半球黑子数增加最显著的时期，在太阳的北极会出现磁场南北极反转的磁极颠倒现象，同样情况在太阳南半球的南极也会发生；中国科学家首次揭示了日冕物质抛射之间的碰撞可能是超弹性碰撞；美国科学家利用哈勃空间望远镜发现了冥王星的第五颗卫星，这也是至今发现的最小的冥王星卫星；日本科学家利用射电望远镜观测发现，金星大气中的一氧化碳浓度正在减少；"卡西尼号"飞船在土卫六"泰坦"上发现长度达到400千米的"迷你版尼罗河"，这是迄今为止发现并拍摄到高分辨率照片的最长地外河流。

2012年，物理学界在微观领域取得了突飞猛进的进展。其中，欧洲核子研究中心取得的一系列突破非常引人注目：3月16日，该中心公布的测量结果显示，在2011年9月"中微子振荡实验"中，中微子运行速度并未超过光速，原测量结果存在误差；在进行原子粉碎实验时，大型强子对撞机检测到一个新的亚原子粒子，该粒子被称为Xi(b)*粒子，属于美重子；7月，该中心的两个强子对撞实验项目——ATLAS和CMS均发现一种新的粒子，该粒子具有和科学家们多年来一直在寻找的希格斯玻色子相一致的特性，尽管结果还需进一步确认，但这一新发现将开拓实验和理论物理的新领域；11月，大型强子对撞机项目研究人员首次发现"Bs介子"的粒子衰变成为两个μ介子的过程，这对现行的超对称理论造成了重大打击；此外，借助大型强子对撞机，美国科学家在实验中获取了一种名为"彩色玻璃浓缩物"的全新物质，该成果对于现代原子物理学的发展具有重要意义；12月17日，大型强子对撞机圆满完成历时3年的第一阶段质子对撞运行，并创下了质子束流强度方面的新纪录。

物理学微观领域在2012年还取得了几项引人瞩目的突破：我国大亚湾中微子实验国际合作组宣布成功确认中微子的第三种也是最后一种振荡模式，并精确测定中微子相互振荡的3个混合角中的最后一个角θ_{13}，该成果使中微子物理学坚定地驶上快车道；荷兰科学家首次观测到马约拉纳费米子存在的坚实证据，这一发现促使科学家努力将马约拉纳费米子结合到量子计算中，因为他们认为由这些神秘粒子组成的"量子比特"会比目前数字计算机中所拥有的比特更有效率地存储和处理数据；美国科学家获得了迄今为止波长最短、颜色最纯的X射线激光，从而应验了45年前的预言：像制造可见光激光一样制造X射线激光；俄罗斯科学家利用激光首次成功合成磁性粒子，该方法可使纳米粒子产量比传统制备法约增加一倍，能耗也可降低85%；德国科学家发现电子可以分解出第三种准粒子：orbiton，这意味着电子的所有基本自由度都能够分成几部分，从而将自旋和轨道激发置于同等地位；美国科学家利用3D蝴蝶结式的纳米金属空腔结构开发出只有病毒大小的新型超小激光器，它能最大限度地突破阈值限制，让所有光子都以激光形式进行发射。

2012年物理学界取得的重大进展还有很多，例如，被称为"人造太阳"的美国国家点火装置(NIF)创纪录地实现2.03兆焦的能量输出，堪称聚变能源探索之路上的里程碑；美国科学家利用洛斯阿拉莫斯国家实验室最大的磁体设施在6项不同的实验中产生了强度超过100特斯拉的极强磁场，这一成果打破了此前的非破坏性极高强度磁场强度世界纪录；日本科学家开发出能制作大面积硅薄膜"silicene"的技术，这种只有一个原子厚的薄膜有望用于制造高速电子线路；日本科学家还发现用酒精煮铁碲化合物时，能够引发后者具有超导性的机制，这将有助于开发新型超导体；俄罗斯科学家通过对含氧铁基超导复合材料的研究发现，超导材料的结构和稳定性受氧原子空缺的影响，改变超导材料结构中氧原子的当量能够对超导材料的临界温度产生影响；美国科学家首次拍到单个分子的清晰照片，同时可看见把分子结构紧密连在一起的原子键；英国科学家成功研制出首台可在室温下运行的微波激射器，为其能像激光器一样被广泛应用铺平了道路，甚至有望给通信和空间探索领域带来革新；美国多家机构联合首次演示利用热管冷却的小型核反应堆，借助平顶裂变实验产生24瓦电力并驱动了内华达国家安全网站设备的斯特林引擎，证明可靠的核反应堆有望被用作新型太空飞行动力系统；美国科学家将"时空斗篷"上升到实验阶段，研制出的事件隐身装置通过加速或放慢光束的不同部分，令一个事件"彻底消失"约40皮秒。

2012年化学界取得了许多开创性成果。德国科学家研制出一款"化学芯片"，可自主实现处理以物质浓度为特征的化学信息，是一种真正意义上的微流控化学芯片，有望在医学领域形成可靠的快速诊断手段，或用于环境中的有害物质检测。瑞士科学家成功制造出由三聚苯和蒽组成的有序平面聚合物，这种聚合物在纳米水平可以形成一种"分子地毯"，其晶体虽然只有50微米，但已是分子水平上最大程度的聚合。德国科学家确定了最小的水分子晶体结构，通过植入钠原子作为"测量探针"，用红外激光脉冲对水分子簇进行红外光谱分析，确定至少需要275个水分子才可形成最微小的晶体单元，这一研究方法也可用于研究其他物质由无序状态形成固态晶体的过程。

化学为人类开发新能源做出了贡献。美国科学家先后开发出基于二硫化钼的辉钼矿复合物催化剂、由镍钼氮三种元素复合的氢催化剂以及基于硒化镉纳米粒子的氢催化剂；德国科学家开发出一种被称作聚合氮化碳的氢催化剂；我国科学家开发出一种基于氧化镓的氢催化剂。上述光催化剂虽然目前只能在实验室规模获得少量的氢气，但随着该技术的深入研究，人类或终将可以模拟光合作用从水中获得廉价的氢能源。氢气生产出来后，如何安全储存是制约氢能规模化利用的另一个瓶颈问题。美国科学家开发出一种新型铱金属催化剂，可在室温、常压下催化氢气和二氧化碳反应生成液态的甲酸，通过调整溶液的pH使反应可逆，从而实现氢气的安全储存。在其他新能源领域，德国科学家设计出一种新的电能储存与释放方案——"钠－空气电池"，与传统的锂电池相比，该电池具有稳定性高、电压损失小的优点；美国科学家发明出一种包含硒和硒硫化合物的电池阴极材料，与目前流行的用硫复合材料作为阴极的充电电池相比，新电池系统具有能量密度更高、工作温度更低、电极溶解和性能下降更缓慢的优异特性。

化学还为人类解决环境污染问题提供了帮助。减少温室气体排放是世界各国的共同责任和目标，二氧化碳作为一种主要的温室气体首当其冲。英国一研究团队成功研发出一种被称为NOTT-202a的二氧化碳特异性吸收材料，其最大优点是可以有效地选择性吸收二氧化碳，而其他气体分子（如氮气、氢气等）则可以顺利通过。美国科学家、1994年诺贝尔化学奖获得者乔治·奥拉（George Olah）领导的团队成功开发出一种可逆吸收二氧化碳的多孔聚乙烯亚胺（PEI）材料。这种材料有三个宝贵特性：一是它可在常温下吸附二氧化碳；二是它的二氧化碳吸附率达到迄今为止最高的1.72纳摩尔/克；三是把这种材料加热到85℃时二氧化碳即完全释放，材料可重新投入使用。另一美国研究团队开发出一种名为ZIF-8的锌阳离子有机咪唑基化合物，其内部是一个纳米尺度的"笼"，可以用于捕捉放射性碘及二氧化碳等有害气体。ZIF-8有两个优异特性：一是"笼"的开口大小可以根据需要捕捉的气体分子的大小在制造过程中进行调节；二是

ZIF-8只要受到当前材料压力的1/10即可使"笼"口变形关住气体并使整体体积大大缩小，这解决了工程上不便提供强大压力的难题并使成本大大降低。

化学对生命科学的发展也有着极大的贡献。美国科学家开发出一种名为一氧化氮硫化氢的"超级阿司匹林"，它可以抑制结肠癌、肺癌等11种恶性肿瘤细胞生长，药效比普通阿司匹林强25万倍，更为关键的是，这种新型药物无损正常细胞，可减少潜在副作用。美国科学家通过丙烯酰胺与半胱氨酸巯基反应的方法，实现将一种对细胞分裂、生长和生存具有重要作用的激酶RSK2所对应的共价抑制剂的不可逆性变为可逆性，从而保留其与特定蛋白残基共价反应所获得的特异性优势，并避免药物"脱靶"带来的不利影响。

化学家们在过去的一年中还取得了很多应用前景广阔的创新成果，例如，俄罗斯科学家发现改变超导材料结构中氧原子的当量能够对超导材料的临界温度产生影响，这一研究结果为新材料研制开辟了道路，并可能在多个领域引发技术飞跃；美国科学家发明出一种热氧化方法，即使在1500℃时也不会损害石墨烯的晶格结构，从而可实现对其光电性能进行调控；美俄科学家联合研究发现氧化石墨烯具有非凡的吸附能力，可快速去除污染水体中的放射性物质；日本科学家发明出一种无需稀有金属的联苯合成法，可大幅降低联苯的生产成本；另一日本团队开发出一种高效合成氨的新技术，该技术所消耗的能源只有传统方法的1/10；瑞典科学家发现一种代号为ITQ-39的沸石，其内部孔状结构可用来催化处理石脑油，经催化作用后的石脑油可以直接变为柴油；荷兰科学家设计出一种可将植物转化成塑料的新型铁催化剂，该催化剂可高效地将以植物为原料制成的氢气、二氧化碳合成气转化为重要的基础化工原料——乙烯和丙烯。

二、生命科学和生物技术

2012年，生命科学和生物技术研究不断深入。各国科学家在诸如基因组学、干细胞、癌症、艾滋病等研究领域不断取得新进展、新突破。

基因组学研究日新月异。由中国、美国、英国等国共同发起的大型国际合作项目"千人基因组计划"公布了最新研究成果——高分辨率的人类基因组遗传变异整合图谱。任意两个人超过99%的基因都是一样的，罕见变异的发生频率仅为1%或更少，但这些变异与很多疾病，如癌症、心脏病、糖尿病都有一定关系。这一图谱将帮助科学家进一步理解人类基因组的共同特征和地理差异，将为基因组学在人类疾病与健康领域的应用，以及个体化医疗时代的到来打下基础。英国研究人员开发出简化的基因组测序方法，无需进行文库制备便完成了DNA单分子测序。这一突破无论在基因研究上还是临床应用上都加快了速度。英国研制出"U盘"基因组测序仪，插入电脑USB端口即可完成测序，这一新的测序仪将带来DNA测序更为广泛的应用。由大约400多位科学家参与的ENCODE项目(DNA元素百科全书)于2012年在发表了30多篇文章的基础上报道了一项研究长达10年的成果：人类基因组中具有蛋白质编码功能的序列所占比例只有1%多一点(仅2.5万个基因)，而98%以上是没有编码功能的基因，以前把它们当做无用的"垃圾"。研究认为，这些被忽视的"垃圾"才是真正的基因掌控者和新陈代谢开关，它们调控着基因何时以何种方式发挥作用。该研究目的在于找到能控制甚至治愈某些疾病的基因开关。这一成果被认为是人类基因组研究之后的又一重大进展。中美科学家首次绘制高覆盖度单个精子全基因组测序，构建出迄今为止重组定位精度最高的个人遗传图谱，并提出基因起始区重组率降低的原因是分子机制而非自然选择的结论。这一成果将成为不孕不育症及遗传疾病研究的重要理论基础。通常，人们无法确定对高级生物的DNA进行修改和删除。美国科学家开发出一种高效的基因组改编方法。研究人员用一种人工改良的酶TALENs改变或关闭斑马鱼、蟾蜍、牲畜及其他动物甚至病人细胞中特定基因的能力。这种技术能让研究人员在健康人和患者中确认基因及变异的特定作用，也帮助生物医学家克服了鱼类不能作为人类疾病模型的障碍。

农作物基因组学研究成果异彩纷呈。中国、美国、英国等14个国家90所研究机构的300多名研究人员经过近10年的努力，完成西红柿的基因组测序工作。该项工作能帮助科学家了解西红柿甚至自然界中的植物之间为什么会有巨大差别。西红柿属茄科植物，而茄科植物属种广泛，从土豆到青椒有1000多种，比较它们的基因组序列有助于科学家了解它们的进化过程；西红柿基因测序可以让科学家了解更多的植物生长机制；了解西红柿的基因组可帮助研究人员改进西红柿的质量，如延长储藏时间、提高抗病虫害的性能等。我国科学家主导完成世界首张西瓜基因组序列图谱的绘制与破译，这项突破对推动西瓜育种和生产具有重大意义，也为破解葫芦科作物基因组研究打下基础。我国科学家完成谷子基因组测序，为揭示谷子抗旱、节水、丰产、耐瘠和高效光合作用等生理机制的研究提供了新途径，并为高产、优质、抗逆谷子新品种的培育发挥重要作用。一个国际科学家小组成功绘制出大麦基因组草图，这项工作不仅对研发更优良的大麦新品种有作用，同时对禾谷类作物病虫害防治也有重要意义。

干细胞研究成就辉煌。首先2012年诺贝尔生理学/医学奖授予了干细胞研究的突破者——英国科学家约翰·格登和日本医学教授山中伸弥，以表彰他们在"体细胞重编程技术"领域做出的杰出贡献。

2012年度干细胞研究在基础研究和应用研究方面都蓬勃发展。美国科学家将老鼠的皮肤细胞直接转化成神经前体细胞，得到的细胞能发育成三种脑细胞，而且能在实验室里大量培育。这项最新研究绕过"诱导"干细胞阶段，将人体皮肤细胞直接转化为特定的细胞类型。该方法为受损的神经细胞再生提供了一条新路，在医疗领域有巨大的应用潜力。英国科学家首次通过人的皮肤细胞进行重组，在实验室里制造出大脑皮层细胞，并证明采用这种方式得到的细胞与胚胎干细胞制造出的神经细胞一样。这项研究成果不仅将有助于人们更好地治疗帕金森病、癫痫和脑卒中等疾病，还为研究大脑皮层生理机能提供了更为直接的方法，科学家们还可以通过重组皮肤细胞来破解大脑皮层的发育密码，也许对种种复杂的认知、意识过程的研究能以更为直接的方式进行。日本科学家首次利用诱导性多能干细胞(iPSC)成功培育出实验鼠的卵子，并使其受精从而诞生出小鼠幼仔。该研究组在2011年8月曾成功培育出实验鼠精子，因此，理论上利用iPSC培育的精子和卵子能形成"人造"受精卵，进而使"人造生命"成为可能。这对不能产生卵子的雌性解决生育问题有重要意义。不过，相关研究还处在动物实验阶段，如果将来能用于人类，也面临着安全性和伦理学等诸多问题。美国科学家首次从育龄妇女的卵巢中分离出产生卵子的干细胞，并证明这些细胞能产生正常的卵母细胞，揭示了人类也有类似老鼠等动物的卵原干细胞，或可成为无尽的卵子来源，有望治疗女性不孕不育症，甚至为延迟卵巢早衰提供新方法。美国科学家确认3种控制胚胎早期发育的基因——*Nanog*、*Oct4*和*Sox2*，它们是维持干细胞自我再生和防止其过早分化成非正常细胞的关键。该成果有望帮助人们深入了解如何培育这些细胞用于诸多疾病的治疗。这一研究成果也显示出，人类胚胎干细胞在人体中的作用不同于实验鼠胚胎干细胞对鼠体的作用，这说明利用人体胚胎干细胞开展研究工作的重要性。

干细胞的应用研究不再是雾里看花。韩国批准Medi-Post公司的软骨再生治疗药物Cartistem和Anterogen公司的肛瘘治疗药物Cuepistem的生产许可。加拿大批准美国Osiris公司的Prochymal药物用于治疗儿童急性移植抗宿主疾病(GVHD)，Prochymal成为全球首个获准用于治疗全身性疾病的干细胞药物。日本科学家利用人类胚胎干细胞，首次成功培育出立体视网膜组织。今后，对导致失明的视网膜色素变性症等目前无法治疗和预防的眼科疾病，有望通过移植视网膜组织进行治疗。英国科学家用人体皮肤细胞的干细胞首次在体外成功培育出人造功能性血管，并且还首次观察到将获得的干细胞植入动物体内能形成血管。这一发现将来可能有助于心脏受损后的修复治疗，这些细胞也可用于药物筛选，以寻求治疗疾病的新疗法。加拿大和美国科学家通过向罹患糖尿病的实验鼠移植人类胚胎干细胞，成功使实验鼠恢复了胰岛素分泌功能。但这种方法用于人体临床试验，还有很多问题需要研究。意大利和英国科学家利用小鼠胚胎干细胞培育出的肾，移植到大鼠体内后竟然成功发挥了正常肾脏的过滤功能。虽然这种技术目前还不能应用于临床，但它显示了未来研发功能型肾的一个可行方法。英国科学家将人类胚胎干细胞移植到沙鼠耳内，使后天耳聋的沙鼠恢复了听觉能力，为干细胞能在内耳和大脑之间重建连接提供了首个证据。该项研究的下一个目标是提高效率和再生能力，确定实验的安全性，以及证明移植是否能带来长期的恢复，然后才能考虑用于人类。日本的一个联合研究小组用人的胚胎干细胞成功使患帕金森病的猴子症状得到改善，他们准备进一步提高实验的安全性，并在3年后开始临床应用研究。

癌症研究的新理论、新技术、新疗法、新疫苗、新的诊断方法不断出现。我国科学家以单细胞测序技术突破癌症研究，研发出一种解析单细胞基因组的新方法，应用于一种血癌和肾癌的肿瘤内部遗传特征研究，为从单核苷酸水平深入研究癌症发生、发展机制及其诊断、治疗开辟了新方向。我国科学家研究确定人的*STAT4*和*HLA-DQ*基因是乙肝患者罹患肝癌的关键易感基因，未来将可预先筛选易患肝癌人群，降低肝癌发病风险。法国、澳大利亚和英国研究人员发现一种可防癌细胞转移的分子Liminib，不仅可以遏制癌细胞增殖，还能抑制其流动性防止癌细胞转移形成新的病灶。研究人员希望在将来利用这种分子开发出新的癌症治疗方法。英国科学家研究发现癌细胞发送到体内各处的通信信号包含了许多RNA片断，致使癌细胞生长。这些物质是由一段基因编码，像DNA一样能对细胞发出指令，最终控制整个机体。这一癌细胞通信信号的发现有助于开发出抗癌的线索。英国科学家首次发现一种癌细胞转移所需要的关键蛋白——Cdc42蛋白，以这种蛋白为靶点可有效阻止癌细胞扩散。美国研究人员研制的黑色素瘤疫苗可抗击皮肤癌。初步研究结果显示，60%受到这种肿瘤困扰的小鼠可在3个月内治愈，副作用很低。3个独立的研究团队利用遗传细胞标记技术追踪特定细胞在生长的肿瘤内部的增殖情况，发现在某些脑、皮肤和肠道肿瘤中，癌症干细胞确实是肿瘤生长的源头。美国科学家发现，一种只有人类红细胞1/60大小的黄金纳米粒子进入脑部肿瘤后，可以用3种不同的成像方式对其进行观察并精确显示肿瘤的轮廓，可有效提升小鼠肿瘤手术切除的精确度。韩国开发出治疗白血病的药物Supect，该药价格低廉、疗效显著。英国研究人员开发出一种新的用血液检测前列腺癌的方法，可利用基因活动的特点快速检测出前列腺癌症患者病情的严重程度。巴西和美国研究人员开发出新的检查癌症患者染色体变化的方法，特别是对白血病患者，这种方法比细胞遗传学检测法更敏感、快速。日本研究人员研发出一种可自主发光的蛋白，植入这种发光蛋白的癌细胞在实验鼠体内肉眼可见，这种发光蛋白未来可应用到癌症早期诊断中。

艾滋病研究令人瞩目。美国食品药品监督管理局(FDA)于2012年7月16日批准 "特鲁瓦达"(Truvada)作为艾滋病预防药物，以帮助高危人群预防艾滋病，这是FDA首次批准艾滋病病毒(HIV)预防药物上市，被称为抗艾滋病30年来的里程碑式进展。该药属于抗逆转录病毒药物，可通过抑制病毒逆转录酶，降低人体内的病毒水平，在保持身体健康的同时降低病毒传播风险。美国科学家在感染HIV患者的血液中发现新型的HIV抑制蛋白，这种名为CXCL4或PF-4的蛋白质可以和HIV直接结合，使HIV无法进入人体细胞。研究人员希望在未来艾滋病的治疗和疫苗研制中发挥作用。日本研究人员发现人体感染HIV过程中一种相关蛋白质的结构，这一成果将有助于研发抗HIV新药。美国和泰国研究人员联合研究发现HIV外壳上的一个易被攻破的弱点，这一发现有望大幅提升疫苗的效果，为人类抗击艾滋病带来了新希望。英国科学家研制出一种新型HIV检测方法，其灵敏度比目前检测方法高出10倍以上，且成本很低。这为发展中国家HIV感染者的诊断带来好处。

以上对生命科学和生物技术的几个方面进行了简单的不完全介绍，难免挂一漏万。生命科学研究的其他方面硕果累累，下面仅列举一二。

科学家将一种特定分子结合在DNA单链上的新技术帮助研究人员仅用一块远古的小指骨碎片，就完成了丹尼索瓦人(数万年前生活在现今西伯利亚地区与尼安德特人密切相关的古老人类)的完整基因组测序，该基因序列与现代人的对比研究显示，这一段指骨来自一位生活在7.4万～8.2万年前的女孩。从一块小指骨还原出一个古人类小女孩的完整基因组，这是一个惊人的科学壮举。一个研究团队向人们展示，瘫痪病人能够用自己的意念来移动一个机械手臂并从事复杂的运动。科学家希望能用更先进的计算机程序来改善这种神经性假体以帮助因脑卒中、脊髓损伤及其他疾病导致瘫痪的病人。英国科学家人工合成的一种名为XNA的物质在许多关键功能上可替代DNA，这对研究生命起源乃至"人造生命"有重要意义。

三、信息与通信技术

2012年，移动宽带重新定义了互联网接入模式并赋予个人更大权限，对大数据的管理和实时分析为利用云计算、挖掘非结构化数据洪流创造了机遇。在信息科技的发展过程中，人们不断克服软硬件障碍，继续催生新技术、新理念和新应用。各国科学家在芯片技术、激光器、存储技术、超级计算机、量子计算机及量子网络与通信技术等基础研究领域取得诸多突破性成果。

新型芯片技术使信息技术更加向"绿色"迈进。欧盟资助的Eurocloud项目开发出一种特殊的3D微芯片，它采用移动电话的低能耗微处理器技术，将服务器的能源需求降低90%，有望明显降低云计算数据中心服务器的耗电量和安装成本。

硅基可调谐激光源取得新进展。法国多家机构联合研发出世界上第一款集成可调谐硅基发射器，首次在硅片上集成了可调谐的激光源，向研制完全集成的硅基收发器迈出关键一步。该发射器采用直接键合的方式将Ⅲ-Ⅴ族材料嵌入硅片，制造出一个混合的Ⅲ-Ⅴ/Si激光器。该激光器拥有9纳米波长可调性、一个马赫－曾德尔(Mach-Zehnder)干涉仪和高达10分贝的消光比，从而实现了很低的误码率。

高性能纳米微波振荡器问世。美国开发出世界上最强大的高性能纳米微波振荡器，将催生更便宜、更节能、可提供更佳信号的移动通信设备。该"自旋转移纳米振荡器"由两个截然不同的磁性层组成：其中一层有一个固定的磁场记性方向，另外一层的磁场方向可以通过操纵电流进行改变，这一结构使其能够产生非常精确的振荡波。经测试，在窄信号线宽为25兆赫的情况下，该振荡器的最高输出功率(信号的强度)接近1微瓦，达到实际应用的理想水平。由于这一新型纳米振荡器的大小是目前使用的硅振荡器的1/10000，并与目前的计算机和电子设备行业标准兼容，因此可以集成到现有芯片上，在智能手机上得到充分利用。

电子自旋理论研究取得的突破有望引发存储技术变革。美国IBM公司与瑞士研究人员首次直接发现半导体中电子恒定自旋螺旋的构成，并利用一种同步方法将电子自旋周期延长30倍达到1.1纳秒，即目前1吉赫处理器的运算周期。这一成果可使电子自旋用于信息的存储、传输和处理，在未来将引发新一轮"存储革命"。存储技术领域的另一大进展是，英国研究人员发现一种可用于开发高速磁存储设备的原理，在此基础上开发出的存储器的存储速度将高于现有硬盘速度的数百倍，每秒钟存储的信息可以高达上万亿字节。由于不需要使用外加磁场，以此为基础开发出的存储器所消耗的能量也会更少。

世界上最小的电脑记忆体诞生。IBM公司与德国科学家合作成功研制出有史以来最小的磁存储器单元，这种仅由12个原子构成的存储器单元并非量子计算机却达到了量子计算机的存储能力——96个原子便能够储存一个字节。在存储方式上，与普通硬盘时刻需要将比特锁定在盘内不同，新的存储位只需使用扫描式隧道电子显微镜便能够实现对比特的输入和读取。此项成果的另一大突破在于首次将比特的反铁磁性用于信息存储。人们利用铁原子之间的磁相互作用令所有原子按同一方向排列以读取信息的存储方式在更微观的层面上成为精简信息存储系统的"拦路虎"，因为高度压缩的磁位之间会互相发生作用。而这种由12个原子组成的存储位让原子按照相反的方向排列和旋转，此时铁原子可以利用氮原子分离开来，并在扫描式隧道电子显微镜的干预下以不同的方向旋转，这让它们能够被压缩得更为紧密，极大增加了存储密度。

人机融合研究成果展现美好前景。美国科学家帮助一名患有阿尔茨海默病并且颈部以下瘫痪的53岁女性使用机械臂把物体移送到目标位置。外科医生在她脑部左边的运动皮层上植入两个4毫米×4毫米的微电极装置，这些电极通过电脑与机械臂实现互联，电脑将脑部发出的电波转化为数字信号来控制机械臂。这种"人脑－机器"界面的研究除了能帮助残疾人外，在军事和太空探索等领域也有非常高的实用价值。加拿大科学家开发出迄今为止最接近真实大脑的机能大脑模型。这个名为"Spaun"的模拟大脑利用超级电脑运行，由250万个模拟神经元组成，拥有一个可用来进行视觉输入的数码眼睛，它的机械臂能绘制其对视觉输入做出的反应。该模拟大脑能执行8种不同类型的任务，甚至能通过智商测试的基本测试。

首个初级量子网络的成功构建成为量子通信领域的又一里程碑。德国科学家实现世界上第一个基于众多单个原子和光子的初级量子网络原型，完成节点间量子信息的可逆交换和长达100微秒的远程纠缠，为实现真正意义上的量子网络迈出关键一步。该网络由两个耦合单原子节点构成，通过单光子的相干交流进行量子信息通信。该方法扩展性良好，是一种比较有前景的量子网络方法。美国科学家成功做到在减少基本运算误差的同时保持量子比特的量子机械特性完整性，从而进一步加快研制全尺寸实用量子计算机的步伐。量子态隐形传输距离纪录不断刷新。我国科学家在青海湖首次实现了基于四光子纠缠的97千米自由空间量子态隐形传输之后不久，奥地利科学家带领的国际研究团队在加那利群岛采用实时主动前馈技术成功地进行了距离为143千米的自由空间量子态隐形传输，进一步证实了这一技术在真实环境下的成熟性和适用性。

微纳电子学领域取得重要突破。澳大利亚和美国科学家组成的研究团队成功设计出迄今世界上最细的纳米导线，厚度仅为人类头发的万分之一，但导电能力可与传统铜导线相媲美。这项技术可使计算机元件尺寸减小到原子尺度，有望应用于量子计算机研制领域。科学家利用精心设计的原子精度扫描隧道显微镜，在硅表面以1纳米间隔只安放1个磷原子的方式制备纳米导线，其宽度相当于4个硅原子，高度相当于1个硅原子。通过这种方式设计的纳米导线可以使电子自由流动，有效解决了电阻问题。

光子学领域的"超电子"电路引人关注。美国科学家用光子取代电子，制造出首个由光子电路元件组成的"超电子"电路，向使用更小且更复杂的电路精确控制电荷的流动这一目标迈进一步。"超电子"中的"超"是指超材料——嵌入材料中的纳米图案和结构，使其能采用以前无法做到的方法操控波。科学家们利用亚硝酸硅制造出梳状的长方形纳米棒阵列，这种新型纳米棒的横截面和其间的孔隙形成的图案能复制电阻器、感应器和电容器这三个最基本电路元件的功能，只不过其操纵的是光波。再用一个波长位于中红外线范围内的光子信号照射该纳米棒，并在波通过时用光谱设备进行测量。通过使用不同宽度和高度组合的纳米棒重复该实验后证明，不同大小的光电阻器、感应器和电容器都可以改变光"电流"和光"电压"。

四、纳米科学技术

2012年，纳米科学技术领域成果喜人，石墨烯、DNA折纸术、纳米线、自组装技术、纳米催化剂及分子器件等方面捷报频传。

石墨烯仍然是纳米领域的明星。美国和埃及科学家使用标准DVD光驱用激光把石墨氧化物薄膜还原成石墨烯，制得的石墨烯片具有大比表面积(1520 米^2/克)、高导电性(1738 西/米)和机械柔韧性等优点，可直接用于制作电化学电容器的电极。美国科学家利用暗场透射电子显微镜研究化学气相沉积(CVD)法制造的多晶石墨烯薄膜，发现晶体间适当的重叠可以把导电性能提高一个数量级，这种多晶石墨烯的电学性能有望与剥离法制得的单晶石墨烯相媲美。英国、荷兰、俄罗斯、葡萄牙和美国科学家证明，石墨烯非常适合用于制作隧道晶体管，其中带隙不是必须的，开/关比可达到10 000。英国和芬兰科学家应用超级量子干涉器件磁力测定术证实石墨烯的点缺陷具有自旋为1/2的磁矩，而且在任意缺陷密度或样品温度低至2开的情况下，没有发现缺陷引起的铁磁性。美国和西班牙科学家首次证实石墨烯的电子是无质量的狄拉克费米子，他们发现得到的狄拉克费米子能被赋予一个可调的质量，或者电子可被调节产生类似在电场或磁场中的行为。

DNA折纸术(DNA origami)指的是将DNA单链中的长链折叠成预设计的形状，并用若干短链加以固定。英国和德国科学家应用该方法构建出空心三维结构，该结构由四折裙和一个方形基底组成，使得折纸纳米孔能装进一定直径范围的固态圆锥形纳米孔中。通过逆转外加电势，DNA折纸纳米孔可重复嵌入和斥出固态纳米孔。这种混合物纳米孔可以用于探测λ-DNA链。德国、美国和芬兰科学家利用DNA折纸术组装细胞质基因结构，这些结构含有在纳米尺度的螺旋体中以纳米精度排列的纳米颗粒。组合体的光学反应可以合理地予以调整，以产生所需的手性、颜色和强度。美国科学家利用DNA折纸术构建出一个六角形的纳米机器人，可给个体细胞递送极小"货物"载荷并影响它们行为。"货物"可以是纳米金或荧光标记的抗体片段等。

关于纳米线的研究更加深入。澳大利亚和美国科学家发现欧姆定律可延伸至纳米线，当电线只有一个原子高和四个原子宽时，欧姆定律依然有效。印度、英国和美国科学家合作发现排列整齐的多壁碳纳米管阵列能高效传导激光照射产生的兆安培电流，传输距离高达1100微米，这约是激光照射产生的等离子体中电流传输典型距离的100倍。荷兰科学家在锑化铟纳米线中发现马约拉纳(Majorana)费米子的证据。日本科学家在一种硅基质上以高精度生长出具有环绕门的垂直六面"核-多壳"砷化铟镓纳米线。实验显示，这种纳米线的晶体管性能极好，具有优异的开/关行为和快速操作性能。荷兰科学家只使用电子显微镜图像就计算出光漫射通过纳米线"森林"所需的时间。对22毫米厚的氧化锌纳米线"森林"的测量表明，紫外光经过或停留的时间是1皮秒。这比光直线通过所花的时间长很多，证实光是漫射的。瑞典科学家开发出一种基于气溶胶的低成本合成砷化镓纳米线的方法，其吞吐量要大大高于传统方法所能达到的吞吐量，该方法可生产具有可调尺寸、良好光学性能和光谱一致性的高质量纳米线。

自组装的技术水平不断提高。美国科学家通过巧妙设计模板使嵌段共聚物(聚苯乙烯—聚二甲基硅氧烷)三维自组装形成双层薄膜，每层聚合物都呈圆柱状平行排列且每层都有自己的取向，通过调节模板可以形成多种三维结构。韩国、日本和中国科学家制备出一种新型的"会呼吸的"纳米管道，能够反复扩张和收缩并伴随着手性翻转，可容纳C_{60}等疏水性客体。美国科学家开发出新的分子设计策略，将自组装与同步化现象融为一体。在转动的磁场中，半边涂有镍的二氧化硅刚开始时单独运动，但当它们被吸引得更近时便同步运动并自组装成微管，当同步性丧失时这些结构便会解体。

纳米催化剂的研制不断迈上新台阶。美国、中国和韩国科学家设计出一种用于清除柴油机排放的一氧化氮的混合相金属氧化物纳米催化剂，这种新催化剂包含锰、铈等金属的氧化物，可比传统的铂基催化剂多转化45%的一氧化氮，有可能取代昂贵的铂催化剂。美国科学家开发出一种新的太阳能制氢技术，利用硒化镉(CdSe)纳米晶和镍离子催化剂而不需要贵金属，使反应的转化数超过600 000，可高效制氢超过两周。荷兰科学家利用纳米技术设计出一种新型铁催化剂，可以将植物变成普通塑料。在实验室中，这种主要成分之一是在碳纳米纤维上相互分离的纳米小颗粒的催化剂可高效地将以植物为原料制成的氢气、二氧化碳合成气转化为普通塑料的主要成分——乙烯和丙烯，且转化过程不会产生大量无用的甲烷等副产品。美国科学家应用可以校正5阶像差的扫描透射电子显微镜绘制数百个铂-钴纳米粒子的化学图谱，且收集数据的速度比传统显微镜快近千倍。通过绘制质子交换膜燃料电池中铂-钴纳米粒子老化的各个阶段，发现该催化剂的精密结构和组成可与其电化学性能相关联。

新的分子器件不断涌现。日本科学家通过化学组装制备出一个双门单电子晶体管，该单电子晶体管可以执行两个输入逻辑门运算，如异或(XOR)运算或同或(XNOR)运算。澳大利亚和英国科学家研制出一个纳米电子硅器件，能够读出和控制单一磷供体原子的电子自旋并可获得极长的自旋相干时间(达到200微秒)。通过将良好的量子位性能与适用的制造方法相结合，为制造可升级的量子计算线路打开了大门。美国科学家运用理论计算模拟B^{13+}原子簇分子马达。B^{13+}原子簇为平面结构，内环为三角形，外环由10个原子组成。科学家证实以圆偏振红外激光为能量源，可以实现分子马达的单一方向转动——逆时针旋转，外环的转动频率几乎能达到250吉赫兹。美国科学家利用DNA编码了一本5.27兆位的书，其中包括53 426个字、11幅jpg格式的图像和1个JavaScript程序，并用DNA测序技术来阅读它。结果显示，DNA能够比其他的数字媒体储存更高密度的数字信息。

除了上述几个领域，各国科学家在纳米基础研究、技术和应用方面取得的令人瞩目的成果还有许多。例如，以色列和中国科学家研究发现，功能自组装单分子层可以用来控制超导铜氧化物的临界温度T_c。单分子层由光敏极性化合物(如偶氮苯衍生物)或纳米结构(如卟啉-纳米管复合材料)组成。当光照射时，电荷从氧化铜转移到单分子层，产生临界温度T_c不同的空穴掺杂超导体；当停止光照时，则反应可逆。美国和以色列科学家证明，当使用纳米结构操纵纳米尺度的电磁场时，跃迁选择规则需要重写。当金属纳米球附近的半导体纳米棒暴露于空间均匀电场时，电偶极选择规则禁止的跃迁的强度增幅比允许的跃迁的强度增幅大。美国科学家利用电子显微镜和光谱技术，把银纳米粒子(直径范围从20纳米到不足2纳米)的等离子体共振性质与其大小和几何形状关联起来。韩国科学家开发出一种技术，可以利用裂纹的产生、扩展和终止来生成沉积在硅基质上面的氮化硅薄膜中的图案。向基质中引入的刻痕能将应力集中起来，在沉积过程中自然地产生裂纹；在硅基质中生成的多级结构能在特定位置终止扩展，甚至还以与光折射相似的方式来使裂纹弯曲。美国科学家提出一种电子断层扫描方法，无需预先知道材料的晶格结构就可以获得原子级分辨率。借助该方法，能够仅利用69个投影系列就确定一个金纳米粒子的三维结构，分辨率为2.4埃。英国科学家发现连接有特定抗体的磁性纳米粒子可以在不同的衬底上探测和确定现场的血液和唾液。美国科学家通过设计"分子画布"将大量小DNA链组装成预定的复杂形状。

五、能源与环境

2012年，全球能源格局正在经历一场意义深刻的变革。几年前悄然发生的页岩气开采技术的突破改变了能源生产结构；太阳能等可再生能源产业在经济紧缩背景下陷入暂时的困境；核能产业至今仍未走出福岛第一核电站事故的阴影。这些都在影响着人们对能源转型、环境保护、气候变化等许多重大问题的认识。同时，在装备开发、新型材料、交叉学科、计算模拟以及基础研究等方面进展的推动下，能源科学技术继续朝着清洁、低碳、可持续方向发展，创新性成果不断涌现，并有望在未来重塑新的能源图景。

重要能源装备研发与制造的技术水平在不断跃升。海上风电已成为装备制造先进水平的标志，德国西门子公司的6兆瓦海上风力发电机开始试运行，丹麦维斯塔斯公司的8兆瓦海上风力发电机已开始测试。挪威斯韦公司展示了10兆瓦海上风力发电机设计，该发电机转子直径164米，最大特点是将形如自行车轮的轮辐式直驱永磁发电机置于风机中心，直接将叶片、叶片支撑结构和发电机耦合起来。

尽管对核能的争议仍然不断，但先进核能的开发利用并未止步。美国能源部阿贡国家实验室设计出一种小型可移动铅冷快堆，具有能动安全特性，发生意外时堆芯上方的控制棒能够自动落下停止裂变反应，铅冷却剂围绕堆芯利用对流自然循环，可连续运行15～30年无需换料，适用于发展中国家没有大电网地区或农村地区。美国能源部等多机构的联合研究团队示范利用热管冷却小型核反应堆并驱动斯特林发动机产生电力的动力装置，这种装置有望成为空间飞行的可靠动力源。

在能源转换、利用和存储过程中，新材料的运用极有可能引发能源科技的革命性突破。对太阳能开发利用而言，通过开发低维纳米光伏材料和优化结构设计，能够实现太阳光谱全谱高效吸收，提高转换效率。美国科学家利用碳纳米管和富勒烯作为吸光层材料，石墨烯和单壁碳纳米管作为电极材料，制成全球首个全碳太阳电池，吸收红外光，可与传统太阳电池串联对全太阳光谱加以利用。美国研究人员在石墨烯中掺杂有机物三氟甲烷磺酰胺制成太阳电池，使石墨烯薄膜的导电性和电池的电势增加，更有效地将太阳能转换成电能，转化效率达到8.6%。日本研究人员通过优化电池结构，使聚光和非聚光型Ⅲ-Ⅴ族化合物三结太阳电池均创造出最高转化效率纪录，分别达到43.5%和37.7%。美国科学家通过控制纳米结构中载流子再结合，开发几乎能响应全太阳光谱的黑硅太阳电池，达到此类型太阳电池18.2%的效率纪录。荷兰科学家还研制出一种特殊的纳米涂层，能够大幅提高太阳能电池效率。

未来可再生能源的大规模应用、电气化交通以及电网结构的革新，都要求在储能技术方面采取创新思路，特别是能量密度高、容量大、安全性好的储能电池，需要开发更高效、低成本的新型电极材料和电解质材料。美国科学家研制出一种可以长时间连续提供能源的高温液体电池，用镁作为负极、含氯化镁的一种盐作为电介质层、锑作为正极，液体成分由于密度不同而自然地融入不同层的材料里，能在700℃的条件下运行。英国科学家研制的可充锂空电池采用二甲基亚砜电解质和多孔金电极，在100次充放电循环中功率损耗仅5%；过氧化锂的氧化动力学比传统碳电极快10倍。美国科学家开发出能量密度高、电性能优异的石墨烯基电极，并制成高性能石墨烯基超级电容器。

学科交叉带动能源科技日益向高度综合、高度集成发展。合成生物学的进展开辟了生物基制造与可再生能源生产的新途径，人工光合作用的研究引起了广泛关注。瑞典科学家开发的钌基光分解水分子催化剂每秒可进行300次光合作用，创造了人工光合作用新纪录。美欧研究团队利用超短X射线脉冲首次获得室温下光合系统Ⅱ中放氧复合体分子结构的微晶体解析图像，奠定了研究光合反应中间体形成过程的基础。日本科学家使用氮化镓类半导体氧化电极和铟类金属催化剂还原电极组建人工光合系统制甲酸，转化效率为0.2%，达到与植物相当的水平。韩国科学家将石墨烯基光催化剂与卟啉酶偶联作为人工光合作用系统，实现利用太阳光和二氧化碳转化制甲酸。

高性能计算建模和模拟为能源科技的进步提供了极大的助益，推动能源研究领域不断扩大，对重大科学问题的处理能力不断提高。法国、英国和美国的联合研究团队通过计算模拟研究了超级电容器多孔碳电极能量存储机制，绘制出多孔碳电极吸附离子液体的第一个定量结构图。美国科学家利用计算机辅助模型和仿真，首次以一种可预见的方式建立和调整复杂的基于RNA的控制系统，利用这些新"RNA装置"可调整微生物细胞中的基因表达，有助于发展低成本先进生物燃料的生产方式，从而引起一系列产业取得突破。

基础研究往往产生新的科学认识，进而影响清洁高效能源系统的开发。过去人们认为改变金属氧化物表面分子氧化状态的化学反应是纯粹的电子传输过程，而美国研究人员发现某些反应的传输过程中还包括耦合的电子和质子，并提出一种新的模型，将电子传输和质子传输耦合起来能够降低化学反应的能量势垒，从而提高太阳能转化利用的效率并导致新的研究方向。美国科学家还研究了磷酸铁锂材料为何具有不寻常的充电和放电特性的原因，发现这种材料具有与以往认为的完全不同的行为，这将有助于解释其性能及发现更高效的电池材料。

2012年，联合国可持续发展大会("里约+20"峰会)在全球引发了新一轮对资源、环境和发展问题的讨论热潮，围绕这些问题的淡水安全、生态服务、环境污染、全球环境变化等方面的科技问题备受各国关注，新的研究进展和成果不断涌现。

水资源与淡水安全是最基础的环境与发展问题。2012年2月，荷兰科学家以较高的分辨率量化和测绘了人类水足迹，报道了雨水、地下水和地表水的消费量和污染水量。研究发现，马耳他、科威特和约旦等一些高度缺水国家严重依赖国外的水资源，同时许多国家对其他地区的水消费和水污染有重要的影响。美国研究人员对地球水资源的统计发现，全球所有水资源相当于一个直径为1385千米的"水球"，如果把地球比作一个篮球的话，那么这个水球的体积比一个乒乓球还要小一些。如果只留下淡水，那么这个水球的直径将缩小到160千米。美国科学家对科罗拉多河水量的研究发现，未来几十年科罗拉多河的流量会减少10%，这降低的10%的水源约是拉斯维加斯一年用水量的5倍。随着备用水资源的消耗，美国西部地区很可能出现可用水资源量削减的问题。

生物多样性和生态系统服务的认识在2012年也获得多项重要进展。美国科学家发现北极冰下存在着巨大藻华，指出北冰洋比先前所了解的要更具生产力，但目前对这些藻华的生态效应尚不清楚。美国通过一项长达9年的营养物富集实验研究发现，沿海地区营养物的当前加载水平会改变盐沼生态系统的性质并最终导致盐沼变成泥滩，严重威胁盐沼生态系统。澳大利亚科学家模拟分析发达国家的消费行为如何威胁发展中国家的物种，研究指出，美国、欧盟和日本是与生物多样性有关商品的主要最终目的地，其中，咖啡、橡胶、可可、棕榈油等渔业和林业的消费对生态系统极具破坏性。美国科学家领导的一个国际微生物学研究小组发现，亚马孙热带雨林转变为农业牧场后引起了微生物多样性的净损失。芬兰科学家研究发现，生物多样性的下降可能导致城市居民患哮喘、过敏及其他慢性炎症疾病的概率增加。英美科学家计算出每年为减少所有受到威胁物种的灭绝风险所需的成本高达46.7亿美元，而设立及维持保护区的成本每年会高达761亿美元。

有关气候变化的研究也取得若干进展。世界气象组织2012年11月发布了前10个月的全球气候报告指出，尽管受拉尼娜影响，赤道太平洋东部和中部海水出现大范围持续异常变冷的现象，但全球陆地和海洋表面前10个月的平均气温比1961～1990年的14.2℃的平均气温高出约0.45℃，在有气温记录的1850年以来的相同时间段内名列第九。美国国家雪冰数据中心发布的一份报告表明，北冰洋海冰覆盖面积在2012年9月份缩减至132万平方英里，创历史新低。美国研究人员首次通过量化湖泊、水库和河流释放的温室气体总量发现，水坝和水库对全球变暖的贡献被低估了，它们可能是新的全球变暖的原因之一。美国科学家估算出沿海栖息地丧失引起的碳排放，发现沿海栖息地的破坏每年向大气中释放的碳多达10亿吨，比之前的研究高出10倍。英国科学家发现一种应对全球变暖的新材料，该材料是一种金属羟基官能团多孔固体，能通过更廉价和有效的捕获二氧化碳和二氧化硫等污染气体来减少化石燃料的排放。在气候变化对生态系统的影响方面，美国和巴西科学家联合开展的一项集成研究发现，气候变化、森林砍伐和火灾等扰动因素的互动效应已经改变了亚马孙地区的水文和能量平衡，有迹象表明，亚马孙地区可能正在从一个"净碳汇"向一个"净碳源"过渡。一项有关候鸟迁徙的研究发现，2011年非洲的极端干旱推迟了许多候鸟品种到达北欧繁殖地的时间，研究者认为，因干旱造成的食物短缺让这些鸟类难以完成长途飞行。一个国际科学家小组利用一个持续20年的有关加拿大阿尔伯塔省哥伦比亚地松鼠冬眠开始日期的数据集，研究发现了其冬眠开始时间因气候变化而延迟的罕见案例。英国研究人员则发现棕色阿格斯蝴蝶受益于气候变暖，在相对温暖的夏季出现种群显著扩大的现象。

全球环境污染方面取得若干新认识和新进展。欧洲环境署基于环境空气中污染物浓度的测量和人为排放数据，分析指出欧洲许多国家的颗粒物和地面臭氧污染问题最为严重。欧洲地球科学联合会的研究指出，人为排放如果继续保持现状，到2050年世界多地的空气质量将继续下降。世界银行发布的关于世界各地城市固体废弃物状况的报告指出，从现在到2025年城市居民产生的垃圾量将急剧增加，城市固体废弃物将从目前的年均13亿吨增加到年均22亿吨，增加部分主要来自发展中国家快速成长的城市。美国科学家通过对海洋生态系统汞污染的研究发现，在过去的一个世纪，由于人类活动，海洋表面的汞污染已增加一倍以上，全球海洋系统约有91%的汞污染来自大气中汞的沉降作用，9%的汞污染来自陆地河流与直接排放。美国利用卫星上的新臭氧检测仪第一次监测到臭氧洞的变化情况，指出2012年臭氧洞的平均面积为690万平方英里，南极上空臭氧洞的平均覆盖面积是过去20年以来的第二小。美国农业部的研究人员通过实验研究发现，高堆肥率可降低约90%的铅和锌的有效性，并利用堆肥增加土壤碳可以修复矿区受污染土壤。

六、航 天 科 技

2012年，世界各国在航天领域开展大量探索活动，硕果累累。

2012年全球共进行76次航天发射，其中俄罗斯28次、中国19次、美国13次、欧洲9次。除发射通信、导航、军事侦察、对地观测、气象等用途的卫星外，还发射12次载人和货运飞船与国际空间站对接。

在航天运载器方面，2012年10月，美国国家航空航天局(NASA)与美国太空探索技术公司(SpaceX)利用"猎鹰-9"火箭发射"龙"飞船，该飞船于10月10日与国际空间站成功对接并完成首次商业运货任务，标志着私人航天时代的开启。2012年11月，SpaceX试验可重复使用的新型"蚱蜢"火箭，该火箭在8秒钟的实验中升起近两层楼高。若"猎鹰-9"火箭两级都使用该火箭，则可以形成完全重复使用的运载器。

在卫星导航系统方面，美国和欧洲在2012年均有重要发展。美国发射第三颗GPS-

2F卫星，该卫星采用了改进的原子钟技术和更安全且抗干扰的军用信号；GPS-3原型样机完成导航载荷试验。欧洲发射两颗新的伽利略在轨验证卫星，并完成多项技术试验。

在深空探测技术方面，美国于2012年6月成功发射"核光谱望远镜阵列"(NuSTAR)天文台，首次采用调焦望远镜对宇宙电磁频谱中的高能X射线(6～79千电子伏)区域进行成像，测量来自黑洞的硬X射线辐射，表征超新星爆发的残余物，并观测宇宙中的其他极端现象。该天文台搭载2台沃尔特-I型掠入射望远镜，望远镜结构采用独特的可展开桁架，焦距达10米。2012年8月6日，美国"火星科学实验室"(MSL)携带NASA最先进的核动力火星车"好奇号"在盖尔环形山的预定地点成功着陆，开始其探索火星生命痕迹的旅程。"好奇号"共有6个轮子，每个均拥有独立的驱动马达，两个前轮和两个后轮还配有独立的转向马达，这一系统使其可在火星表面原地360°转圈。名为"空中起重机"的着陆系统将重达1吨左右的"好奇号"吊挂在3根线缆的末端使其着陆。

在载人航天方面，美国航天飞机于2011年全部退役后，俄罗斯"联盟号"载人飞船承担起往返国际空间站接送航天员的任务，2012年共计接送航天员18人次。同时，国际空间站上的科学实验继续蓬勃开展。2011年9月至2012年9月，美国、欧洲、日本与加拿大在技术开发与验证、物理科学、人体研究、教育活动和推广、地球与空间科学及生物学与生物技术等六大研究领域共开展163项科学研究实验。其中很多实验引发广泛关注：日本实验舱的小卫星轨道释放装置(J-SSOD)成功释放5颗学生设计的小卫星，为从空间站释放研究用小卫星或从空间回收小型物体提供了一种可靠、安全、经济的方法；NASA宣布与欧洲空间局(ESA)成功完成"行星际互联网"原型测试，从国际空间站远程操控位于ESA欧洲空间运行中心的小型LEGO机器人，未来有望利用实验所采用的中断容错网络架构通信技术从行星轨道或地球上操控行星上的机器人。2012年6月29日，我国"神舟九号"载人飞船与"天宫一号"目标飞行器成功实现载人交会对接，使中国成为继美国、俄罗斯之后第三个实施载人手动对接的国家。

有关生命起源与演化的研究又有新进展。美国科学家找到生命分子为何左旋的线索：不同旋向性的氨基酸分子在小行星内部液态水中的结晶性质的不同最终导致了左旋分子选择性生成。2012年的一项最新发现彻底否定了NASA于前一年宣称的"发现一种砷元素代替磷的'新形态生命'"的说法，并证明"新形态生命"细菌仍需要一定量的磷元素。以类地行星探索为己任的开普勒探测器成果显著：从2012年2月至2013年1月，开普勒探测器共新发现461颗潜在类地行星。首次发现被多颗行星环绕的双星系统，目前已有两颗行星得到确认。开普勒探测器获得的数据分析结果表明，类地行星可能在银河系中普遍存在，它们的形成可能并不一定要求主恒星必须具有较高的金属丰度。

围绕火星的研究方兴未艾。欧洲"火星快车号"探测器在火星陨石坑中发现了沉积物的黑色痕迹，这可能意味着一个古老地下水库的存在。美国"凤凰号"探测器数据分析结果则显示火星在过去的6亿年内一直处于严重干旱状态，基本可以排除生命在火星地表存在的可能性。美国"好奇号"火星车发现一块火星石，其矿物构成类似地球内部产生的岩浆岩；分析"好奇号"采集的5个样本发现火星土壤当中存在氯、硫和水的成分及一些有机化合物。"机遇号"火星车在火星上发现一处含有粘土矿物的地点，其含水历史可能要远比科学家们此前的设想更加丰富，且意味着更为接近中性的水环境。

月球探测任务顺利进行并陆续发布探测成果。美国科学家利用"月球勘测轨道飞行器"(LRO)首次在月球稀薄的大气中观测到稀有气体氦的光谱。美国"重力勘测和内部研究实验室"(GRAIL)月球探测任务获得迄今为止精度最高的月球重力场数据，科学家利用这些数据将更详细地研究月球内部结构及其成分，目前已发现月壳的厚度约为34～43千米；为避免破坏月面上的重要历史遗迹，GRAIL任务结束后受控撞向月球北极附近的一座2500米高的山峰。我国探月工程"嫦娥二号"月球探测器发布7米分辨率全月球影像图共746幅，总数据量约800吉字节。分辨率优于7米、100%覆盖月面的全月球影像图在全世界尚属首次。"嫦娥二号"完成探月任务后到达L2点，实现小行星飞掠并获得清晰的照片。

Summary of World S&T Achievements in 2012

Wang Haixia, Shuai Lingying, Zhang Shuyong, Fang Junmin, Bian Wenyue,
Zhang Jun, Qu Jiansheng

In 2012, scientists around the world made great achievements in six areas, namely astronomy and physical science, life science, information science and technology, nanotechnology, energy and environmental science and technology, and space technology. In this article, these achievements are briefly summarized.

第三章

2012 年诺贝尔科学奖评述

Commentary on the 2012 Nobel Science Prizes

3.1   量子调控新纪元

——2012年诺贝尔物理学奖评述

韩永建   郭光灿

(中国科学技术大学中国科学院量子信息重点实验室)

瑞典皇家科学院诺贝尔奖评审委员会将2012年诺贝尔物理学奖授予法国科学家塞尔日·阿罗什(Serge Haroche)和美国科学家戴维·瓦恩兰(David Wineland)[1]，以表彰他们在物理实验方法上的基础性突破(图1)。他们发展的实验方法使得我们可以对单个的量子系统(光子、带电离子)进行测量，进而使得对量子系统的调控成为可能。这些实验方法不仅在验证基础的物理原理上至关重要，也为实现量子信息技术，特别是量子计算开辟了新纪元。

塞尔日·阿罗什   戴维·瓦恩兰

图1   两位获奖人

一、量子调控与量子计算

量子力学是人类认识物理世界的基石之一，是描述微观世界的基本原理。它已对我们的生活产生了深远的影响。然而，量子力学所描述的很多微观现象，如量子态的叠加原理(量子系统可以同时处在不同的状态)，在我们宏观的世界中并不会出现。这是由于量子系统受它所处的环境影响，这种叠加的状态被破坏了。这样的一个过程叫做消相干的过程。如何保持量子系统的相干特性并能对它进行操控，不仅是一个重大的基础问题，而且有着重大的技术应用。其最重要的一个应用就是可以实现一种新型的计算——量子计算。量子计算机在原理上有别于经典计算机，它充分利用量子态的叠加特性，可以对信息进行并行处理，进而大大加速计算的进程(有可能成指数级加速)。著名的肖尔大数因式分解算法(Shor algorithm)就可以指数级加速现有的算法[2]，可以在多项式的时间内破译RSA密码系统(现在广泛使用的密码系统)。例如，2008年，1200台工作站分解一个139位的数需要10个月；如果我们有一个3500个粒子的量子计算机，分解一个200位的数，仅需要一秒而已。因此，量子计算机所具有的这种"超级"计算能力受到各国政府和企业界的广泛关注。要想实现真实的量子计算机，我们必须要能保持量子态的叠加性并能够对任意粒子进行相干的操控和测量。阿罗什教授和瓦恩兰教授的工作使得实现量子计算机成为可能。

二、阿罗什：光子的捕获与操控

阿罗什教授现为法兰西学院量子物理方面的讲座教授，他是法国科学院院士、欧洲科学院院士和美国科学院外籍院士。阿罗什教授从20世纪80年代开始发展了一套捕获单个光子的实验技术，被捕获的光子在一个光腔(最简单的光腔由两个相对的全反射镜组成)中不断地来回震荡而不会跑掉。如果再在这个光腔中放入单个的原子，原子就会不断地与振荡的光子相互作用，大大增加光与原子的相互作用强度。这使得光与原子相互作用的研究成为可能。基于这个系统，阿罗什教授还发展了对光子的测量和操控(比如操控光子的偏振方向)技术。由于单个的光子和原子本身都是量子客体，量子特性在此系统中得以保持。阿罗什教授利用此技术做了大量的实验来验证量子力学的基本原理[3]，如量子态的叠加原理及消相干过程等。阿罗什教授发展的这套技术也是实现量子信息技术的重要平台。他利用此技术制备了各种物理客体(光子和原子)之间的量子纠缠(量子纠缠是实现量子信息技术的重要资源)，包括原子－光子之间的纠缠态、原子－原子之间的纠缠态(其实验方案由本文的作者之一郭光灿院士提出[4])等。阿罗什教授的这些实验结果大大推动了量子信息技术的发展，他发展的这些技术和方法还被应用到相关的其他几个方向，如全光器件的光波导及量子点系统。

三、瓦恩兰：离子的捕获与操控

瓦恩兰教授现供职于美国国家标准与技术研究院(NIST)和科罗拉多大学博尔德分校(University of Colorado, Boulder)，他是美国科学院院士，并因其杰出的贡献获得2007年美国科学院大奖。与阿罗什教授捕获光子的做法不同，瓦恩兰教授发展并完善了捕获单个离子(去除了一些电子的原子)的方法——离子阱系统。为了使捕获的离子更稳定，瓦恩兰教授还发展了一套利用激光来冷却已被捕获离子的新方法[5]。这种冷却方法使得离子的振动更小，离子的位置更确定。瓦恩兰教授发展的这套激光冷却离子的技术对后来的激光冷却中性原子并实现玻色－爱因斯坦凝聚有深远的影响。瓦恩兰教授利用他发展起来的这些技术，大大提高了时间标准的测量精度[6]，他们最新的离子阱钟137亿年的误差不超过5秒。时间标准精度的提高就意味着导航精度的提高。对捕获粒子的量子状态进行操控仍然是通过它与光的相互作用来实现的，不同的是这里使用的是激光而不是单个的光子。由于整个的离子系统都处于真空中，远离了其他系统的干扰，使得这些离子可以很好地表现出量子相干特性。同样的，瓦恩兰教授也利用他发展的离子捕获技术对量子力学的基本原理进行了大量验证。由于离子阱系统的优良特性，它是实现量子信息技术，特别是量子计算的理想平台。瓦恩兰教授首先在离子阱中实现了量子计算的基本门操作(它们是实现量子计算的最基本的操作)，随后实现了四离子的量子纠缠，初步验证了离子阱系统的适度可扩展性[7]。如今，人们已经可以在离子阱系统中实现多达14个离子的量子操控了，离子阱是实现量子计算机最有希望的实验平台。

四、展望与挑战

阿罗什教授和瓦恩兰教授的工作开启了量子调控的大门，使人类正式进入量子调控的时代，为量子调控及量子计算的进一步发展奠定了基础。然而，他们的工作仅仅是一个开始。要实现有计算能力的量子计算机，我们需要对大量的粒子进行操控，这比操控单个、几个粒子要困难得多。就我们目前的方法来说，在离子阱中还只能操控十几个离子，这离发挥量子计算机的强大计算能力所需的粒子数还有相当的差距。我国在量子调控及量子计算方面的研究水平与世界水平保持一致，然而要实现量子计算机是一个长期的过程，需要持续的支持。

参 考 文 献

1 The Royal Swedish Academy of Sciences. The 2012 Nobel Prize in Physics—Press Release. http://www.

nobelprize.org/nobel_prizes/physics/laureates/2012/press.html [2012-11-20].

2 Shor P W. Algorithms for quantum computation: discrete logarithms and factoring. 35th Annual Symposium on Foundations of Computer Science, Santa Fe: IEEE Computer Society Press, 1994: 124-134.

3 Gleyzes S, Kuhr S, Guerlin C, et al. Quantum jumps of light recording the birth and death of a photon in a cavity. Nature, 2007, 446: 297-300.

4 Zheng S B, Guo G C. Efficient scheme for two-atom entanglement and quantum information processing in cavity QED. Phys Rev Lett, 2000, 85: 2392-2395.

5 Leibfried D, Blatt R, Monroe C, et al. Quantum dynamics of single trapped ions. Rev Mod Phys, 2003, 75: 281-324.

6 Diddams S A, Udem Th, Bergquist J C, et al. An optical clock based on a single trapped ^{199}Hg$^+$ ion. Science, 2001, 293: 825-828.

7 Sackett C A, Kielpinski D, King B E, et al. Experimental entanglement of four particles. Nature, 2000, 404: 256-259.

The Epoch of Quantum Manipulation

—Commentary on the 2012 Nobel Prize in Physics

Han Yongjian, Guo Guangcan

Serge Haroche and David Wineland are the 2012 Nobel Laureates in Physics. They were jointly awarded the prize "for ground-breaking experimental methods that enable measuring and manipulation of individual quantum systems". This paper introduced their contributions to the quantum manipulation and the significance of their works in quantum computation.

3.2 现代药靶的核心分子G蛋白偶联受体
——2012年诺贝尔化学奖评述

杨笃晓[1] 孙金鹏[1,2]

(1 山东大学实验畸形学教育部重点实验室，山东省高校慢性退行性疾病的蛋白质科学重点实验室；2 山东省立医院)

2012年10月9日，诺贝尔化学奖被授予了美国科学家罗伯特·莱夫科维茨(Robert J. Lefkowitz)和他的学生布莱恩·克比尔卡(Brian K. Kobilka)，以表彰他们在现代药靶的核心分子G蛋白偶联受体(G-protein-coupled receptor，GPCR)的研究工作中所做的杰出贡献(图1)。GPCR是超过半数处方药物的作用靶点，对GPCR的研究100年来一直引领着现代药物学的发展。从发展放射性标记方法追踪GPCR开始，莱夫科维茨40多年专注于研究"战斗或逃离–激素"(fight or flight hormone) (图2)的受体——肾上腺素受体，提出了三元复合物模型，发现了GPCR超家族，揭示了受体脱敏和磷酸化调节的机制，

罗伯特·莱夫科维茨　　　　　　　布莱恩·克比尔卡

图1　两位获奖人

以及受体的偏向性信号转导。克比尔卡经过20年的摸索,打破了扩散型配体GPCR的结晶瓶颈,并成功解析了第一个GPCR与G蛋白三聚体复合物的晶体结构。这些进展都极大深化了对GPCR的认识并改变了药物设计的现状。

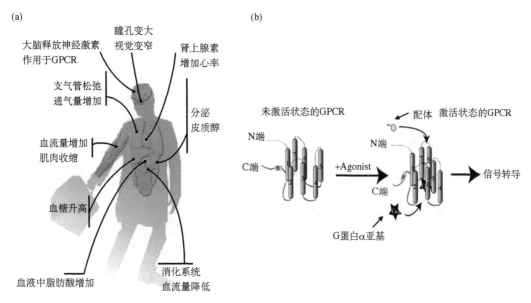

图2　"战斗或逃离－激素"作用的生理作用(a)与分子机制(b)(改自"细胞与感性,GPCR获2012年诺贝尔化学奖")

(a)当人处于紧张、恐惧、焦虑状态时,身体会产生战斗或逃离－激素——肾上腺素。肾上腺素的受体是肾上腺素受体(一种GPCR)。9种肾上腺素受体家族成员在人体中分布相当广泛,使人类做出相应的反应,或是逃离或是战斗。(b)其分子机制:当配体与受体结合时,受体被激活,构象发生改变,启动与下游信号分子的偶联(如G蛋白的α亚基结合),从而启动细胞内的信号传导,使人类做出相应反应

一、现代药靶的核心分子GPCR

　　GPCR,是占据人类基因组编码基因4%的最大的蛋白超家族,是人类感受光、气味等外部信息,以及体内各种器官接受体内神经递质和激素信息的直接效应分子[1]。目前,市场上超过50%的临床处方药物是通过靶向GPCR介导的信号途径起作用的。在100种最畅销的临床处方药中,超过25%的药物直接作用在GPCR上。预计到2017年,以GPCR为靶点的药物在全世界的市场价值将达到1205亿美元。因此,GPCR是药物发现的核心分子,关于它的研究也一直引领着药理和药物学的发展,从事相关研究的科学家先后获得了6次诺贝尔奖。其中包括:1967年乔治·沃尔德(George Wald)因发现视觉GPCR的配体视紫红质而获奖;1971年苏德兰(Sutherland)因发现cAMP介

导受体功能而获奖；1988年布莱克(James W. Black)因发明β肾上腺素受体阻断剂普萘洛尔治疗心脏病和合成组胺受体阻断剂西咪替丁治疗胃溃疡而获奖；1994年吉尔曼(Gilman)等发现受体与下游信号的连接蛋白G蛋白而获奖；2004年阿克塞尔(Richard Axel)和巴克(Linda B. Buck)因发现气味受体是GPCR而获奖；时隔8年之后，2012年诺贝尔化学奖被授予了莱夫科维茨和他的学生克比尔卡，以表彰他们对GPCR的奠基性研究。

二、GPCR在研究过程中所遇到的挑战

尽管GPCR是药物发展的核心分子，但是研究其分子生化特性极其困难，尤其是研究占整个GPCR家族总量99%、以扩散型分子为配体的GPCR受体。这是因为GPCR是信号转导的最上游，行使其功能时不需要很多的分子；GPCR又是膜蛋白，结构的柔韧性是其一大特性，因此用传统的、适用于酶等其他重要药靶蛋白的分离纯化方法并不适用于GPCR。所以，虽然配体和受体的概念早在19世纪末就由郎利(Langley)和希尔(Hill)提出并描述，但对于是否存在能结合配体的一种单一的成分，在60多年里一直被人怀疑，也是药物学领域20世纪中期一直挥之不去的疑云。这种情况一直维持到20世纪70年代初莱夫科维茨进入这一研究领域。

三、激素类/扩散型分子为配体的GPCR的发现

1969年刚从医学院毕业的莱夫科维茨加入了美国国立卫生研究院(NIH)，参加了鼓励医生进行基础研究的计划。针对受体是否存在这一难题，莱夫科维茨采用了非常灵敏的同位素标记法。起始的实验并不顺利，莱夫科维茨在实验室做了18个月没有任何进展，因此对自己的科研能力产生了怀疑，并申请去哈佛大学医学院做住院医。但做住院医时，莱夫科维茨突然发现自己对科研本身的热爱，得出结论，"即使是阴性实验结果也比没有实验结果好"，所以他又回到基础研究当中。经过不懈的努力，1970年，莱夫科维茨证明同位素标记的配体可以与细胞膜的成分结合，并且这一成分与产生环腺苷酸的活力是独立的两个成分，第一次提示出化学激素类配体的独立存在，该结果发表在《自然》上[2]。

但学术界对莱夫科维茨的结果并不认可。一年以后，1971年诺贝尔奖得主苏德兰在诺贝尔奖报告会上仍然提到，受体可能就是腺苷酸环化酶，忽视了莱夫科维茨前一年发表的实验结果(图3)。为证明自己的理论和发现的正确性，莱夫科维茨开始想办法纯化受体，并得知它的序列信息，这是一次接近15年的长跑。

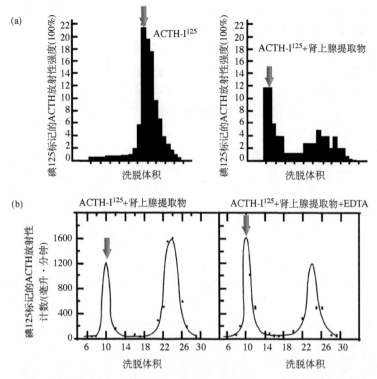

图3 建立用同位素标记受体的方法及证明受体与产生第二信使cAMP的腺苷酸环化酶是不同的成分
(改自"GPCR家族的发现和结构机制研究，2012诺贝尔化学奖解读")

(a)当放射性I-125标记的ACTH与肾上腺提取物混合时(a右)，其蛋白峰(紫色箭头)要比单纯的只有ACTH-I^{125}存在时(a左)提前出现；(b)当在ACTH-I^{125}与肾上腺的混合物中加入金属离子螯合剂EDTA之后(b右)，其蛋白峰(紫色箭头)出现时的洗脱体积与没有加EDTA(b左)相比无变化，而EDTA可完全阻止cAMP的产生

四、"战斗或逃离－激素"受体的克隆及GPCR家族的发现

　　莱夫科维茨主要研究的受体是肾上腺素受体。肾上腺素，又叫"战斗或逃离－激素"，是人类应激状态下产生的激素(图1)。它作用在身体上，增加心脏输出，增加耗氧，升高血糖，加速身体对外界压力的反应能力，是非常重要的体内激素。为纯化肾上腺素受体，莱夫科维茨采用了新的方法，包括将肾上腺素偶联到琼脂糖柱子上，制作了亲和层析柱及使用抗体等。通过不断改进技术，莱夫科维茨于1980年初纯化了具有功能的肾上腺素受体，终于无可置疑地证明了肾上腺素受体的独立存在。

　　获得了纯化的受体，可以测得蛋白的部分序列，莱夫科维茨决定用这一信息克隆肾上腺素受体的基因。这时，年轻的克比尔卡加入到这一研究当中。克比尔卡当时在

实验室是出了名的能干，但前两年在实验室的研究中却一无所获。尽管如此，莱夫科维茨从克比尔卡的工作态度上看出了他的潜质，决定让他承担这一艰巨的课题。克比尔卡最初应用由mRNA翻译出的cDNA文库进行克隆，但一无所获。现在推测可能是因为受体mRNA含量很低造成的，但当时并不清楚。克比尔卡大胆地提出应用基因组文库进行克隆。因基因组文库包括基因内含子，应用这一方法进行克隆不太符合常识，所以遭到了很多人的反对。尽管如此，莱夫科维茨仍接受了克比尔卡的大胆想法，4个月后，肾上腺素受体基因得到了克隆。

获得肾上腺素受体的序列后，莱夫科维茨和克比尔卡惊奇地发现，肾上腺素受体与对光感知的视杆色素受体都有7次跨膜的α螺旋结构，并都偶联G蛋白。于是他们推断这两个受体可能属于同一家族，该家族肯定还编码很多其他激素类受体成员，从而提出7次跨膜受体GPCR超家族的概念。基于GPCR家族是7次跨膜蛋白这一假设，莱夫科维茨和克比尔卡小组很快克隆出人类β2、β1、α2等肾上腺素受体和重要的神经递质5-羟色胺受体，发现了第一个孤儿受体(图4)。这些发现彻底改变了20世纪八九十年代药物的研究和发展，从工作中得到的信息和技术也帮助了嗅觉受体(odorant receptor)这一超家族的发现和克隆，阿克塞尔和巴克因该项成果荣获2004年诺贝尔生理学/医学奖。

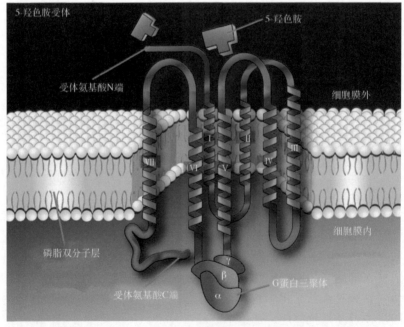

图4 由GPCR超家族理论而推断并发现的第一个孤儿受体(5-羟色胺受体)及其配体(5-羟色胺) (改自"7次跨膜-5羟色胺受体，GPCR")

5-羟色胺受体也具有7次跨膜结构。当配体5-羟色胺与受体的氨基酸N端结合时，会激活细胞内的G蛋白与受体胞内第三个loop环的结合，引起细胞内信号传导

五、打破GPCR结构解析的瓶颈及GPCR与G蛋白复合物结构的解析

基于GPCR的药物设计非常需要准确的GPCR的蛋白结构。由于大部分GPCR家族成员在细胞内的丰度很低，容易被降解而失活，且具有复杂柔韧的跨膜结构，因此除视杆色素外的GPCR家族其他成员高分辨率的晶体结构一直未能解析[3]。从克隆出肾上腺素能受体开始，解析肾上腺素能受体的结构成为克比尔卡的梦想。坚持研究这一课题15年后，2007年，通过与斯蒂文斯(Stevens)等人的合作，克比尔卡同时用和抗体形成复合物及将溶菌酶插入受体细胞内第三个loop环的方法，得到了肾上腺素受体的晶体结构[4](图5)。为阐明GPCR的工作原理，克比尔卡向解析受体与G蛋白复合物的结构开始迈进。但GPCR与G蛋白三聚体的复合物结合非常短暂，其结构很难捕捉。克比尔卡应用了3种新的手段，包括①将溶菌酶放在了蛋白的N端；②在受体与G蛋白三聚体复合物结合后，应用Aprase将GDP除去；③应用了一种新发现的去垢剂MNG-3，终于成功地获得了受体与G蛋白复合物的晶体结构(图6)。克比尔卡的这一成就使人类第一次看到了GPCR与G蛋白结合的分子细节，对理解生命中细胞水平上的信息传递机制具有重要意义。

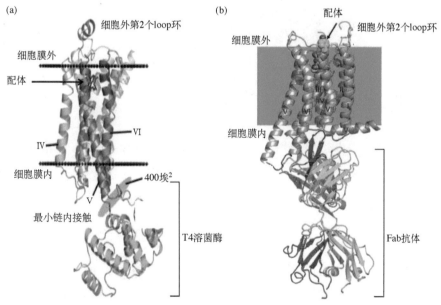

图5　发展以扩散型配体为受体的GPCR的结晶方法
(改自"β2肾上腺素能GPCR的高分辨率晶体结构")

(a)将T4溶菌酶(绿色)插在肾上腺素受体胞内的第三个内环上，得到肾上腺素受体的晶体结构(灰色、橘黄色)；(b)用抗体结合的办法稳定受体细胞内的第三个内环的构象(紫红色、天蓝色)，也可使肾上腺素受体结晶并解析其晶体结构

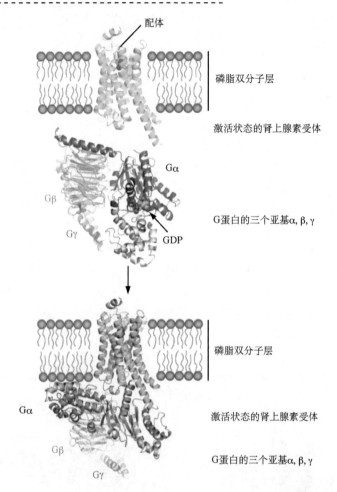

配体

磷脂双分子层

激活状态的肾上腺素受体

Gα

Gβ

Gγ

GDP

G蛋白的三个亚基α, β, γ

磷脂双分子层

激活状态的肾上腺素受体

Gα

Gβ

Gγ

G蛋白的三个亚基α, β, γ

图6　肾上腺素受体与G蛋白的复合物结构(改自"β2肾上腺素能受体诱导的Gs蛋白的构象变化")
当配体与肾上腺素受体结合时，受体被激活，构象发生变化，从而促进下游信号分子G蛋白释放GDP，与受体结合形成复合物

六、GPCR的工作机制

　　GPCR的研究一直引领着药物学的发展。1980年，莱夫科维茨实验室的利恩(Lean)应用同位素标记的配体与受体的结合实验结果提出了"三元复合物"模型(Ternary complex model)。这一模型的提出在药理学工作中有广泛应用，既帮助了GPCR下游效应器的鉴定，也帮助了发展高效亲和力的GPCR配体。此外，GPCR受体的脱敏是重要的药理学现象。莱夫科维茨实验室和其他实验室一起，发现了磷酸化在受体脱敏中的

重要作用,也发现并克隆了β-抑制蛋白和GPCR激酶(GRK)等重要的介导受体脱敏的下游分子。值得一提的是,20世纪90年代中期,当时作为博士后与莱夫科维茨一起工作的中国科学院院士裴钢,也在GRK的相关研究中取得重要成果[5,6]。

七、世界及中国GPCR现状和未来展望

GPCR由于其分布的广谱性,是目前临床上药物应用最广泛的靶点,常见的作用于GPCR的药物包括吗啡、组胺受体拮抗剂雷尼替丁、治疗高血压的血管紧张素受体的拮抗剂氯沙坦等。GPCR在当下乃至今后都将无可置疑地占据医药产业的领头地位。近年已有很多GPCR家族的孤儿受体找到了配体,在治疗心血管疾病、免疫性疾病、癌症等方面发挥了重要作用。此外, GPCR的偏向性配体的概念在近几年经莱夫科维茨实验室提出后,也已经成为GPCR药物发现的下一个研究热点。偏向性配体可能不止涵盖不同的G蛋白和β-抑制蛋白,也包括许多未发现的蛋白,值得我们进一步深入研究和利用。虽然我国的GPCR研究起步较晚,但在裴钢院士的倡议下,已于2011年形成了"中国GPCR新药创制联盟",由裴钢院士、肖瑞平教授、刘明耀教授和蒋华良教授任首届主席。国内的研究也在迅速跟进国际水平,比如,裴钢院士课题组发现肾上腺素受体被激活后,增强γ-分泌酶的活性,会增加患阿尔茨海默病的可能性,该文章发表在《自然·医学》上[7]。这一研究结果提示,肾上腺素受体有可能成为研发阿尔茨海默病治疗药物的新靶点。裴钢课题组还发现GPCR下游的β-抑制蛋白在糖尿病中起重要作用,该文发表于著名杂志《自然》上[8]。这些成果说明国内关于GPCR的研究正在迎头赶上。

尽管与GPCR有关的研究已经获得了6次诺贝尔奖,但还有许多重要问题没有解决,包括如何更有效的设计药物,许多GPCR的孤儿受体如何脱孤,如何应用GPCR的一些特性更好地帮助药物运送和监测体内的生理病理过程等。因此,更好地阐明GPCR的功能和作用机制将是科学家们奋斗的方向,我们也期待中国科学家能够在该领域取得更多的突破性成果。

参 考 文 献

1　Zhang R, Xie X. Tools for GPCR drug discovery. Acta Pharmacol Sin, 2012, 33 (3): 372-384.

2　Lefkowitz R J, Roth J, Pastan I. Effects of calcium on ACTH stimulation of the adrenal: separation of hormone binding from adenyl cyclase activation. Nature, 1970, 228 (5274): 864-866.

3　Lefkowitz R J, Sun J P, Shukla A K. A crystal clear view of the beta2-adrenergic receptor. Nat Biotechnol, 2008, 26 (2): 189-191.

4　Cherezov V, Rosenbaum D M, Hanson M A, et al. High-resolution crystal structure of an engineered human beta2-adrenergic G protein-coupled receptor. Science, 2007, 318 (5854): 1258-1265.

5　Pei G, Kieffer B L, Lefkowitz R J, et al. Agonist-dependent phosphorylation of the mouse delta-opioid receptor: involvement of G protein-coupled receptor kinases but not protein kinase C. Mol Pharmacol, 1995, 48 (2): 173-177.

6　Pei G, Tiberi M, Caron M G, et al. An approach to the study of G-protein-coupled receptor kinases: an *in vitro*-purified membrane assay reveals differential receptor specificity and regulation by G beta gamma subunits. P Natl Acad Sci USA, 1994, 91 (9): 3633-3636.

7　Ni Y, Zhao X, Bao G, et al. Activation of beta2-adrenergic receptor stimulates gamma-secretase activity and accelerates amyloid plaque formation. Nat Med, 2006, 12 (12): 1390-1396.

8　Luan B, Zhao J, Wu H, et al. Deficiency of a beta-arrestin-2 signal complex contributes to insulin resistance. Nature, 2009, 457 (7233): 1146-1149.

The Pivotal Molecule for Modern Drug Development, G-Protein-Coupled Receptor

—Commentary on the 2012 Nobel Prize in Chemistry

Yang Duxiao, Sun Jinpeng

　　Robert J. Lefkowitz and Brian Kobilka shared the 2012 Nobel Prize in Chemistry for their fundamental contributions to the research of G-protein-coupled receptors, the core molecule for modern drug development. More than half of existing prescription drugs are working on GPCR mediated signaling, of which the research have led the progress of pharmacology during the last 100 years. Started with radio-labeling to detect receptors, Professor Lefkowitz spent forty years in studying the adrenergic receptor which received signals from "fight or flight hormone". Lefkowitz established the receptor ternary complex model, identified the GPCR superfamily and revealed the working mechanism of GPCR. After 20 years persistence, Kobilka broke the technical bottle neck for crystallization of GPCR for diffusive ligands and solved the first complex structure of GPCR in complex with the G proteins. The work by Lefkowitz and Kobilka reformed the current status of drug discovery.

3.3 细胞命运的"返老还童"
——2012年诺贝尔生理学/医学奖评述

裴端卿

(中国科学院广州生物医药与健康研究院)

2012年诺贝尔生理学/医学奖于斯德哥尔摩时间10月8日11点半揭晓,英国科学家约翰·格登(John B. Gurdon)和日本科学家山中伸弥(Shinya Yamanaka)共同获此殊荣,以表彰他们发现"成熟细胞可被重编程到具有多能性的状态"(图1)。这一发现颠覆了传统上发育不可逆转的概念,为干细胞用于再生医学提供了可取的素材,也为生命科学研究领域打开了一扇门。

约翰·格登　　　　　　　　　　　山中伸弥

图1　两位获奖人

一、核移植——打破传统发育理念

人类完整的个体由不同类型的多种成熟细胞构成,它们由受精卵发育而来。受精卵经过分化形成胚胎,早期胚胎中的干细胞具有分化为成熟个体的能力,也被称作多能干细胞。生物界中,大多数动物经过受精、卵裂、原肠胚形成、神经胚形成和器官形成等胚胎发育阶段,生长发育为成体。在传统的理念中,这种由多能性状态向成熟的特化细胞发育和分化的过程是不可逆的。

1962年,英国科学家格登进行了一个开创性的实验,他将蝌蚪的肠上皮细胞的细胞核移植到去核的卵细胞中，最终得到了正常的蝌蚪[1](图2)。由此证明分化细胞的细胞核含有形成个体的全部遗传物质，经过重编程后，仍然具有分化为个体所有各种终末分化细胞的能力。该发现完全打破了传统的细胞发育及分化的理论。1997年，广为人知的"多莉"羊的诞生宣告这一概念也同样适用于哺乳动物[2]。尽管核移植实验证实了细胞命运的"返老还童"从理论上是可行的，然而克隆动物及克隆人在伦理及法律上受到诸多限制，并引起广泛的争议，使得该研究成果很难真正用于疾病治疗。不过从另一角度讲，该研究为诱导性多能干细胞(iPSC)的实现提供了坚实的理论基础。

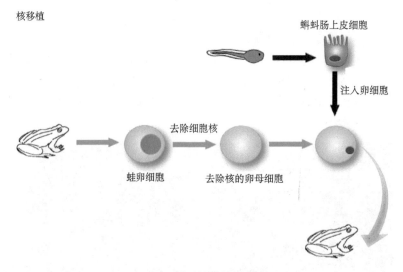

图2 格登核移植示意图

从蛙上获得卵细胞，去除受体卵细胞的细胞核，然后将蝌蚪肠上皮细胞的细胞核注入受体卵细胞中，该细胞核可以知道卵细胞发育为成体蛙

二、iPSC技术——核心因子实现细胞命运的"返老还童"

44年后，基于格登的理论，日本科学家山中伸弥做了大胆的假设：将分化后体细胞直接逆转为多能干细胞。2006年《细胞》报道了山中伸弥研究组采用四个核心因子转入小鼠体细胞中，成功将其重编程为iPSC(图3) [3]。他们在24个候选的胚胎干细胞特异性分子中逐步筛选出*Oct4*、*Sox2*、*Klf4*、*c-Myc* 4个因子，利用反转录病毒载体同时转入小鼠成纤维细胞中得到了iPSC。iPSC经验证具有与胚胎干细胞相同的特性，如表达相同的干细胞标志物、分化成三胚层的能力及能够形成嵌合体小鼠并传递到生殖系细胞，产生健康的后代。次年，山中伸弥研究组和华人女科学家俞君英分别独立发表了将人的细胞诱导为iPSC的成果[4]。不同于山中伸弥研究组的是，俞君英使用的诱导因子是*Oct4*、*Sox2*、*Nanog*、*Lin28*[5]。

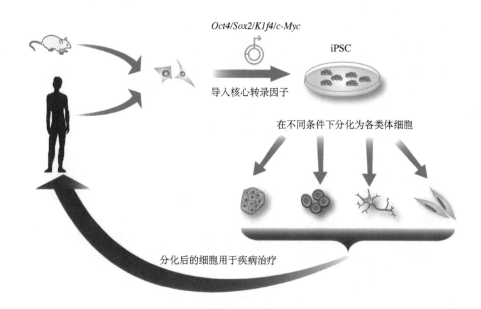

Oct4/Sox2/Klf4/c-Myc

iPSC

导入核心转录因子

在不同条件下分化为各类体细胞

分化后的细胞用于疾病治疗

图3　iPSC技术示意图

从小鼠或人体内分离得到成纤维细胞，导入4个核心转录因子，经过诱导培养，得到iPSC克隆。将iPSC体外分化为用于特定疾病治疗所需的体细胞，最终回到人体内用于治疗疾病

三、获得安全的iPSC

iPSC具有与胚胎干细胞相同的特性，即自我更新及分化的能力。该技术既突破了伦理道德的限制，又可规避传统再生移植治疗中的免疫排斥问题，被认为是再生医学领域更好的细胞来源。同时，特定疾病来源的iPSC也为疾病模型研究及药物筛选提供了更好的工具。正基于此，科学家们不断优化iPSC技术，希望获得更安全、更适合用于疾病治疗的iPSC。首先，使用无病毒载体导入的iPSC以降低由于病毒插入引起iPSC基因组的不稳定性。如使用转座子、蛋白等获得iPSC。其次，山中伸弥用来诱导iPSC的某些因子具有致癌性，因此简化诱导条件，替代这种不安全的诱导因子也是一个热门的研究方向，其中，利用完全化合物诱导得到iPSC也将成为一种重要的手段。

当然，为了使病人更放心地使用iPSC，科学家也希望解开iPSC产生的机制。同时比较iPSC与胚胎干细胞的基因组的表观遗传学修饰上是否存在差异，两者分化能力是否一致。

尽管iPSC技术在人类疾病治疗上被寄予厚望,同时2012年诺贝尔生理学/医学奖的授予也在另一方面肯定了该项研究的重要意义,但是iPSC能否真正用于临床还需更多的工作来证实,其中还有大量的科研工作需要完成。除了解决iPSC的安全性之外,目前大部分报道的诱导获得iPSC的效率很低,这直接决定用于疾病所需治疗的细胞数量,因此能否更高效地获得iPSC也决定了它能否真正为患者服务。毋庸置疑的是,iPSC技术为人们疾病治疗打开了一个崭新的局面并开创了新的研究领域。

随着这一开创性工作的重要价值被认识,我国也在iPSC研究上给予了重大支持。越来越多的中国科学家在体细胞重编程的研究上取得了令人瞩目的成果。2009年,中国科学院动物研究所周琪研究员和北京生命科学研究所高绍荣研究员分别独立发表论文,在世界上首次通过四倍体互补实验证明iPSC的全能性,目前四倍体互补实验已成为检验iPSC全能性的金标准[6,7]。中国科学院广州生物医药与健康研究院裴端卿研究员发现体细胞重编程为iPSC过程中存在的表皮间充质转换[8];也发现维生素C能够减少重编程中的障碍[9],从而促进体细胞重编程为iPSC。在iPSC技术的引领下,人工操控不同类型的体细胞之间细胞命运的转换也成为可能,这种操控被称为"转分化",中国科学院上海生命科学院上海生物化学与细胞研究所的惠利健研究员在世界上首次成功地将成纤维细胞转分化为有功能的肝细胞[10],是这个领域的重大进步。

时至今日,iPSC已经成为目前科研领域中的一大热点,并将在未来一段时间内始终被人们所关注。科学家们希望这一新技术最终能获得更好的疾病模型用于药物开发,最终用于疾病治疗。

参 考 文 献

1　Gurdon J B. The developmental capacity of nuclei taken from intestinal epithelium cells of feeding tadpoles. J Embryol Exp Morphol, 1962, 10: 622-640.

2　Campbell K H, McWhir J, Ritchie W A, et al. Sheep cloned by nuclear transfer from a cultured cell line. Nature, 1996, 380(6569): 64-66.

3　Takahashi K, Yamanaka S. Induction of pluripotent stem cells from mouse embryonic and adult fibroblast cultures by defined factors. Cell, 2006, 126(4): 663-676.

4　Takahashi K, Tanabe K, Ohnuki M, et al. Induction of pluripotent stem cells from adult human fibroblasts by defined factors. Cell, 2007, 131(5): 861-872.

5　Yu J, Vodyanik M A, Smuga-Otto K, et al. Induced pluripotent stem cell lines derived from human somatic cells. Science, 2007, 318(5858): 1917-1920.

6 Zhao X Y, Li W, Lv Z, et al. iPS cells produce viable mice through tetraploid complementation. Nature, 2009, 461(7260): 86-90.

7 Kang L, Wang J, Zhang Y, et al. iPS cells can support full-term development of tetraploid blastocyst-complemented embryos. Cell Stem Cell, 2009, 5(2): 135-138.

8 Li R, Liang J, Ni S, et al. A mesenchymal-to-epithelial transition initiates and is required for the nuclear reprogramming of mouse fibroblasts. Cell Stem Cell, 2010, 7(1): 51-63.

9 Esteban M A, Wang T, Qin B, et al. Vitamin C enhances the generation of mouse and human induced pluripotent stem cells. Cell Stem Cell, 2010, 6(1): 71-79.

10 Huang P, He Z, Ji S, et al. Induction of functional hepatocyte-like cells from mouse fibroblasts by defined factors. Nature, 2011, 475(7356): 386-389.

Manipulating Cell Fate: from Mature to Pluripotency

—Commentary on the 2012 Nobel Prize in Physiology/Medicine

Pei Duanqing

The 2012 Nobel Prize in Physiology/Medicine was awarded jointly to John B. Gurdon and Shinya Yamanaka for the discovery that mature cells can be reprogrammed to become pluripotent. These two scientists' great discovery and its contribution to life science are introduced. Meanwhile, recent progress and potential application of iPSC technology in clinical therapy and drug screening are summarized.

第四章

2012 年中国科学家代表性成果

代表性成果

Representive Achievements of Chinese
Scientists in 2012

4.1　大亚湾中微子实验发现新的中微子振荡模式

王贻芳

(中国科学院高能物理研究所)

2012年3月8日，大亚湾反应堆中微子实验国际合作组在北京宣布，利用6个探测器运行55天观测到的中微子事例，发现了一种新的中微子振荡模式(对应于中微子混合角θ_{13})，并测得其振荡幅度$Sin^2 2\theta_{13}$为9.2%，误差为1.7%，无振荡(即$Sin^2 2\theta_{13}$为零)的可能性只有千万分之一。

实验成果一经发布便在国际高能物理界引发了强烈反响，李政道、丁肇中、杨振宁、鲁比亚(C. Rubbia)等诺贝尔奖获得者发来贺信，《科学》《自然》《科学美国人》等国际学术杂志纷纷报道和发表评论，美国费米国家实验室主任奥托尼(P. Oddone)和麻省理工学院教授科拉特(J. Conrad)等国际知名学者发表评述文章，赞扬这个结果"打开了未来中微子物理研究的大门，是中微子物理研究中的一个里程碑"。相关论文《大亚湾中微子实验发现电子反中微子消失》于2012年4月27日发表在《物理评论快报》(Physical Review Letters)，至当年11月底已被引用300多次。

在构成物质世界的12种基本粒子中，有3种是中微子。其质量极其微小，不带电。但由于数量庞大，微小的中微子也对宇宙的演化及大尺度结构的形成起着极为重要的作用，因此是粒子物理、天体物理和宇宙学研究中的热点和交叉。人类对中微子的性质的了解迄今十分有限，但我们知道，不同种类的中微子在飞行过程中能相互转换，称之为"中微子振荡"。

3种不同的中微子之间两两相互转换的规律由3个三角函数表达，如图1所示。大气中微子振荡θ_{23}和太阳中微子振荡θ_{12}已分别被发现，相关科学家获得了2002年诺贝尔物理学奖。混合角θ_{13}迄今未知，它是大亚湾实验的物理目标。这个参数也是物理学28个基本参数之一，同时其数值的大小决定了中微子振荡中的电荷宇称(CP)相角δ是否能被实验观测到，而该CP相角与宇宙中"反物质消失之谜"有关，十分重要。

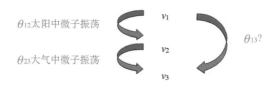

θ_{12}太阳中微子振荡

θ_{23}大气中微子振荡

v_1

v_2

v_3

θ_{13}?

图1 3种中微子振荡的示意图

图中混合角θ_{23}描述了通常所说的大气中微子振荡，混合角θ_{12}描述了通常所说的太阳中微子振荡，θ_{13}是大亚湾实验的物理目标

用反应堆中微子实验测量θ_{13}具有造价低、速度快、精度高的特点。自2003年起，先后有7个国家提出了8个实验方案，最终有3个进入实施。中国科学院高能物理研究所领导的国际团队，提出了利用大亚湾核电站反应堆群测量中微子混合角θ_{13}的实验计划，在国际上首次提出了一系列降低系统误差、提高θ_{13}测量精度的办法，包括采用多模块探测器测量中微子、多重符合以精确测定宇宙线效率、使用光学反射板以降低造价等，精度比竞争对手好一倍以上，比过去的国际最好水平提高了近一个量级。

大亚湾反应堆中微子实验于2006年得到批准，2007年开始动工。共修建了3100米长的地下隧道，3个地下实验大厅，2个地下辅助设施厅和一个地面装配大厅。在每个地下实验大厅，修建了一个水池内置两层光电倍增管作为水切伦科夫探测器以探测宇宙线本底，水池顶部还安装了可移动的阻性板探测器以更加准确地探测宇宙线。在水池的中心，放置了2～4个中微子探测器，直径5米，高5米，内置总重约80吨的3种特殊液体，如图2所示。在建造过程中，大亚湾团队克服了重重困难，攻克了多项技术难关，完成了核电站旁隧道和实验大厅等地下工程建设、探测器样机研制、工程设计、

图2 远点实验大厅俯视图

3个中微子探测器置于水切伦科夫探测器水池中，远端可见阻性板探测器

探测器建造和安装调试，多项成果达到国际领先水平。高精度的中微子探测器之间，相对效率的误差达到了国际罕见的0.2%。

2011年中，土建任务全部完成。为早日取数，在国际竞争中取得先机，我们只安装了8个中微子探测器中的6个，于2011年底正式开始物理运行。

经过55天的数据采集，并对数据进行了仔细的分析，我们发现，从反应堆来的中微子消失了一部分，这与中微子振荡的预言是符合的。具体来说，我们通过近点探测器测量反应堆中微子的通量，并估算远点探测器可以看到的中微子事例数。经过仔细的数据分析并排除了本底后，确认远点测量到的中微子数比预期少了约6%，即

$$R = 0.940 \pm 0.011 (统计误差) \pm 0.004 (系统误差)$$

因此，我们得出结论，反应堆发出的反电子中微子有消失现象。同时我们也发现，测量到的中微子能谱有畸变，与中微子振荡的预期符合。用中微子振荡来解释，测量到的振幅为：

$$Sin^2 2\theta_{13} = 0.092 \pm 0.016(统计误差) \pm 0.005(系统误差)$$

由此我们确认发现了θ_{13}不为零，其信号的统计显著性为5.2倍标准偏差，即振荡不存在的概率为一千万分之一。

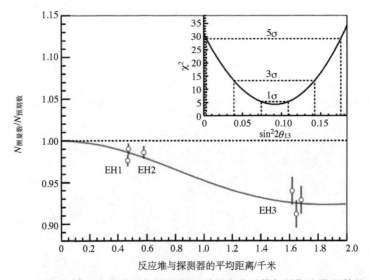

图3　3个实验厅内的6个中微子探测器测量到的中微子数与预期中微子数的比值

图中横坐标是中微子的飞行距离，纵坐标为1的虚线表示没有振荡，红线为中微子振荡曲线的最佳拟合值，$Sin^2 2\theta_{13}$的χ^2分析图嵌在右上角

大亚湾中微子实验的结果使我们确认了除太阳中微子振荡、大气中微子振荡之

外，还存在第三种中微子振荡，使人类更深入地认识了中微子的基本特性，了解了 $Sin^2 2\theta_{13}$ 这个物理学基本参数的大小。同时，由于测量到的 $Sin^2 2\theta_{13}$ 远大于之前的估计，使得原来认为遥不可及的中微子质量顺序及CP相角 δ 的测量变得触手可及，实际上打开了理解反物质消失之谜的大门。

大亚湾反应堆中微子实验是我国进入中微子研究的切入点，通过9年的努力，我们从无到有，并走到了世界前列。未来我们将抓住机遇开展二期研究，主要目标是测量中微子质量顺序。

大亚湾实验共有250多位来自6个国家和地区38家单位的学者参加，得到了中国科学院、科技部、国家自然科学基金委员会、广东省、深圳市、中国广东核电集团及美国能源部等的支持，是中美两国在基础科学研究领域最大的合作项目之一。

参 考 文 献

1 An F P, An Q, Bai J Z, et al. Daya Bay Coll, A side-by-side comparison of Daya Bay neutrino detectors. Nucl Instrum Meth A, 2012, 685: 78-97.

2 An F P, Bai J Z, Balantekin A B, et al. Daya Bay Coll, Observation of electron-antineutrinos disappearance at Daya Bay. Phys Rev Lett, 2012, 108: 171803.

3 An F P, An Q, Bai J Z, et al. Daya Bay Coll, Improved measurement of electron-antineutrinos disappearance at Daya Bay. Chinese Phys C, 2013, 37: 011001.

Discovery of a New Type of Neutrino Oscillation at Daya Bay

Wang Yifang

A new type of neutrino oscillation is discovered by the Daya Bay experiment. The measured oscillation amplitude is $Sin^2 2\theta_{13} = 0.092 \pm 0.016$(stat.) ± 0.005(syst.), which has a statistical significance of 5.2 standard deviation, corresponding to a no-oscillation probability of one part per ten million. Thus it is confirmed that θ_{13} is not null. This result deepened our understanding of neutrino properties, and revealed the size of a fundamental parameter of physics. It provided a guide to the future of neutrino experiments for the measurement of mass hierarchy and CP phase, opening the door towards the understanding of the mistery of antimatter in the Universe.

4.2　东方超环2012年度实验创两项世界纪录

李建刚　龚先祖　邓九安　钟国强
(中国科学院等离子体物理研究所)

2012年7月10日，东方超环(EAST)全超导托卡马克2012年度物理实验顺利结束。在长达4个多月的实验中，实验研究人员利用低杂波和离子回旋射频波[1]，实现了多种模式的高约束态等离子体、长脉冲高约束态放电。通过不断探索和创新，克服了重重技术困难，创造了两项托卡马克运行的世界纪录：获得超过400秒的两千万度高参数偏滤器等离子体[2,3]，实现了重复稳定超过30秒的高约束等离子体放电。这使我国在稳态高约束等离子体研究方面走到了国际前列，为全面、深入地参与国际热核聚变堆(ITER)项目提供了良好的基础研究平台[4]。

聚变能研究的最终目标是建立商业反应堆，并网发电。要实现这个目标，高温聚变等离子体研究就必须朝着稳态、高参数方向努力。目前，国际上大部分偏滤器位形托卡马克装置的等离子体放电持续时间在20秒以下，欧盟(JET)和日本(JT-60U)的大型托卡马克装置，曾获得过最长为60秒的高参数偏滤器等离子体[5,6]。由中国、欧盟、印度、日本、韩国、俄罗斯和美国七方共同参与建造的ITER首要目标是实现400秒的高约束等离子体，但实现该科学目标尚面临众多科学和技术(物理和工程)上的挑战。在2012年度的EAST实验中，我国科研工作者针对未来ITER 400秒高参数运行的一些关键科学技术问题，如等离子体精确控制、全超导磁体安全运行、有效加热与驱动、等离子体与壁材料相互作用等，开展了全面的实验研究。通过集成创新，实现了411秒、中心等离子体密度约2×10^{19}米$^{-3}$、中心电子温度大于两千万摄氏度的高温等离子体。

高约束态(H-mode)等离子体放电是未来磁约束聚变堆一种首选的先进高效运行方式[7]，能有效地降低聚变反应堆的尺寸和规模，大幅减少建造成本，加快商业化。从20世纪80年代开始，世界上众多托卡马克都在探寻各种方式实现高约束放电，并不断尝试延长高约束放电时间。实现长时间高约束放电，一直是国际聚变界追求的目标和挑战极大的前沿课题。目前正在运行的托卡马克的高约束放电时间大都在10秒以下，最长的是日本JT-60U装置(已退役)，曾在2003年利用强流中性束加热实现一次28秒的高约束等离子体放电。在本轮EAST实验中，我国科研工作者另辟新法，利用低杂波与离子回旋波协同效应[8]，在低再循环条件下实现了稳定重复的超过32秒的高约束态等离

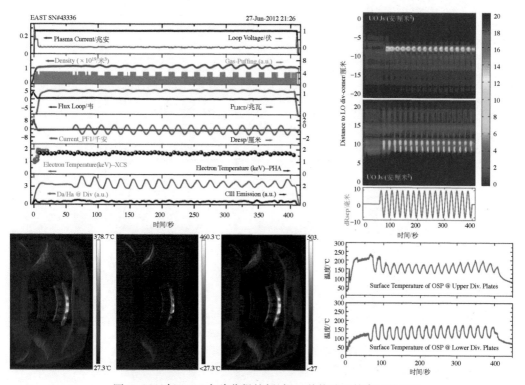

图1　2012年EAST实验获得的超过400秒偏滤器等离子体放电

左上图为一次411秒长脉冲偏滤器放电等离子体主要参数随时间的演化波形图，分别是等离子体电流(Plasma Current)、环电压(Loop Voltage)、电子密度(Density)、进气脉冲(Gas-Puffing)、低杂波电流驱动功率(P_LHCD)、磁通消耗(Flux Loop)、极向场线圈电流(Current_PF1)、等离子体的位形(Dresp)、电子温度(Electron Temperature)、杂质CIII和氢(氘)阿尔法线辐射强度(Da/Ha @ Div)，所有参数基本达到稳定；左下图为红外热像仪拍摄的不同时刻不同位形下等离子体沉积在托卡马克装置器壁上的热影像；右上图为上下偏滤器外靶板的饱和离子流的分布随时间和等离子体位置的演化；右下图分别为上下偏滤器外靶板打击点的表面温度随时间的演化波形

子体放电。在EAST上所采用的独特方法，为未来国际热核聚变实验堆实现稳态高约束放电提供了一条有效的新途径。

东方超环是国家发展和改革委员会立项的"九五"国家大科学工程，由国内科研工作者独立设计建造的世界首个全超导非圆截面托卡马克，于2007年建成并开始科学实验[9]。在科技部(ITER专项)、国家自然科学基金委员会、中国科学院等部门的支持下，东方超环的科研工作者在吸收国外先进科学知识和技术的基础上，不断创新，重大科学实验设备国产化率大于90%，科学实验不断深入，已吸引大批国外科学家来华开展科学实验，并且美国能源部已将EAST列为未来美国磁约束聚变合作的首选装置[10]。自2012年2月开始本轮EAST科学实验以来，超过100位的国外科学家来华开展广泛的合作研究。实验中，国内外科学家们围绕高参数长脉冲等离子体相关科学技术问题开展了大

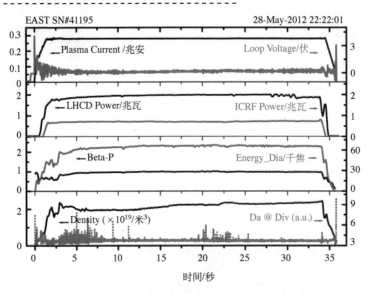

EAST SN#41195   28-May-2012 22:22:01

时间/秒

图2 稳定重复的长脉冲H-mode等离子体放电

图中放电波形取自第41 195次等离子体放电,该炮放电等离子体电流为0.28兆安,持续时间35秒($I_P \sim 0.28$兆安/35秒),电子密度为每立方米2.2×10^{19}(ne~2.2),低杂波注入功率1.8兆瓦($P_{LHCD}=1.8$兆瓦),离子回旋波注入功率1.2兆瓦(PRF=1.2兆瓦),环向磁场为1.9特(Bt=1.9特),归一化约束因子H_{98}约为0.8($H_{98(y, 2)} \sim 0.8$)。图中信号随时间演化的波形分别为等离子体电流(Plasma Current)、环电压(Loop Voltage)、低杂波功率(LHCD Power)、离子回旋波功率(ICRF Power)、磁比压(Beta_P)、逆磁计算获得的等离子体储能(Energy_Dia)、等离子体密度(Density)、偏滤器区域的氢(氘)阿尔法线辐射强度(Ha/Da@Div)

量的科学实验,取得了一系列新成果和大量的科学实验数据,为未来更高参数的长脉冲物理实验奠定了很好的科学技术基础。

参 考 文 献

1　Ding S, Wan B, Zhang X, et al. Performance predictions of RF heated plasma in EAST. Plasma Phys Contr F, 2011, 53: 015007.

2　Guo H Y, Gao X, Li J, et al. Recent progress on divertor operations in EAST. J Nucl Mater, 2011, 415: 369-374.

3　Gao W, Gao X, Guo H Y, et al. Effect of localized gas puffing on divertor plasma behavior in EAST. J Nucl Mater, 2011, 415: 391-394.

4　Hu L Q. Present status of the east diagnostics, EAST diagnostic team and collaborators. Plasma Sci Technol, 2011, 13(1): 125-128.

5　Liu X F, Du S J, Yao D M, et al. The design, analysis and alignment of EAST divertor. Fusion Eng Des, 2009, 84: 78-82.

6　Wang D S, Li Q, Xu Q, et al. Features and initial results of the EAST divertor plasma experiments. Fusion Eng Des, 2010, 85: 1777-1781.

7　Xu G S, Wan B N, Li J G, et al. Study on H-mode access at low densitywith lower hybrid current drive andlithium-wall coatings on the EAST superconducting tokamak. Nucl Fusion, 2011, 51: 072001.

8　Zhang X J, Zhao Y P, Mao Y Z, et al. Current status of ICRF heating experiments on EAST. Plasma Sci Technol, 2011, 13(2):172-174.

9　Gao D M, Wu W Y, Wu S T, et al. Some technology issues for the general assembly of EAST superconducting Tokamak. Fusion Eng Des, 2007, 82: 463-471.

10　Wan Y X, Li J G, Weng P D. EAST team, first engineering commissioning of EAST Tokamak. Plasma Sci Technol, 2006, 8(3): 253-254.

2012 EAST Tokamak Experiment Sets Two World Records

Li Jiangang, Gong Xianzu, Deng Jiuan, Zhong Guoqiang

In 2012 physics experiment campaign, many important results have been achieved on EAST (Experimental Advanced Superconducting Tokamak). Among them are the sustainment of diverted plasmas for a record 400-second pulse length, with central electron temperature of more than twenty million degrees, and the obtainment of over 30 s stationary H-mode plasmas. These are the record long diverted and H-mode plasmas in the world.

4.3　中国科学家实现百千米量级自由空间量子隐形传态与纠缠分发

印　娟　陈宇翱　彭承志　潘建伟
(中国科学技术大学合肥微尺度物质科学国家实验室)

　　量子通信是迄今为止唯一被严格证明是无条件安全的通信方式，是最有可能走向实用化的量子信息技术，已被国际上普遍认为是事关国家信息安全的战略性研究领域，有可能改变未来信息产业领域的发展格局，具有重大的产业化前景。因此量子通信已成为世界主要发达国家优先发展的战略性科技和产业高地。

　　远距离量子态隐形传输和纠缠分发是实现远距离量子通信和分布式量子网络必不可少的环节。目前，量子态隐形传输和纠缠分发已经在中等距离的光纤中得到了实现，但是巨大的光子损耗和消相干效应使得要在光纤中实现更远距离的量子传输必须引入量子中继器，而量子中继器的实用化在实验上还是一个很大的挑战。自由空间信道由于损耗小，比光纤通信更具可行性，结合卫星的帮助，将有可能在全球尺度上实现超远距离的量子通信和量子力学基础检验。

通过光纤实现城域量子通信网络以连接一个中等城市内部的通信节点，通过量子中继实现邻近两个城市之间的连接，通过卫星与地面站之间利用量子纠缠进行的自由空间量子信息的传输和卫星平台的中转实现两个遥远区域之间的连接，是国际上公认的实现广域量子通信最理想的路线图。正在实施的中国科学院量子科技先导专项正是为了利用自由空间通信和卫星通信在全球尺度上建立量子通信网络、检验量子非定域性而设立的。

正是瞄准大尺度、远距离这一宏伟目标，我们在国际上率先开展自由空间量子通信研究，2005年首次实现了距离大于垂直大气层等效厚度的自由空间双向纠缠分发[1]。2010年，在国际上首次实现了16千米自由空间量子态隐形传输[2]。从2010年开始，中国科学院联合研究团队在青海湖地区建立实验基地，开展验证星地自由空间量子通信可行性的地基实验研究，从多个方面进行攻关，旨在突破基于卫星平台自由空间量子通信的关键技术瓶颈。

2012年，我们在青海湖首次成功地实现了百千米量级的自由空间量子态隐形传输和双向纠缠分发，该实验研究成果于8月9日以"量子态隐形传输跨越了百千米鸿沟"为封面标题的形式发表在国际权威学术期刊《自然》上[3]。该实验证明，无论是从高损耗的地面指向卫星的上行通道链路，或是从卫星指向两个地面站的双通道下行链路，实现量子态隐形传输和量子纠缠分发都是可行的，这为基于卫星的广域量子通信和大尺度的量子力学基础原理检验的实现奠定了坚实的基础(图1)。

该项研究中，为了克服大气衰减、大气抖动、发射平台不稳定所造成的光束偏折影响接受效率的问题，我们开发了一套高亮度的纠缠源以及一套高频率、高精度的跟踪、瞄准技术，实时补偿，减小设备不稳定和大气湍流带来的影响。这两项技术为星地之间量子信道的正常工作打下了坚实基础，是中国科学院量子科技先导专项取得的阶段性重要突破，未来也将用于空间运动平台的跟踪以及建立稳定量子信道。

与此同时，为实现大尺度量子通信网络，我们进行了大量的研究。2012年，我们在此方向取得了一系列重要进展：在基于高亮度纠缠源和多光子纠缠技术的基础上，在国际上首次实现了八光子纠缠，论文发表在《自然·光子学》上[4]；随后，利用八光子纠缠，在国际上首次实验实现了拓扑量子纠错，可以大大提高量子通信网络的容错率，论文发表在《自然》上[5]。同时，还成功实现了长寿命、高读出效率的量子存储，该成果是目前国际上量子存储综合性能指标最好的实验结果，朝着最终实现实用

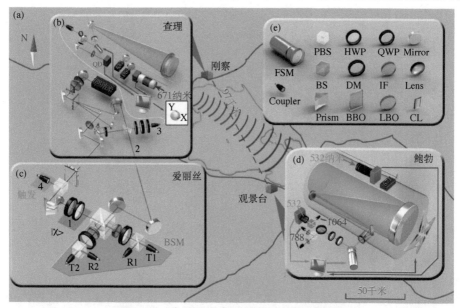

图1 百千米量子态隐形传输实验装置俯瞰图

(a)青海湖地区的鸟瞰图，发射系统和接收系统分别集成于两个集装箱内，直线距离相距97千米，通过无线网桥进行经典通信；(b)位于刚察的查理(Charlie)产生一对纠缠光子2和3，并将2号光子传送给爱丽丝(Alice)，将3号光子通过一体化终端望远镜发射，传送给百千米外的鲍勃(Bob)；(c)爱丽丝手中有一个未知量子态的光子1，她将从查理处收到的光子2与该光子进行贝尔基测量(BSM)，将测量结果以经典通信方式告知鲍勃；(d)位于观景台的鲍勃用一个400毫米口径的望远镜接收查理传送的光子3，根据由爱丽丝处获得的测量结果信息，他对收到的3号光子进行相应的局域幺正变换，最终得到与爱丽丝手中1号光子完全相同的未知光子态；(e)图例

化的量子中继器迈进了重要一步，论文发表在《自然·物理学》上[6](图2)。

　　近年来，我们朝着实现实用化量子计算和远距离量子通信这一量子信息科学的核心目标做出了一系列系统性开创工作，因此美国物理学会综述性期刊《现代物理评论》(Reviews of Modern Physics)主编邀请我们撰写长篇综述论文"多光子纠缠和干涉度量学"，该论文于2012年5月12日发表[7]。这是中国学者在该期刊上以中国机构为第一单位发表的第一篇实验综述论文。这一长达60多页的综述论文回顾了量子物理和量子光学的发展历史，系统阐述了多光子纠缠的原理、制备和操纵技术，深入讨论了其在量子力学基本问题的检验、量子通信、量子计算、量子模拟以及超精密测量等方面的广泛应用，并展望了量子信息技术的未来发展趋势。

　　我们还将继续投入到星地之间的量子通信研究中，通过开发并改进多方面的技术，如高亮度的多光子纠缠源与多光子操纵技术、自由空间中单光子的传输与纠缠分发技术、基于量子存储的量子中继器技术等，致力于全球化量子网络的建设。

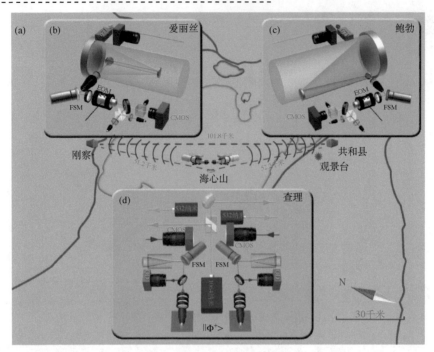

图2　百千米量子纠缠分发实验装置俯瞰图

(a)青海湖地区的鸟瞰图，为更加彰显量子纠缠的奇妙之处，我们将刚察改作其中一个接收端爱丽丝，将接收端鲍勃由观景台挪到了共和县藏民家的草场，与刚察县无法互相目视可及，将纠缠源及发射端查理则搬到了海心山的小岛上，发射端与两个接收端分别相距51.2千米和52.2千米，三方通过无线网桥进行经典通信；(b)爱丽丝采用600毫米口径的同轴望远镜接收纠缠光子，经过125倍缩束后用主动基矢测量装置进行极化检测和探测；(c)鲍勃采用400毫米口径的离轴望远镜接收纠缠光子，经过100倍缩束后用主动基矢测量装置进行极化检测和探测；(d)查理在海心山产生纠缠光子对，并通过一体化发射装置将光子分别传送给两个接收端，当接收到光子后，爱丽丝和鲍勃对光子进行贝尔不等式检测，检验其纠缠特性

参 考 文 献

1　Peng C Z, Yang T, Bao X H, et al. Experimental free-space distribution of entangled photon pairs over 13 km: towards satellite-based global quantum communication. Phys Rev Lett, 2005, 94: 150501.

2　Jin X M, Ren J G, Yang B, et al. Experimental free-space quantum teleportation. Nat Photonics, 2010, 4: 376-381.

3　Yin J, Ren J G, Lu H, et al. Quantum teleportation and entanglement distribution over 100-kilometer free-space channels. Nature, 2012, 488: 185-188.

4　Yao X C, Wang T X, Xu P, et al. Observation of eight-photon entanglement. Nat Photonics, 2012, 6: 225-228.

5　Yao X C, Wang T X, Chen H Z, et al. Experimental demonstration of topological error correction. Nature,

2012, 482: 489-494.

6 Bao X H, Reingruber A, Dietrich P, et al. Efficient and long-lived quantum memory with cold atoms inside a ring cavity. Nat Physics, 2012, 8: 517-521.

7 Pan J W, Chen Z B, Lu C Y, et al. Multi-photon entanglement and interferometry. Rev Mod Phys, 2012, 84: 777-838.

Quantum Teleportation and Entanglement Distribution Through 100-Kilometer Free-space Channels

Yin Juan, Chen Yuao, Peng Chengzhi, Pan Jianwei

Transferring an unknown quantum state over arbitrary distances is essential for large-scale quantum communication and distributed quantum networks. It can be achieved with the help of long-distance quantum teleportation and entanglement distribution. The latter is also important for fundamental tests of the laws of quantum mechanics. Here we report quantum teleportation of independent qubits for six distinct states over a 97-kilometer one-link free-space channel with multi-photon entanglement. Furthermore, we demonstrate entanglement distribution over a two-link channel, in which the entangled photons are separated by 101.8 kilometers. Violation of the Clauser-Horne-Shimony-Holt inequality is observed without the locality loophole. Besides being of fundamental interest, our results represent an important step towards a global quantum network. Moreover, the high-frequency and high-accuracy acquiring, pointing and tracking technique developed in our experiment can be directly used for future satellite-based quantum communication and large-scale tests of quantum foundations.

4.4 量子信息研究获重大进展

——光的"波粒叠加"状态被首次制备

唐建顺 周宗权 李传锋

（中国科学技术大学中国科学院量子信息重点实验室）

光是最常见的自然现象，对光的本质的研究由来已久，其中最著名的要属牛顿的微粒说和惠更斯的波动说。现在人们对光的认识是光具有波粒二象性。但是这两种属性之间到底是什么关系，即光何时表现为波，何时表现为粒子，仍存在着争议。

为了说明这个问题，我们在杨氏双缝实验中引入一个可以移走和插入的屏幕(图1)，屏幕后面的两个探测器分别对应两个狭缝。当屏幕放上时，在屏幕上可以看到光的干涉条纹，此时光表现出波动性；而当屏幕移走时，探测器可以探测到光子具体是从哪个狭缝过来的，此时光表现为粒子性。由于屏幕的插入与移走是两种相互排斥的实验装置，所以光的波动性与粒子性无法同时被观测到。量子力学的支持者用互补原理来解释这一现象，认为光表现为波动性还是粒子性并不是一定的，取决于实验者采用哪种实验装置。但是物理实在论者则认为量子力学是不完备的，而光的属性应该是完全确定的，并不取决于实验者采用的实验装置。出现上述实验结果，是因为存在一些隐变量会事先"告诉"光子有关探测装置的信息，光子则采取相应的方式来穿过双缝，表现出相应的属性。

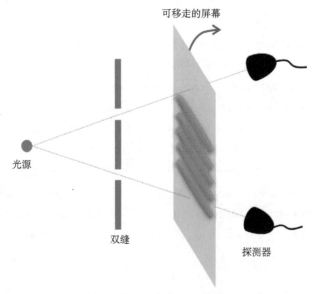

图1　杨氏双缝干涉实验

屏幕被换成可以移走的，并在后面分别放上和两个狭缝对应的探测器

为了检验这两种理论孰是孰非，惠勒提出一个思想实验，将对探测装置的选择延迟到光子进入狭缝之后，这样隐变量就无法发挥作用，这就是著名的惠勒延迟选择实验。经典的惠勒延迟选择实验的逻辑图如图2(a)所示。图中$|0\rangle$就是光子的路径比特，第一个哈德玛门(H)相当于双缝，第二个哈德玛门相当于可以移走的屏幕，p是由方框中的量子随机数发生器(QRNG)产生的一些随机数序列，用于随机地控制第二个哈德玛门的状态，即相当于屏幕的移走或插入。$|pol\rangle$是用于产生随机数列p

的辅助量子态。随机数产生过程很快，这样就可以做到在光进入第一个哈德玛门之后才随机地选择第二个哈德玛门的状态。实验结果支持量子力学，排除了隐变量理论[1]。

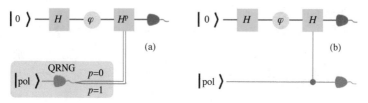

图2 经典(a)的和量子(b)的惠勒延迟选择实验的逻辑图

|0⟩代表光子的路径比特，H是哈德玛门，ϕ是相位，QRNG代表量子随机数发生器，|pol⟩是辅助比特，p是一系列的随机数

量子惠勒延迟选择实验[2]与经典版本的主要区别在于量子控制，其逻辑图如图2(b)所示。经典版本中，辅助态|pol⟩塌缩后产生随机数串再去控制哈德玛门的状态，这是经典控制；而量子版本中，辅助态直接用于控制哈德玛门的状态，这就使得哈德玛门可以处于两种状态的叠加态上，即屏幕可以处于移走和插入的叠加状态。量子惠勒延迟选择实验可以得到经典版本无法观察到的结果，即光的波粒叠加状态[3]。我们用光的偏振作为辅助比特控制探测装置的状态，设计出一个量子的分束器。图3是量子分束器的示意图，整个方框相当于逻辑图中的第二个哈德玛门。当光子进入量子分束器中后，被第一个偏振分束器(PBS1)分成两部分，这两部分之间的比例可以由前面的半波片(HWP1)的角度来控制。其中偏振方向垂直于纸面的部分会经过一个50:50的光束分束器，相当于经历了一个闭环马赫－曾德尔干涉仪，这是量子分束器中探测波动性的部分；另一个偏振方向在纸面内的部分则直接通过，不经过任何分束器，相当于一个

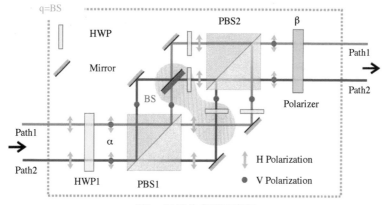

图3 量子分束器示意图

HWP代表半波片，PBS代表偏振分束器，BS代表光束分束器，Polarizer是偏振片，Mirror是反射镜

开环马赫－曾德尔干涉仪，这是探测粒子性的部分。这两部分经过第二个偏振分束器(PBS2)合起来后，再经过后面45°偏振片的后选择，就使得探测光的波动性和粒子性的两种实验装置量子叠加起来，成为量子分束器。利用这套量子的探测装置，即量子分束器，我们首次观察到光的波粒叠加状态。

实验结果如图4所示，红色和蓝色的点分别是波粒经典混合态与量子叠加态的概率曲线，(a～h)分别含有不同的波粒成分。我们可以看到波粒叠加态完全区别于经典混合态：经典混合态的概率曲线表现为标准的正弦形，而量子叠加态则表现为不规则的锯齿形。

波粒叠加状态的发现对波粒二象性提出了新的见解。我们知道量子叠加态与经典混合不同，经典混合可以看成两种成分按一定比例混合在一起，是二元的；但是量子叠加态本身就可以看成一种成分，是一元的，它与波动态和粒子态是并列的，只不过波动态和粒子态在经典世界中有对应的概念，而波粒叠加态则是在量子世界中才有的概念。如果把波和粒分别比作盒子里的白球和黑球，经典混合态就是盒子里一半白球一半黑球，而量子叠加态则是盒子里全是半白半黑的球。

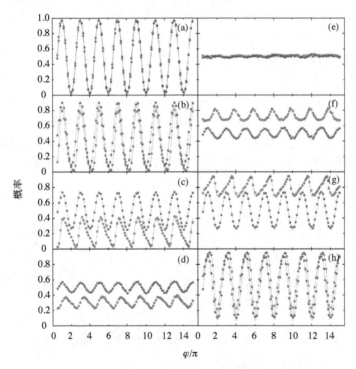

图4　光的波粒经典混合态(红)和量子叠加态(蓝)的概率曲线

从(a)到(h)，波动态和粒子态之间的相位变化一个周期

另外，量子实验装置的出现对原始的玻尔互补原理也提出了新的理解方式。当我们选择屏幕的插入状态时，光表现为波；选择屏幕的移走状态时，又表现为粒子；而当我们选择了插入和移走的量子叠加状态时，光就表现出波粒叠加的性质。这拓展了原来互补原理中关于波和粒不能同时观察到的说法，揭示了互补原理与叠加原理的深层次关系。

这个实验结果被《自然·光子学》以封面故事文章的形式发表，同期的《自然·光子学》的"新闻与观察"专栏发表了评论文章《波·粒叠加》[4]报道此成果，文章说："量子惠勒延迟选择实验的实现挑战互补原理设定的传统界限，在一个实验装置中展示光子可以在波动和粒子两种行为之间相干地振荡。"《自然·物理学》也同时在"研究亮点"专栏中发表评论文章《选择的问题》[5]报道此项成果，文中称赞本实验"重新定义了波粒二象性的概念"。

近期笔者研究组在固态量子存储方面也获得重大突破。量子存储器是量子信息领域的核心器件之一，是量子隐形传态、量子密集编码等基本量子信息过程的必需元件；同时，它还可用来实现量子中继，以解决远程量子通信中的信息损耗问题，以及用于分布式量子计算、量子精密测量等研究。基于稀土离子掺杂晶体的固态量子存储器件在诸多性能指标上已超越其他系统，但由于稀土离子掺杂晶体只对某一偏振态的光起作用，所以此前的固态量子存储器都是针对单一偏振态的。为实现对任意偏振态的存储，我们采用了两块1.4毫米厚的掺钕钒酸钇晶体分别处理光的横竖两种基本的偏振态，同时把一片特殊设计的半波片置于两块晶体之间，来实现对这两种偏振态的对称化操作[6]。整个量子存储器就像一片很小的"三明治"，紧凑而稳定，便于扩展和集成。该存储器单光子存储的保真度高达99.9%，是当前世界上保真度最高的量子存储器。这一成果将进一步促进量子网络的集成化、小型化，此超高保真度量子存储可应用于容错量子计算等具有苛刻要求的研究领域。该成果被美国物理学会(APS)网站"物理概要"(Physics Synopsis)栏目以及"物理世界"(Physics World)网站作为研究亮点报道。

参 考 文 献

1　Jacques V, Wu E, Grosshans F, et al. Experimental realization of Wheeler's delayed-choice Gedanken experiment. Science, 2007, 315: 966-968.

2　Ionicioiu R, Terno D R. Proposal for a quantum delayed-choice experiment. Phys Rev Lett, 2011, 107: 230406.

3　Tang J S, Li Y L, Xu X Y, et al. Realization of quantum Wheeler's delayed-choice experiment. Nat Photonics, 2012, 6: 600-604.

4 Adesso G, Girolami D. Quantum optics: Wave-particle superposition. Nature Photonics, 2012, 6: 579.

5 Georgescu I. A matter of choice. Nat Physics, 2012, 8: 637.

6 Zhou Z Q, Lin W B, Yang M, et al. Realization of reliable solid-state quantum memory for photonic polarization qubit. Phys Rev Lett, 2012, 108: 190505.

Realization of Quantum Wheeler's Delayed-choice Experiment

Tang Jianshun, Zhou Zongquan, Li Chuanfeng

Light is believed to exhibit wave-particle duality depending on the detecting devices, according to Bohr's complementarity principle, as has been demonstrated by the "delayed-choice experiment" with classical detecting devices. A recent proposal suggests that the detecting device can also occupy a quantum state, and a quantum version of the delayed-choice experiment can be performed. Here, we experimentally realize the quantum delayed-choice experiment and observe the wave-particle morphing phenomenon of a single photon. We also illustrate, for the first time, the behaviour of the quantum wave-particle superposition state of a single photon. We find that the quantum wave-particle superposition state is distinct from the classical mixture state because of quantum interference between the wave and particle states. Our work reveals the deep relationship between the complementarity principle and the superposition principle, and it may be helpful in furthering understanding of the behaviour of light.

4.5 利用强激光对日地磁场活动的实验室模拟

李玉同[1]   董全力[1]   仲佳勇[2]   袁大伟[1]   赵　刚[2]   张　杰[1, 3]

(1 中国科学院物理研究所；2 中国科学院国家天文台；3 上海交通大学)

　　地球磁场保护着地球免受来自太阳及宇宙深处的高能射线的侵害。太阳风与地球磁场作用，会引起地球磁场由于压缩或拉伸甚至交叉而发生重联过程，导致磁场拓扑结构的改变并以高能粒子与射线的形式释放出巨大能量。对磁重联物理过程的研究对人类的活动具有重要意义。在天体物理中，磁重联模型被广泛应用于太阳耀斑、冕区物质抛射、喷流、太阳风与地球磁层耦合的研究；另外，磁重联过程还密切影响着空间天气，即便是来自银河系外的高能宇宙射线，也有理论认为与磁重联过程密切相关。因而，地球磁场成为科学家首选的研究磁重联物理过程的天然实验室。然而，通过人造卫星对地磁重联现象的研究具有很大的偶然性，要求在地磁重联发生的短暂时间内，卫星恰好在现场。因此，通过卫星观察到的不同时间地点的地球磁重联现象会不一致。比如，2003年1月14日，欧洲空间局的Cluser-1卫星在地球磁场的一个重联区中心位置测量到一个细长的喷流；但这一记录与2005年1月25日发现的19个喷流全部分布在磁重联区两侧的观测存在极大差异。由于观测资料匮乏，对于天文现象特性的研究仅限于推测。天文学家对天体现象的主要研究手段是被动的天文观测和理论模拟，而高功率激光技术的快速发展给天体物理研究带来了新的机遇。利用高功率激光装置，科学家们可以在实验室创造与天体环境相似的极端物理条件，对天体问题进行主动、近距、可控的实验室研究，并由此产生了一个新兴学科——强激光实验室天体物理学[1,2]。

　　继2009年在日本大阪大学的Gekko-XII激光装置上模拟黑洞辐射产生的光电离实验[3]、2010年在上海高功率激光物理联合实验室的"神光II"激光装置上模拟太阳耀斑环顶X射线源和重联喷流实验[4]之后，2011年我们又利用"神光II"激光装置成

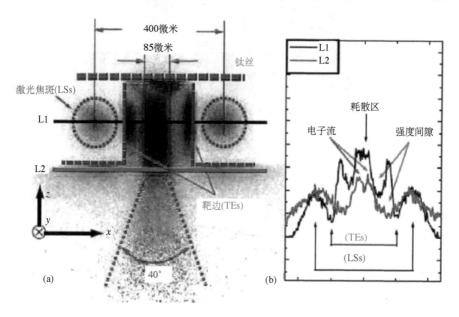

图1　实验中观测到的X射线像

(a) 实验布局图的针孔相机成像；(b) 是(a)中L1和L2处X射线强度的空间分布

功地模拟了对日地磁场活动。有关研究成果发表于2012年5月出版的《物理评论快报》[5]。

近年来，利用强激光等离子体的自生磁场来构造磁重联拓扑结构取得了很大的进展。2006年，尼尔森(Nilson)第一次在实验上利用激光等离子体再现了磁重联的拓扑结构并观测到了方向性很好的等离子体喷流；2007年，李其康(Li C. K.)成功利用质子成像方法探测了磁重联中磁场随时间的演化过程。长脉冲(纳秒量级)激光聚焦到平面靶上产生的等离子体密度梯度和温度梯度的方向不一致，这种梯度的不一致性会诱发环形兆高斯量级的强自生磁场。在激光脉冲持续的时间内，这个自生磁场是准稳态的，"冻结"在激光等离子体表面内向四周扩散。我们利用"神光II"激光装置，在激光等离子体相互作用实验中构造了相似的磁重联结构。实验结果如图1和图2所示。图1是利用X射线针孔相机拍摄的X射线自发光图像，图2是可见光波段光学成像结果，以及与实验条件相似的粒子模拟(PIC)的模拟结果。比较图2的(a)和(b)可以发现，在磁重联区中心和两侧出现了3个喷流，中心喷流的出现时间晚于两侧喷流，说明其速度要远大于

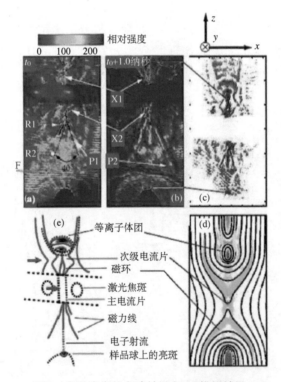

图2　光学成像的实验结果和PIC模拟结果

(a)和(b)分别对应着延时1纳秒和2纳秒时刻的干涉原图，对应两个不同时刻，电子耗散区在X1和X2之间；(c)为2纳秒时刻等离子体自发光像(532纳米)；(d)是粒子模拟结果；(e)是与(c)对应的示意图

两侧的喷流速度，根据我们的实验结果可以估算出两侧的喷流速度约为600千米/秒。这一发现揭示了磁重联过程的新特征，为日地磁重联观测的解读提供了新思路。另外，我们在实验中还捕捉到了在激光等离子体磁重联区产生的一个运动"磁岛"，以及由其运动导致的二阶电流层。研究表明，"磁岛"和二阶电流层的形成会导致磁重联区域的不稳定性，从而提高了磁重联的几率。这个发现对人们理解太阳冕区物质抛射以及太阳耀斑的形成过程有重要意义。这项研究进一步表明，有别于天体物理研究中被动性较强的观测，实验室天体物理实验使得人们可以在条件参数可控的情形下，可重复性地研究与天体相关的物理现象。

参 考 文 献

1 张杰, 赵刚. 实验室天体物理学简介. 物理, 2000, 29(7): 393-396.

2 Remington B A, Drake R P, Ryutov D D. Experimental astrophysics with high power lasers and Z pinches. Rev Mod Phys, 2006, 78: 755.

3 Fujioka S, Takabe H, Yamamoto N, et al. X-ray astronomy in the laboratory with a miniature compact object produced by laser-driven implosion. Nat Phys, 2009, 5:821-825.

4 Zhong J Y, Li Y T, Wang X G, et al. Modelling loop-top X-ray source and reconnection outflows in solar flares with intense lasers. Nat Phys, 2010, 6: 984-987.

5 Dong Q L, Wang S J, Lu Q M, et al. Plasmoid ejection and secondary current sheet generation from magnetic reconnection in laser-plasma interaction. Phys Rev Lett, 2012, 108: 215001.

Laboratory Study on the Sun-Earth Magnetic Field Activities with High-power Lasers

Li Yutong, Dong Quanli, Zhong Jiayong, Yuan Dawei, Zhao Gang, Zhang Jie

Magnetic reconnection is well recognized as a process in which oppositely directed magnetic field lines passing through plasma undergo dramatic rearrangement, converting magnetic potential into kinetic energy and heating particles. It is believed to play an important role in many astrophysical phenomena including solar flares, cosmic rays, particularly, in the dynamics of the Earth's magnetosphere. Here we research on the Sun-Earth magnetic field activity with high-power lasers facility, Shenguang II. We observe an electron-diffusion-region in the center of the magnetic reconnection region and two electron-diffusion-regions on both sides. These findings reveal a new feature of the Magnetic reconnection process and provide a new approach to the interpretation of the Magnetic reconnection observations. In addition, a plasmoid is generated in the Magnetic reconnection region and ejected from the Current sheet. As it rapidly propagates away, it deforms the reconnected magnetic field and generates a secondary Current sheet as well as flare loops.

4.6　超两亲分子自组装化学研究进展

张　希

（清华大学化学系）

　　两亲分子既含有亲水部分，又含有疏水部分，两部分通过共价键相连，它是分子自组装的一类构筑基元，其在溶液中可自组装形成胶束、囊泡等超分子结构。如图1所示，区别于传统的基于共价键的两亲分子，我们提出了超两亲分子的新概念，系指基于非共价键构筑的两亲分子。超两亲分子具有各种形态和结构，它既可以是小分子型，也可以是聚合物型。各种各样的非共价键都有可能用来构筑超两亲分子，如主客体相互作用、电荷转移作用以及它们之间的协同作用等。超两亲分子的制备主要是基于非共价键，因此可以有效地避免部分繁琐的化学合成，并实现构筑基元的高效利用。在这种非共价键合成中，人们可以很方便地引入合适的功能基元，从而组装功能超两亲分子。另外，由于非共价键具有良好的可控性和可逆性，可以通过外界刺激响应，如pH响应、光响应、氧化还原响应和酶响应等，调控构筑基元的两亲性，实现可控的自组装与解组装[1,2]。

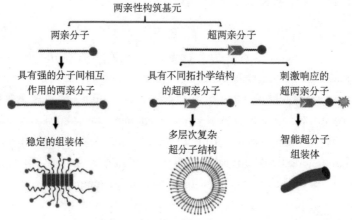

图1　分子组装的构筑基元：从两亲分子到超两亲分子

我们曾以环糊精与偶氮苯之间的主客体相互作用为推动力，构筑了光响应性的超两亲分子，利用紫外光和可见光的交替辐照，可以可逆地调控构筑基元的两亲性，从而实现囊泡的形成和解离[3]。将超两亲分子与自组装单层膜相结合，实现了溶液中的超分子组装向界面的转移，可实现表面浸润等物理化学性质的可逆调控，为制备功能生物表面提供了一种新方法。

基于电荷转移相互作用，我们可以构筑具有特殊拓扑结构的超两亲分子，从而可为一维和二维纳米结构的理性构筑提供一种新的构筑基元[4]。在此基础上，基于缺电子紫精衍生物与富电子的三磺酸基芘之间的电荷转移和静电作用的共同作用，我们组装了一类pH响应的超两亲分子，其在水溶液中自组装形成超长的纳米纤维结构。这种超长纳米纤维具有pH响应性，其弯直程度可以进行可逆的调节[5]。

基于小分子与高分子或者高分子与高分子之间的相互作用，我们可以组装聚合物型的超两亲分子。如利用天然三磷酸腺苷分子，通过静电作用与双亲水性的聚氧乙烯-b-聚赖氨酸高分子复合，形成一种聚合物型超两亲分子。此超两亲分子在水溶液中可自组装形成球状的聚集体。当加入磷酸酶时，三磷酸腺苷会水解为中性的腺苷小分子和磷酸，与高分子的相互作用减弱，导致超两亲分子发生解离，其球状组装结构随之解组装，并释放所包覆的客体分子。这种酶响应性聚集体响应速度快，可能提供一种新型的药物载体[6]。

动态共价键是一种可逆的化学键，也可用来驱动超两亲分子的构筑。我们通过氨基和醛基反应生成的动态化学键，制备了弱酸性响应的聚合物型超两亲分子。在pH>7时，这种超两亲分子自组装形成的纳米容器可以稳定存在，然而当环境pH调至6.5弱酸性时，纳米容器发生解离，随之在约20分钟内可快速地释放其包裹的客体分子[7]。这一研究为生理条件下的可控药物释放提供了一种新的方法。此外，我们还利用嵌段聚乙二醇－聚赖氨酸与吡哆醛磷酸盐为构筑基元(图2)，利用它们之间的亚胺类动态共价键，制备了一种新型的超两亲性聚合物。研究表明其在水溶液中自组装成为多舱胶束，这是一种制备多舱胶束的简便方法，并且具有pH和酶的双重响应性[8]。

这一关于超两亲分子的研究既丰富了传统的胶体界面化学，又为高级结构的可控组装提供了新的构筑基元，并为制备功能超分子材料和超分子传感器件开拓了新的途径。这一系列的工作发表后立即引起了国际同行的高度赞许。2012年2月，我们在澳大利亚召开的第33届澳大利亚高分子大会以及5月在日本召开的国际胶体界面科学家大会上做了大会报告。英国皇家化学会在其网站上评论说：“可以预见到，这种基于超两亲分子概念的体系将被广泛运用于智能纳米容器和纳米反应器的制备。”美国化学会“值得关注的化学”(Noteworthy Chemistry)栏目中指出：“电荷转移作用复合物极少在水中形成，张希等利用超两亲分子的概念，成功解决了这一问题。"《自然·亚洲材料》(NPG Asia Materials)专门评论道:"他们的研究成果极大地拓宽了现有的纳米结构控制的方法和范围。"

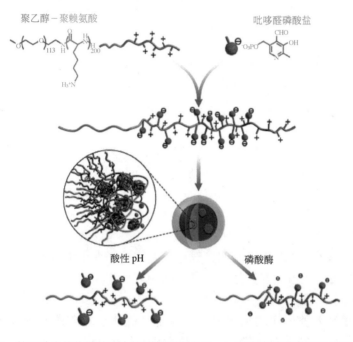

聚乙醇-聚赖氨酸　　　　　吡哆醛磷酸盐

酸性 pH　　　　　磷酸酶

图2　基于动态共价键的聚合物型超两亲分子:一种制备多舱胶束的简便方法

参 考 文 献

1　Wang C, Wang Z Q, Zhang X. Amphiphilic building blocks for self-assembly: from amphiphiles to supra-amphiphiles. Acc Chem Res, 2012, 45(4): 608-618.

2　Zhang X, Wang C. Supramolecular amphiphiles. Chem Soc Rev, 2011, 40(1): 94-101.

3　Wang Y P, Ma N, Wang Z Q, et al. Photo-controlled reversible supramolecular assembly of an azobenzene-containing surfactant with α-cyclodextrin. Angew Chem Int Ed, 2007, 46(16): 2823-2826.

4　Liu K, Wang C, Li Z B, et al. Superamphiphiles based on directional charge-transfer interactions: from supramolecular engineering to well-defined nanostructures. Angew Chem Int Ed, 2011, 50(21): 4952-4956.

5　Wang C, Guo Y S, Wang Y P, et al. Supramolecular amphiphiles based on a water-soluble charge-transfer complex: fabrication of ultralong nanofibers with tunable straightness. Angew Chem Int Ed, 2009, 48(47): 8962-8965.

6 Wang C, Chen Q S, Wang Z Q, et al. An enzyme-responsive polymeric superamphiphile. Angew Chem Int Ed, 2010, 49(46): 8612-8615.

7 Wang C, Wang G T, Wang Z Q, et al. A pH-responsive superamphiphile based on dynamic covalent bonds. Chem Eur J, 2011, 17(12): 3322-3325.

8 Wang C, Kang Y T, Liu K, et al. pH and enzymatic double-stimuli responsive multi-compartment micelles from supra-amphiphilic polymers. Polym Chem, 2012, 3(11): 3056-3059.

Recent Progress on Supra-amphiphiles

Zhang Xi

Supra-amphiphiles refer to amphiphiles that are formed on the basis of noncovalent interactions. The advantages of supra-amphiphiles relate to their noncovalent synthesized nature, thus the tedious organic synthesis and purification can be avoided to some extent. Based on host-guest interactions, charge-transfer interactions and electrostatic interactions, supra-amphiphiles with different topologies have been fabricated. Stimuli-responsive supra-amphiphiles, e. g. pH-, light-, redox- and enzyme-responsive supra-amphiphiles can be facilely constructed, leading to the fabrication of stimuli-responsive aggregates for controlled assembly and disassembly. To conclude, supra-amphiphile is a new bridge between supramolecular science and colloidal chemistry. It has greatly enriched the scope of supramolecular engineering.

4.7 宏观尺度纳米线组装体与功能

俞书宏

（中国科学技术大学化学系，合肥微尺度物质科学国家实验室）

近年来，一维纳米材料的合成方法和技术已经取得飞速进步。碳纳米管、半导体纳米线和管阵列、各种金属及聚合物等一维纳米材料相继被合成出来。然而，随着纳米材料和纳米结构研究的不断深入，现有的一维纳米材料很大程度上难以满足实际应用的需求。一维纳米材料的物理化学性质不仅取决于自身的形状和尺寸，也取决于组装体的协同作用。一维纳米材料结构表面或界面的功能化和通过纳米基元组装实现不同功能的集成是解决纳米材料未来应用关键科学问题之一，对一维纳米材料的表面与界面进行人工的、可控的功能化从而改变一维纳米材料表面和界面性质，不但可以改进一维纳米材料的本征性能，而且可以创造出新的纳米特性和功能。因此，开展一维纳米材料的组装和功能集成的基础研究具有重要的理论和实际的意义。

最近几年，我们主要围绕如何实现一维纳米构筑单元的宏量制备与组装，以及构筑基于纳米线组装结构的新型功能纳米器件等开展了系统的探索研究，取得一系列新进展[1, 2]。应美国化学会《化学评论》(Chemical Reviews)主编的邀请，我们就"宏观尺度纳米线薄膜组装体及其功能"撰写了评述论文[1]，并被选为当期的封面论文之一。该文一经发表立即受到广泛关注，成为该网站的"最受关注的文章"(Most Read Articles)之一。

自2010年起，我们课题组在有序超细纳米纤维薄膜的制备和功能上取得了突破性进展(图1)[3,4]。我们首先利用朗格缪尔－布吉特(Langmuir-Blodgett)法采用双亲性溶剂与非极性溶剂混合液来分散亲水性碲纳米线，克服了传统朗格缪尔技术需要前期疏水化处理步骤的缺陷，从而可有效可控地组装高长径比(大于10^4)的一维柔性纳米材料，节约了时间和能源，并通过层层组装的转移方式，通过控制层数达到对薄膜厚度的控制，通过控制相邻两层膜的夹角而得到具有有序周期性结构的纳米线薄膜，还可以把组装形成的有序纳米线膜转移到任意衬底上，包括硅片、云母等光滑基片或滤纸等不平整衬底上，同时研究了纳米线薄膜的光开关特性。在此工作基础上，我们利用一维碲纳米线薄膜的化学反应特性，简单高效地宏量制备了有序的碲化物纳米线薄膜。基于碲化银纳米线薄膜，构筑了记忆存储纳米器件，相关器件展现了优良的稳定性，在几千次循环使用后，没有表现出性能的衰减。基于有序超细超长碲化物和碲纳米线薄膜，还成功构筑了纳米光电器件。该方法表明，通过简单的控制，可以制备一系列

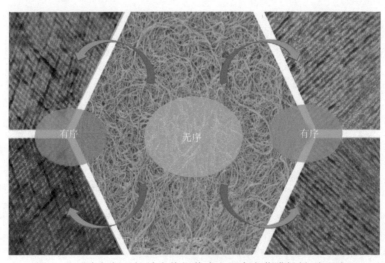

图1　将无序超细无机纳米线组装成宏观有序薄膜材料(碲元素)

碲－碲化物、碲化物－碲化物异质纳米线薄膜，这些有序的功能纳米线薄膜的性能取决于薄膜的组分和反应的进程等。

此外，我们课题组还发展了多重模板法宏量制备纳米纤维技术，在碳基纳米纤维的宏量制备和组装方面取得了一系列重要进展(图2)[5-8]。我们首先利用模板指引水热碳化技术，实现了柔性碳纳米纤维的可控制备，并通过简单的真空抽滤过程将这些均匀的超长的碳纳米纤维组装成自支持的薄膜[5]。相比其他薄膜材料，碳纳米纤维薄膜具有孔隙率较大、水的流通量很大、薄膜孔径分布范围很窄、孔径可调等特点。该碳纳米纤维薄膜可应用于水的纯化、基于尺寸的纳米颗粒的纯化和分离、基于尺寸的生物大分子的纯化和分离等。基于碳纳米纤维的成膜特点，本课题组还通过多步模板法成功制备了自支持的铂纳米线薄膜，这种膜与商用的有负载或无负载的催化剂相比，表现出更高的稳定性和活性[6]。此外，我们还先后制得了多种功能化自支持复合碳纳米纤维薄膜以及多孔石墨碳纳米纤维自支持导电薄膜，并展示了这些自主研制的碳纳米纤维功能薄膜材料在磁驱动、抗生物膜过滤、连续流催化、电化学电容器等领域的应用潜能。

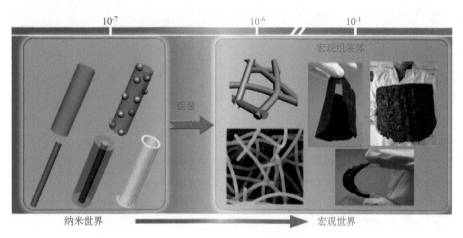

图2　纳米纤维的宏量制备与组装

在上述工作的基础上，经过长期的实验探索，我们首次在12升的反应器中成功实现了碳纳米纤维的宏量制备，制备了体积达10升以上的由碳纳米线构筑的水凝胶和气凝胶，该海绵状三维网络材料因其多孔性，高比表面，轻质，良好的机械强度和可加工性，表现出良好的可压缩性和对环境污染物的高效处理能力[7]。在宏量制备纳米线三维材料的实验启发下，我们还利用可吨级生产的价廉的细菌纤维素纳米纤维网络为支架，经过简单的煅烧后，成功制备可拉伸的弹性导体[8]。在此基础上，成功研制了超轻、柔软和抗火的碳纳米纤维气凝胶，可用于油污及其他污染物的去除、压力传感器等的研制[9]。鉴于我们在多重模板宏量制备纳米纤维及应用方面的系统性工作，美国化学会的《化学研究述评》(Accounts of Chemical Research)主编邀请我们为该刊撰写该领域的综述论文[2]。实际上，我们在纳米纤维组装与功能化研究中所提出的概念和使用的方法可推广至其他材料体系，例如，零维纳米颗粒和二维纳米片，以期获得更为广泛的新型宏观纳米构筑单元组装体功能材料。

<h1 style="text-align:center">参 考 文 献</h1>

1　Liu J W, Liang H W, Yu S H. Macroscopic-scale assembled nanowire thin films and their functionalities. Chem Rev, 2012, 112: 4770.

2　Liang H W, Liu J W, Qian H S, et al. Multiplex templating process in one-dimensional nanoscale: controllable synthesis, macroscopic assemblies, and applications. Acc Chem Res, 2013, 46, DOI: 10.1021/ar300272m.

3　Liu J W, Zhu J H, Zhang C L, et al. Mesostructured assemblies of ultrathin superlong tellurium nanowires and their photoconductivity. J Am Chem Soc, 2010, 132: 8945.

4　Liu J W, Xu J, Liang H W, et al. Macroscale ordered ultrathin telluride nanowire films, and tellurium/telluride hetero-nanowire films. Angew Chem Int Ed, 2012, 51: 7420.

5　Liang H W, Wang L, Chen P Y, et al. Carbonaceous nanofiber membranes for selective filtration and separation of nanoparticles. Adv Mater, 2010, 22: 4691.

6　Liang H W, Cao X, Zhou F, et al. A free-standing Pt-nanowire membrane as a highly stable electrocatalyst for the oxygen reduction reaction. Adv Mater, 2011, 23: 1467.

7　Liang H W, Guan Q F, Chen L F, et al. Macroscopic-scale template synthesis of robust carbonaceous nanofiber hydrogels and aerogels and their applications. Angew Chem Int Ed, 2012, 51: 5101.

8　Liang H W, Guan Q F, Zhu Z, et al. Highly conductive and stretchable conductors fabricated from bacterial cellulose. NPG Asia Mater, 2012, 4: e19.

9　Wu Z Y, Li C, Liang H W, et al. Ultralight, flexible and fire-resistant carbon nanofiber aerogels from bacterial cellulose. Angew Chem Int Ed, 2013, 52, DOI: 10.1002/anie.201209676. In press.

Macroscopic Assemblies of Nanowires and Their Functionalities

Yu Shuhong

During the past two decades, high-quality one-dimentional (1D) nanomaterials with various compositions and sizes have been fabricated successfully through different physical and chemical strategies. Although the properties of nanomaterials are frequently superior to those of their bulk counterparts, translating the unique characteristics of individual nanoscale components into macroscopic materials, such as 2D membrane and 3D monolith, still remains a challenge. In the past several years, we have achieved the macroscopic synthesis of a family of high-quality 1D nanostructures. Using these 1D nanostructures as building blocks, we have developed a series of macroscopic assemblies of 1D nanostructures, including ordered nanowire films, free-standing membranes, hydrogels, and aerogels, which exhibit enormous potential for attractive applications, such as electronic devices, filtration and separation, continuous-flow catalysis, electrocatalysis, adsorbent, elastomeric conductors, and polymer-based nanocomposites. Such a scalable assembling process as well as the large-scale synthesis techniques can significantly enhance the application reliability of the 1D nanostructures.

4.8 纳米碳三维导电网络结构锂离子电池和锂－硫电池电极材料研究取得重要进展

郭玉国　万立骏

（中国科学院化学研究所中国科学院分子纳米结构与纳米技术重点实验室）

锂离子电池是目前被广泛应用的高能量密度小型绿色二次电池，但随着消费电子、电动汽车、储能电源等应用领域突飞猛进的发展，迫切需要进一步提高其能量密度、功率密度、循环寿命和安全性，开发适应不同领域的不同类型的二次电池以满足社会经济发展需要。其中，高性能电极材料的开发是关键，也是研究热点和难点。

中国科学院化学研究所分子纳米结构与纳米技术院重点实验室的郭玉国研究员和万立骏院士课题组长期致力于高效以及稳定的高容量、高倍率锂离子电池电极材料研究[1]。2012年，我们课题组在锂二次电池电极材料研究方面又取得一系列重要研究进展和突破[2-6]。

近年来，通过系统研究发现，各种纳米碳结构单元(纳米碳颗粒、纳米碳管、石墨烯、纳米多孔碳等)形成的具有纳米通道的三维导电网络，不但可以有效分散活性电极材料纳米颗粒，防止其团聚，还可以高速输送锂离子和电子到每个活性纳米颗粒表面，从而真正发挥纳米结构电极材料的动力学优势，开发出兼具高容量和高倍率性能的锂离子动力电池电极材料(图1)[4]。鉴于在利用"纳米碳三维导电网络"进行理性电极材料结构设计方面的系统研究工作，美国化学会的《化学研究述评》主编邀请我们撰写了题为"Nanocarbon Networks for Advanced Rechargeable Lithium Batteries"的综述文章，系统介绍了纳米碳三维导电网络结构电极材料在高性能锂离子电池及未来高比能金属锂二次电池(锂－硫电池和锂－空气电池等)中的应用和发展前景[4]。

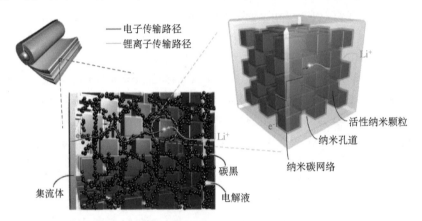

图1　利用纳米碳三维导电网络构筑高性能锂离子电池电极材料示意图

在这一思想指导下，在利用石墨烯构筑三维导电网络结构电极材料方面取得系列进展，开发了多种高效组装方法，构筑出多种稳定的高性能纳微复合结构锂离子电池正、负极材料。包括石墨烯与三元正极或有机自由基聚合物均匀复合的正极材料[7, 8]和石墨烯与高容量纳米硅复合的负极材料[2]。最近，我们还提出双重保护设计理念，用于高容量合金负极材料研制，即联合利用核壳结构的纳米碳壳和石墨烯三维网络来解决高容量电极材料的体积膨胀、表界面和动力学问题，研制出具有优异循环性能和倍率性能的Ge@C/石墨烯纳米结构复合负极材料，研究成果发表于《美国化学会会志》[3]。

最近，在解决高比能锂－硫电池中多硫离子的溶出问题、提高锂－硫电池循环寿命方面取得重要突破，设计合成出稳定的纳米孔道限域的链状硫小分子材料，从根本上解决了锂－硫电池中硫正极的多硫离子溶出难题，研究结果发表在《美国化学会会志》上[5]，并被美国化学会的"化学和工程新闻"(Chemical & Engineering News)栏目以"可持续的高能量电池"(High-Energy Battery Built to Last)为题进行了评述和报道(http://cen.acs.org/articles/90/web/2012/11/High-Energy-Battery-Built-Last.html)。

锂－硫电池是指采用单质硫(或含硫化合物)为正极，金属锂为负极，通过硫与锂之间的化学反应实现化学能和电能间相互转换的一类金属锂二次电池。无论作为正极材料的单质硫还是作为负极材料的金属锂，均具有很高的理论比容量，从而使整个电池的理论比能量高达2600瓦·时/千克，是现有锂离子电池的5倍。然而，受限于硫及其放电产物硫化锂的绝缘特性，以及充放电过程中形成的一系列多硫化锂中间产物易溶于电解液的缺点，锂－硫电池的硫正极活性差、利用率低、循环性能也很差，严重影响电池的性能发挥和实际应用，是亟待解决的难题。

我们认识到单质硫主要以环状 S_8 形式存在，而这些易溶性多硫离子(Li_2S_8、Li_2S_6、Li_2S_4 等)主要产生于 S_8 与 S_4^{2-} 之间的转变过程中。我们与博世亚太地区科技研究中心的科研人员合作，从硫分子结构设计出发，提出通过构筑链状硫小分子(S_{2-4})从根本上解决这一多硫离子溶出问题的思想，并通过纳米孔道的空间限域效应实现了非常规、亚稳态硫小分子的筛选和稳定化(图2)[5]。

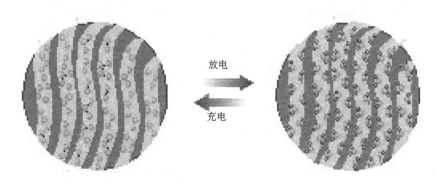

图2 纳米孔道受限的硫小分子用于高性能锂－硫电池正极材料的示意图

首先合成出具有特定孔尺寸(0.5纳米)的微孔碳基底，然后再负载硫。由于纳米孔道空间的限制，在引入硫的过程中即可实现从 S_8 分子到链状硫小分子的转化，制备出非常规硫小分子/碳复合正极材料。我们与中国科学院物理研究所科研人员合作，通过球差校正透射电子显微镜(STEM)等先进表征手段并结合理论计算证明，硫在这种纳米孔道内的存在形式不是通常的环状 S_8 分子，而是链状硫小分子 S_{2-4}。我们发现，这种链状硫小分子 S_{2-4} 在嵌/脱锂过程中表现出与环状 S_8 分子截然不同的电化学行为，在充放电过程中不会再形成溶解性多硫离子(Li_2S_8、Li_2S_6、Li_2S_4)，从而从根本上彻底解决了传统硫正极材料由于多硫离子溶出导致循环性能差的难题。同时，由于硫颗粒的尺寸已降至分子级，使硫的电化学活性显著提高。这种基于纳米孔道限域效应的非常规硫分子/碳复合正极材料在锂－硫电池中表现出很高的比容量、优异的循环稳定性及高倍率性能(图3)[5]。以硫质量计算的首圈放电容量达1670毫安·时/克，接近硫的理论容量(1675毫安·时/克)，200圈循环后仍有1150毫安·时/克。通过空间限域的链状硫小分子及其特殊电化学性质的发现，对于根本解决硫正极的多硫离子溶出问题，开发高性能锂－硫电池具有重要意义。相关结果已申请三项PCT国际专利。

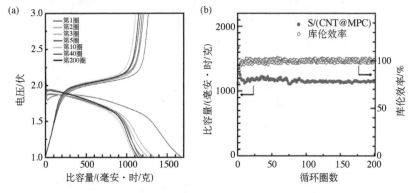

图3 硫小分子/碳复合正极材料的相关性能

(a)充放电曲线；(b)0.1C倍率下的循环性能

参 考 文 献

1 Guo Y G, Hu J S, Wan L J. Nanostructured materials for electrochemical energy conversion and storage devices. Adv Mater, 2008, 20(15): 2878-2887.

2 Zhou X S, Yin Y X, Wan L J, et al. Self-Assembled nanocomposite of silicon nanoparticles encapsulated in graphene through electrostatic attraction for Lithium-Ion batteries. Adv Energy Mater, 2012, 2(9): 1086-1090.

3 Xue D J, Xin S, Yan Y, et al. Improving the electrode performance of Ge through Ge@C core-shell nanoparticles and graphene networks. J Am Chem Soc, 2012, 134(5): 2512-2515.

4 Xin S, Guo Y G, Wan L J. Nanocarbon networks for advanced rechargeable lithium batteries. Accounts Chem Res, 2012, 45(10):1759-1769.

5 Xin S, Gu L, Zhao N H, et al. Smaller sulfur molecules promise better lithium-sulfur batteries. J Am Chem Soc, 2012, 134 (45): 18510-18513.

6 Wang Y Q, Gu L, Guo Y G, et al. Rutile-TiO_2 nanocoating for a high-rate $Li_4Ti_5O_{12}$ anode of a lithium-ion battery. J Am Chem Soc, 2012, 134 (18): 7874-7879.

7 Jiang K C, Xin S, Lee J S, et al. Improved kinetics of LiNi1/3Mn1/3Co1/3O2 cathode material through reduced graphene oxide networks. Phys Chem Chem Phys, 2012, 14(8): 2934-2939.

8 Guo W, Yin Y X, Xin S, et al. Superior radical polymer cathode material with a two-electron process redox reaction promoted by graphene. Energy Environ Sci, 2012, 5(1): 5221-5225.

Nanocarbon Networks for Advanced Rechargeable Lithium-Ion and Lithium-Sulfur Batteries

Guo Yuguo, Wan Lijun

Nanocarbons can form efficient three-dimensional conducting networks that improve the performance of electrode materials by solving the kinetic limitation of lithium storage. Prof. Guo Yuguo and Prof. Wan Lijun's groups made series progress on the development of high-performance electrode materials for lithium-ion batteries. We took advantage of the idea of "Nanocarbon Networks" to carry out rational structural designs for advanced electrode materials, which greatly improved the electrochemical performances of various kinds of nanostructured cathode and anode materials. Recently, We have made great progress on solving the polysulfide dissolution problem and improving the cycling performance of lithium-sulfur batteries. The discovery of the confined smaller sulfur molecules and their electrochemical properties promises the development of advanced Li-S batteries with superior performances for applications in portable electronics, electric vehicles, and large-scale energy storage systems.

4.9 甲醛常温催化净化研究与应用取得重要进展

贺 泓 张长斌 刘福东
（中国科学院生态环境研究中心大气环境研究室）

人们一生中约90%的时间是在室内度过，因此室内空气质量状况与人体健康息息相关。甲醛是我国室内环境中最严重的气态污染物，其浓度超标情况非常严重，给人们身体健康带来了很大危害。因此，开发新型、高效的甲醛净化材料和技术，有效消除室内甲醛污染，已成为改善我国人们生活环境的重要任务之一。目前，室内甲醛净化主要采用吸附技术和光催化技术。吸附技术主要利用活性炭等高比表面积材料来吸附甲醛，由于吸附能力有限，需定期再生或更换，易产生二次污染。光催化技术主要利用纳米TiO_2来分解甲醛，目前还存在需要紫外光源、可见光利用效率低、催化剂易失活等问题。而催化氧化技术可利用空气中的氧气将甲醛分解为无害的H_2O和CO_2，但采用传统的氧化催化剂，其分解甲醛的温度远高于室温，难以满足人居环境中甲醛净化的特殊要求[1]。因此，只有开发出室温与常压下能催化分解甲醛的材料，才有希望实现该技术在室内空气甲醛净化方面的实际应用。

中国科学院生态环境研究中心贺泓研究组围绕我国室内空气甲醛污染控制的重要需求，在基础科学问题、关键技术开发及大规模工程应用上开展系统性工作并取得重要突破。首先，通过对多种催化剂筛选、活性组分调变、制备方法以及活化条件优化，研制出了可室温(15～40℃)催化氧化甲醛的Pt/TiO₂催化剂(图1a)[2,3]。Pt/TiO₂催化剂催化氧化甲醛的反应过程在常温、常压下进行，不需要任何外加能量(如光、热等)，就能将甲醛高效催化分解为H_2O和CO_2，无其他任何副产物产生，且具有良好的耐久性。与现有甲醛氧化催化剂和甲醛氧化剂相比，采用Pt/TiO₂催化剂首次在真正意义上实现了甲醛的室温催化氧化，即甲醛氧化反应中催化剂不能作为氧化剂消耗。同时，通过原位红外实验，明确了TiO₂负载四种贵金属催化剂室温催化氧化甲醛反应机制，合理解释四种贵金属催化剂具有不同室温催化氧化甲醛活性的原因[3,4]。在Pt/TiO₂催化剂的基础上，我们发现碱金属对Pt/TiO₂催化剂室温催化氧化甲醛的活性具有显著促进作用[5]。如图1b所示，在提高反应空速和甲醛初始浓度后，通过Pt/TiO₂催化剂的甲醛室温下的转化率仅为20%，而Na-Pt/TiO₂催化剂上甲醛的转化率保持为100%。

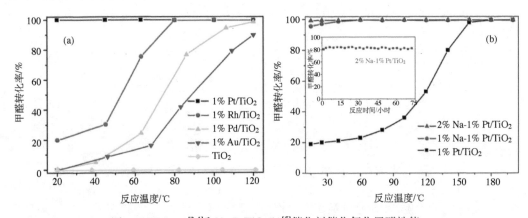

图1　Pt/TiO₂(a)[3,4]和Na-Pt/TiO₂(b)[5]催化剂催化氧化甲醛性能
反应条件：(a)甲醛100 ppm，氧化20vol%，相对湿度：~50%，氮气平衡，总流量50厘米³/分，反应空速50 000/时；(b)甲醛600 ppm，氧化20vol%，相对湿度：~50%，氮气平衡，总流量50厘米³/分，反应空速：120 000/时
(插图：2%Na-1%Pt/TiO₂寿命测试，温度25℃，其他实验条件相同)

我们采用高分辨透射电子显微镜(HR-TEM)以及高角环形暗场扫描透射电镜(HAADF-STEM)两种方法对催化剂进行了表征(图2)[5]，发现Pt在TiO₂载体上获得了高分散，Pt在Pt/TiO₂催化剂表面上的平均粒径在0.7纳米左右，这是Pt/TiO₂具有室温催化氧化甲醛活性的重要原因之一。碱金属添加进一步促进了Pt的分散，在2% Na-1% Pt/TiO₂催化剂上Pt的平均粒径降低到0.4纳米左右。利用XAFS分析了不同气氛下催化剂Pt及其

周围环境的微观活性结构状态。结果发现在Na-Pt/TiO₂催化剂上Pt只有Pt-O配位，没有Pt-Pt和Pt-O-Pt配位，显示催化剂上大部分的Pt在实际反应条件下处于原子分散状态。这说明碱金属添加促进了Pt在载体表面的原子级分散，从而充分发挥了每个Pt原子的催化作用，因此显著提高了催化剂活性[5]。

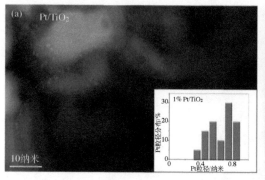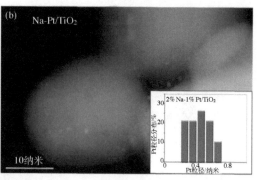

图2　Pt/TiO₂和2% Na-1% Pt/TiO₂催化剂HADDF-STEM图 [5]

通过原位红外光谱实验研究了Pt/TiO₂和Na-Pt/TiO₂催化剂催化完全氧化甲醛反应机制(图3)[5]。二甲酰、甲酸盐和CO吸附物种是反应的3个重要的反应中间体；甲醛首先在催化剂表面被氧化为表面二甲酰物种，然后被氧化为甲酸盐物种，在添加碱金属前，甲酸盐物种在Pt/TiO₂表面先转化为表面CO吸附物种，随后表面CO会迅速与氧气反应生成最终产物CO₂；添加碱金属后，甲酸盐物种在Na-Pt/TiO₂表面会和表面羟基直接发生氧化反应转化为最终产物H₂O和CO₂。通过催化剂构-效关系和反应机制研究表明，碱金属的添加改变了Pt/TiO₂室温催化完全氧化甲醛反应机制，这主要是由于碱金属的添加显著促进了催化剂对氧气和水的活化，从而生成表面羟基参与甲醛氧化反应。该研究结果对开发单原子分散催化剂和新型高效有机污染物氧化净化催化剂具有重要的指导意义。以上系列研究成果于2012年发表在国际著名化学期刊《德国应用化学》上[5]。

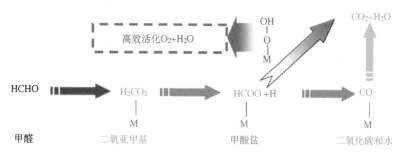

图3　室温下Pt/TiO₂和2% Na-1% Pt/TiO₂催化剂催化完全氧化HCHO反应机制

基于上述研究结果，通过和企业合作开发了应用超高分散Pt系催化剂的室内空气净化产品，图4为具有代表性的甲醛净化功能组件(a)和空气净化器(b)。新型常温催化氧化净化甲醛空气净化器具有高效、耗能低、安全、使用寿命长以及没有二次污染等优势，各项指标均优于现有净化技术的空气净化器。目前，新技术空气净化器已经取得了显著的经济和社会效益，获得了2011年国家技术发明奖二等奖。

图4
(a)基于负载Pt催化剂制作的净化功能组件；(b)空气净化器

参 考 文 献

1 Spivey J J. Complete catalytic oxidation of volatile organics. Ind Eng Chem Res, 1987, 26: 2165.

2 Zhang C B, He H, Tanaka Ken-ichi. Perfect catalytic oxidation of formaldehyde over a Pt/TiO$_2$ catalyst at room temperature. Catal Commun, 2005, 6: 211-214.

3 Zhang C B, He H, Tanaka Ken-ichi. Catalytic performance and mechanism of a Pt/TiO$_2$ catalyst for the oxidation of formaldehyde at room temperature. Appl Catal B, 2006, 65: 37-43.

4 Zhang C B, He H. A comparative study of TiO$_2$ supported noble metal catalysts for the oxidation of formaldehyde at room temperature. Catal Today, 2007, 126: 345-350.

5 Zhang C B, Liu F D, Zhai Y P, et al. Alkali metal promoted Pt/TiO$_2$ opens a more efficient pathway to formaldehyde oxidation at ambient temperatures. Angew Chem Int Ed, 2012, 51(38): 9628-9632.

Atomically Dispersed Pt/TiO$_2$ Catalyst for Formaldehyde Oxidation at Ambient Temperatures

He Hong, Zhang Changbin, Liu Fudong

Formaldehyde (HCHO) is one of the most serious indoor air pollutants in China;

therefore it is of great interest to develop new materials and new technologies to effectively purify indoor HCHO. We here developed a perfect Pt/TiO₂ catalyst for HCHO oxidation at room temperature, making the catalytic oxidation technology become a promising method for indoor HCHO elimination. In addition, we observed that the addition of alkali ions significantly promoted the Pt/TiO₂ activity for the ambient HCHO oxidation reaction. It is shown that the alkali ions addition induced an atomically dispersed Pt species which could effectively activate the O₂ and H₂O and then catalyze the facile reaction between surface OH and formate species to total oxidation products at room temperature, resulting in greatly enhanced activity. Such OH activation by alkali ion addition may apply to the oxidation of volatile organic compounds over other noble metal catalysts. We also developed a series of new type air cleaners based on the Pt based catalyst, achieving the excellent social and economic benefits.

4.10　探索智力发育及其障碍的机制

张　旭

(中国科学院上海生命科学研究院神经科学研究所)

　　神经科学研究感知、记忆、注意、语言、决策、思维与意识等各层面的认知功能的产生机制,以及其异常造成的神经精神疾病。智力发育障碍(智力障碍)或心智迟缓(mental retardation)是指在18岁前发育过程中出现的认知功能低下、社会适应能力不足等行为障碍,它是严重危害身心健康的神经精神疾病,全世界患病率约为1%～3%。

　　智力障碍分为先天和后天两种,先天性智力障碍由染色体异常和基因突变造成;而后天性智力障碍则由脑部损伤、感染、中毒、缺氧、营养不良、心理伤害等因素造成。遗传因素是导致先天性智力障碍的主要原因之一,外因造成的智力障碍随着生活和医疗保健水平的提高而减少,遗传因素在病因构成中日显突出。

　　人类X染色体的基因缺陷或变异导致的智力障碍,称为X-连锁智力障碍综合征,约占所有先天性智力障碍的25%。虽然病例研究报道了近百个关联基因和位点[1, 2],但是由于缺乏相应的致病机制研究,X-连锁智力障碍综合征的致病原因仍有待探讨。成纤维细胞生长因子13(fibroblast growth factor 13,*FGF13*)基因位于X染色体上,以往的病例研究提示*FGF13*基因缺陷可能与智力障碍有关[3]。绝大多数FGF家族成员是分泌性因子,作用于细胞膜上的受体,启动信号传导,对细胞的增殖和分化发挥着至关重要的作用，参与胚胎的早期发育。*FGF13*是*FGF11*亚家族成员，这类FGF分子因没有分泌信号肽，在细胞内发挥功能。然而，*FGF13*在脑发育中的功能尚不清楚。

中枢神经系统的大脑皮层和海马等脑区整合外周神经传入的冷热、疼痛、图像、声音等感觉信息，形成记忆等认知功能。我们发现与外周神经系统表达*FGF13*相反，*FGF13*主要在中枢神经系统的发育期表达[4-6]。在脑发育过程中*FGF13*表达于大脑皮层和海马神经元中，它的剪接异构体FGF13B蛋白在神经元生长锥中富集，并且与微管相互作用。进一步研究表明，FGF13B是微管稳定蛋白，具有微管蛋白结合结构域，可以与微管蛋白结合，聚合微管蛋白形成微管，并且稳定微管。我们发现，FGF13B在大脑皮层中调节神经元轴突或前导突起的发育，因而调节神经元迁移，FGF13B缺失会阻碍神经元从多极性向双极性转化，还导致轴突或前导突起的过度分支，从而减缓神经元的迁移。我们还发现，*FGF13*基因敲除小鼠由于神经元迁移迟滞造成大脑皮层和海马结构分层异常，学习记忆能力受到明显损害。因此，缺乏*FGF13*可以导致大脑和智力发育障碍。

我们的研究阐述了FGF13B对大脑发育的调控作用及其机制，为智力障碍研究提供了新的分子细胞机制。论文发表在著名学术期刊《细胞》(Cell，2012年，第149期，第1549-1564页)[5]。《自然·中国》(Nature China)发表的题为"神经发育：健全心智的关键分子"的专评认为："这些发现有助于解释为什么携带*FGF13*突变体的人有发生智力障碍的危险。"

目前，欧美对于智力发育障碍的遗传因素研究相对较多，发现了很多关联基因和位点。但我国对于智力障碍的研究还非常少，而相应的人群研究更少。因此，我们将进一步探索中国智力障碍患者的遗传致病因素，研究智力障碍的致病机制，进而为智力障碍早期筛查、心智健康咨询、药物治疗、个体化医疗、发展新的治疗方法等提供依据。

<h1 style="text-align:center">参 考 文 献</h1>

1　Tarpey P S, Smith R, Pleasance E, et al. A systematic, large-scale resequencing screen of X-chromosome coding exons in mental retardation. Nat Genet, 2009, 41: 535-543.

2　Gecz J, Shoubridge C, Corbett M. The genetic landscape of intellectual disability arising from chromosome X. Trends Genet, 2009, 25: 308-316.

3　Gecz J, Baker E, Donnelly A, et al. Fibroblast growth factor homologous factor 2 (FHF2): gene structure, expression and mapping to the Borjeson-Forssman-Lehmann syndrome region in Xq26 delineated by a duplication breakpoint in a BFLS-like patient. Hum Genet, 1999, 104: 56-63.

4　Xiao H S, Huang Q H, Zhang F X, et al. Identification of gene expression profile of dorsal root ganglion in the rat peripheral axotomy model of neuropathic pain. P Natl Acad Sci USA, 2002, 99: 8360-8365.

5　Wu Q F, Yang L, Li S, et al. Fibroblast growth factor 13 is a microtubule-stabilizing protein regulating neuronal polarization and migration. Cell, 2012, 149: 1549-1564.

6　Zhang X, Bao L, Yang L, et al. Roles of intracellular fibroblast growth factors in neural development and functions. Sci China Life Sci, 2012, 55: 1038-1044.

Explore the Mechanism of Intellectual Development and Disability

Zhang Xu

X-linked mental retardation (XLMR) is an inherited intellectual disability with disordered neural development arising from many mutations along the X chromosome. Although clinical reports have shown that many gene mutations may associate with XLMR, only a few of the mutations have been identified to cause XLMR via defined mechanisms. Fibroblast growth factor 13 (FGF13) was suggested to be a candidate gene for XLMR. We find that FGF13 regulates neuronal development as a microtubule-stabilizing protein. FGF13 loss delayed neuronal migration in both the neocortex and the hippocampus, and impaired learning and memory. Our finding indicates that the FGF13 function is essential for the development of cortical structures and cognitive functions, providing a new mechanism for XLMR. Further study on the mechanisms of XLMR will help to understand the intellectual disability and develop the therapeutic methods.

4.11　iPSC研究新发现

陈捷凯　裴端卿
(中国科学院广州生物医药与健康研究院)

2012年10月，英国科学家约翰·格登(John B. Gurdon)和日本科学家山中伸弥(Shinya Yamanaka)凭借他们在体细胞重编程方面的开拓性工作[1, 2]，分享了2012年诺贝尔生理学/医学奖。所谓体细胞重编程，就是把已经发育成熟的体细胞"返老还童"到胚胎早期的状态，而这个领域最具代表性的技术就是山中伸弥于2006年发现的诱导性多能干细胞(iPSC)技术。iPSC技术克服了克隆技术需要破坏卵细胞的障碍，仅需转入几个因子便可以使体细胞变身为iPSC，这使得大量获得病人自体的干细胞成为可能，具有极其广阔的再生医学应用前景[3]。

尽管基于iPSC的各种研究热火朝天，但事实上这项研究并不容易，科研人员一直受困于iPSC诱导率低、速度慢、组成复杂等障碍，研究效率并不高。在iPSC这个新兴的前沿研究领域，我国的研究人员也有很多建树，具有世界先进的研究水平。

中国科学院广州生物医药与健康研究院裴端卿研究员和陈捷凯副研究员等人，经过多年努力，揭示了iPSC诱导过程中重要的分子机制，从而破解了iPSC形成过程中一个极为重要的障碍，其研究论文"H3K9 methylation is a barrier during somatic cell reprogramming into iPSCs"于2012年12月发表在《自然·遗传学》上[4]。

研究过程中，裴端卿及其团队发现iPSC诱导过程中大量出现一类细胞克隆，其外观、生长速度甚至一些生物标记物都非常类似干细胞，但经过深入检测发现，这些细胞并没有干细胞应有的基因表达和克隆。这种细胞克隆被他们定义为"pre-iPSC"，pre-iPSC在经典的诱导环境中大量存在，而且状态稳定，严重阻碍科研人员获得真正的iPSC，包括iPSC技术创始人山中伸弥第一篇发表在《细胞》上关于iPSC的文章中，获得的很多细胞株其实也只是这种pre-iPSC[2]。然而，经过研究发现pre-iPSC在某些诱导条件下(比如用维生素C处理)也会变成真正的iPSC，可见这只是一种未完全重编程的iPSC，换句话说，这是个半成品。

这种稳定的半成品代表了iPSC诱导过程的一个重要关口，大部分细胞都被阻碍在这个关口门外。经过深入的研究，科学家发现诱导培养iPSC所使用的血清是诱发这个障碍的元凶，尽管血清组成成分复杂，他们依然鉴定出起到主要抑制作用的成分——BMP蛋白；另一方面，他们发现作为诱导iPSC四个因子之一的*Oct4*，在pre-iPSC中无法调控其所调控的基因，经过检测发现，这些*Oct4*本应结合的基因，无一例外处于一种抑制的表观遗传状态。如果把iPSC诱导过程比喻成*Oct4*等因子开荒造田的过程，这无疑就是将这些因子的劳动工具锁在仓库里。

进一步研究发现，血清中的BMP蛋白可以激活一种组蛋白上的修饰——H3K9甲基化，组蛋白是组装遗传物质高级结构的重要成分，而这种甲基化修饰会使这段遗传物质处于一个凝缩状态，从而令其他因子(如*Oct4*)难以接近。也就是说，BMP蛋白给一些变成iPSC所必须激活的基因上了锁，而这个锁就是这种H3K9甲基化。理解了这一机制之后，新的技术方法就随之产生，通过直接失活调控H3K9甲基化的酶再配合良好的培养环境，可以使pre-iPSC在96小时内接近100%被继续重编程为真正的iPSC。

哈佛大学再生医学中心教授康拉德(Konrad)说，这一发现是决定细胞命运的分子机制研究的重大突破，将使研究者更高效更高质量地制备诱导多功能干细胞，加快制备来自病人疾病的特异细胞系，加快阿尔茨海默病、帕金森病等疾病的药物研发[5]。

参 考 文 献

1　Gurdon J B. Adult frogs derived from the nuclei of single somatic cells. Dev Biol, 1962, 4: 256-273.

2 Takahashi K, Yamanaka S. Induction of pluripotent stem cells from mouse embryonic and adult fibroblast cultures by defined factors. Cell, 2006, 126(4): 663-676.

3 Yamanaka S, Blau H M. Nuclear reprogramming to a pluripotent state by three approaches. Nature, 2010, 465(7299): 704-712.

4 Chen J K, Liu H, Liu J, et al. H3K9 methylation is a barrier during somatic cell reprogramming into iPSCs. Nat Genet, 2013, 45: 34-42.

5 李斌. 我科学家发现阻碍诱导多功能干细胞形成的"路障". http://www.gov.cn/jrzg/2012-12/02/content_2280594.htm [2012-12-02].

New Discovery in iPSC Investigation

Chen Jiekai, Pei Duanqing

Technology of iPSCs, which was awarded as the 2012 Nobel Prize in physiology or medicine, is of great potential in regenerative medicine application. However, generation of iPSCs is an inefficient process and its mechanism remains unclear. In this study, Drs. Pei Duanqing and Chen Jiekai found that BMPs in serum could inhibit reprogramming at a named "pre-iPSC" state. Mechanistically, BMPs signaling regulates H3K9 methylation on important pluripotent loci. Knockdown of H3K9 methyltransferases can convert ~100% pre-iPSCs to iPSCs in the presence of vitamin C in 96 hours. These results give an insight mechanism of incomplete reprogramming, and also show an important crosstalk between signaling transduction and epigenetic regulation during cell fate determination.

4.12 胚胎干细胞自我更新相关信号转导新机制的发现

李中伟 陈晔光
(清华大学生命科学学院生物膜与膜生物工程国家重点实验室)

胚胎干细胞(ESC)来源于胚胎发育早期的细胞。在适当的体外培养条件下，这些细胞具有不断分裂的能力，并且分裂后的细胞能够保持分裂前细胞的各种性质，胚胎干细胞的这一特点被称为自我更新(self-renewal)。同时，胚胎干细胞还保持了早期胚胎细胞的分化能力，在适当的条件下，它们能够分化为各种类型的成体细胞，这一特点被称为多能性(pluripotency)。胚胎干细胞的自我更新和多能性这两大特点决定了胚胎干细胞在再生医学应用上的巨大潜力;利用体外培养的胚胎干细胞以及利用诱导性多能干细胞(iPSC)分化为特定的细胞类型并且用于药物筛选和细胞治疗是当前生命科学研究领域的一大热点[1, 2]。要使得胚胎干细胞在再生医学上进行应用,一个核心的科学问题就是胚胎干细胞的命运是如何决定的,即胚胎干细胞的自我更新是如何维持的,它们又是如何分化成为特定的成体细胞类型的。对这些问题的深入认识能够使人们在体外环境中更好地掌控胚胎干细胞的命运,从而获得所需要的特定细胞类型并用于临床治疗。

胚胎干细胞所处的培养环境对于其命运决定有着至关重要的影响。在胚胎干细胞的培养液中添加特定的细胞因子组合,能够调控胚胎干细胞的命运。一些细胞因子的组合能够使得胚胎干细胞维持在自我更新的状态;相反,另一些细胞因子的种类和组合方式却能够使得胚胎干细胞向着不同的细胞类型进行分化。因此,这些细胞因子的组合方式就像一个组指令,决定了胚胎干细胞将要何去何从。在这些细胞因子中,转化生长因子β(transforming growth factor β, TGF-β)家族的成员在维持自我更新以及在使细胞进行分化的过程中都起着非常重要的作用[3, 4]。

骨形成蛋白(bone morphogenetic protein, BMP)是转化生长因子β家族成员的一部分,它是一类在进化上非常保守的细胞信号分子,它们广泛地参与了早期胚胎发育的调控过程和胚胎干细胞的命运决定过程[4,5]。在小鼠胚胎干细胞中,骨形成蛋白能够与白血病抑制因子(leukemia inhibitory factor, LIF)共同作用,维持自我更新的细胞状态[6]。骨形成蛋白和白血病抑制因子都是细胞外的信号蛋白,它们能对细胞发号施令,经过一系列精密的从细胞外到细胞内的信号传递过程,最终将这些信号传递到细胞核内,调控特定的基因表达,从而使得细胞能够感知外界环境的变化并做出反应(这一过程被称为信号转导(signal transduction))。在骨形成蛋白的信号传递过程中,它首先需要与细胞表面的受体蛋白质结合,这种结合使得它们细胞内的受体激酶活性被激活,从而能够进一步将细胞外的信号传递到细胞内部。受体激活以后,通过磷酸化继续激活细胞内的一类Smad蛋白信号分子,最终通过Smad蛋白,启动或者关闭特定的靶基因表达,从而使得细胞对外界的骨形成蛋白做出反应[3]。

虽然骨形成蛋白信号转导途径已经被人们发现了近20年,但Smad蛋白到底调控了哪些基因,从而使得胚胎干细胞处于自我更新的状态,人们了解得还很少。2003年英国奥斯丁·史密斯(Austin Smith)研究组发现了骨形成蛋白调控的一类经典靶基因ID家族蛋白在这一过程中具有很重要的作用[6],但是这一过程中其他的重要靶基因却一直没有报道。为了从整个基因组的全局上研究骨形成蛋白调控了哪些基因,我们利用新一代的测序技术,结合染色质免疫共沉淀的方法,鉴定了一大批潜在的骨形成蛋白的靶基因,并且发现这些基因大多都是与调控发育相关的基因,提示人们骨形成蛋白很可能通过抑制了一系列发育或者分化必需的基因的表达，从而维持小鼠胚胎干细胞的自我更新[7]。在此基础上，我们进一步鉴定了Smad蛋白的一个重要的靶基因*DUSP9*。蛋白激酶ERK蛋白在胚胎干细胞命运决定中起着关键作用，其活性过高会引起小鼠胚胎干细胞分化，而白血病抑制因子会激活ERK蛋白。我们发现骨形成蛋白通过*DUSP9*能够抑制ERK蛋白的活性，即使在有白血病抑制因子的情况下，也能使其活性维持在一个合理的水平，从而使得胚胎干细胞维持更好的自我更新状态[8]。此外，我们还鉴定了一些其他的重要靶基因，这些工作从系统水平上研究了骨形成蛋白信号途径在靶基因水平上对于维持小鼠胚胎干细胞的贡献，为胚胎干细胞的医学应用打下了理论基础。

参 考 文 献

1 Soldner F, Jaenisch R. Medicine. iPSC disease modeling. Science, 2012, 338(6111): 1155-1156.

2 Young R A. Control of the embryonic stem cell state. Cell, 2011, 144(6): 940-954.

3 Massague J, Chen Y G. Controlling TGF-beta signaling. Genes Dev, 2000, 14(6): 627-644.

4 Oshimori N, Fuchs E. The harmonies played by TGF-beta in stem cell biology. Cell Stem Cell, 2012, 11(6): 751-764.

5 Li Z, Chen Y G. Functions of BMP signaling in embryonic stem cell fate determination. Exp Cell Res, 2013, 319(2): 113-119.

6 Ying Q L, Nichols J, Chambers I, et al. BMP induction of Id proteins suppresses differentiation and sustains embryonic stem cell self-renewal in collaboration with STAT3. Cell, 2003, 115(3): 281-292.

7 Fei T, Xia K, Li Z W, et al. Genome-wide mapping of SMAD target genes reveals the role of BMP signaling in embryonic stem cell fate determination. Genome Res, 2010, 20(1): 36-44.

8 Li Z W, Fei T, Zhang J P, et al. BMP4 signaling acts via dual-specificity phosphatase 9 to control ERK activity in mouse embryonic stem cells. Cell Stem Cell, 2012, 10(2): 171-182.

Identification of Novel Mechanisms Regulating Embryonic Stem Cell Self-renewal

Li Zhongwei, Chen Yeguang

Embryonic stem cells (ESCs) hold great promise in regenerative medicine, and understanding how embryonic stem cell fates are determined lays the basis for their applications. Bone morphogenetic proteins (BMPs) play important roles in ESC self-renewal and differentiation, and BMP plus leukemia inhibitory factor (LIF) can sustain mouse ESC self-renewal. We have systematically investigated how BMP signaling, via its downstream target genes, contributes to mouse ESC self-renewal and identified DUSP9 as a key factor to coordinate LIF and BMP signaling and to link extrinsic signals to intrinsic ERK activity. Our findings further our understanding of signaling networks governing mouse ESC fate determination.

4.13 Presenilin/SPP家族膜整合天冬氨酸蛋白酶的晶体结构最新成果

施一公

(清华大学生命科学学院)

一、膜整合蛋白酶简介

蛋白酶与生命活动息息相关，营养物质的吸收以及人体内许多重要的信号转导都需要酶的参与，而这些由酶催化的反应则需要在亲水环境中才能进行。20世纪90年代，两位美国科学家迈克·布朗(Michael S. Brown)和约瑟夫·戈德斯坦(Joseph L. Goldstein)发现，一类膜整合蛋白是可以在细胞膜内对蛋白质进行水解的蛋白酶[1]，这在当时引起了很大的轰动。因为细胞膜是一个疏水的环境，而蛋白酶对蛋白质进行水解需要水。因此，水分子是如何进入到疏水的膜环境中参与反应，以及蛋白酶又是通过什么样的机制进行工作都引起了科学家们广泛的关注。这些膜整合蛋白酶可以分为三种：膜整合丝氨酸蛋白酶(intramembrane serine protease)、膜整合金属蛋白酶(intramembrane metalloprotease)和膜整合天冬氨酸蛋白酶(intramembrane aspartyl protease)。在随后的十多年中，经过科学家们的不懈努力，膜整合丝氨酸蛋白酶和金属蛋白酶的结构分别在2006、2007年被解析出来[2-4]，这为人们进一步展开研究提供了重要的依据。然而，膜整合天冬氨酸蛋白酶的结构生物学研究却进展缓慢，导致对该类蛋白酶更深层次的探索严重滞后。

二、Presenilin/SPP家族膜整合天冬氨酸蛋白酶与阿尔茨海默病

早老素(presenilin)和信号肽肽酶(signal peptide peptidase，SPP)是膜整合天冬氨酸

蛋白酶的两个代表，它们具有相似的催化中心。其中，早老素作为催化中心，与其他三种蛋白质(APH-1、NCT、PEN-2)组装成的γ-分泌酶(γ-secretase)[5]，可以在膜内对其底物进行切割，引起下游的信号转导。目前研究认为，阿尔茨海默病(Alzheimer's disease，AD，又称老年痴呆症)是由于早老素发生突变，从而导致其对底物淀粉样前体蛋白(amyloid precursor protein，APP)的酶切位点发生改变，形成更容易在大脑中沉积的β淀粉样蛋白(Aβ)导致的。阿尔茨海默病临床表现为逐渐严重的认知障碍，对患者及家庭都会造成严重的影响。在发达国家中，阿尔茨海默病是社会中花费最高的疾病之一。同样地，随着人口老龄化程度的不断加深，阿尔茨海默病也越来越成为我国社会严重的问题之一[6]。而对于该病，现在仍然没有较好的治疗方法。

三、最新研究成果

经过多年的努力，我们通过结构生物学的手段，获得了一种来自古细菌黑海甲烷袋状菌JR1(*Methanoculleus marisnigri* JR1)的presenilin/SPP同源物(PSH)的晶体结构[7]，这是世界上第一个报道的膜整合天冬氨酸蛋白酶三维结构。PSH与早老素有高达50%的序列同源性，进化上高度保守。通过结构分析，我们惊奇地发现，PSH由9个跨膜螺旋(transmembrane segments，TMs)组成，其中，TM1-6组成的氮端结构域(N-terminal domain，NTD)呈现出一种马蹄状，包围在中间的则是由TM7-9组成的碳端结构域(C-terminal domain，CTD)，这种构象是一种全新的蛋白质折叠方式，我们称之为早老素折叠(presenilin fold，图1)。

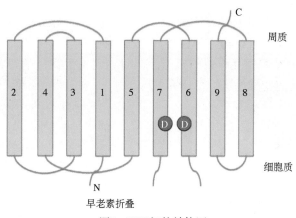

图1　PSH拓扑结构图

通过对PSH晶体结构的分析(图2)，我们可以发现两个位于162和220位的催化残基天冬氨酸(D162、D220)分别位于TM6和TM7靠近细胞质一侧深入膜整合约8埃的位置。

同时，从细胞质到催化活性中心形成了一个空腔(cavity)，从而保证酶解过程所需要的水分子可以无限制地从细胞内进入到反应中心。通过进一步的结构分析，同时结合之前的生化实验结果，我们提出了底物是从TM6与TM9中间的空间进入到活性中心，进而被酶解。

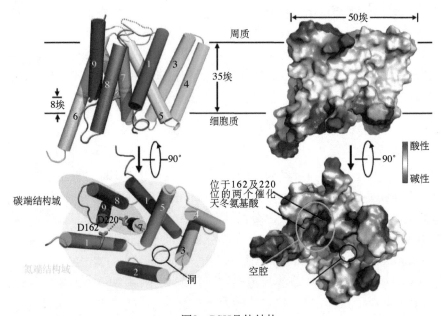

图2　PSH晶体结构

基于PSH和人源早老素的高度序列保守性，我们利用计算机同源建模的方式，构建了人源早老素的三维分子结构，并且结合之前的研究结果，提出了γ-分泌酶组装过程中，四种蛋白质组分之间相互作用的模型。同时，利用生物化学的方法，我们对引起阿尔茨海默病的相关突变残基进行了研究。

四、展　望

PSH晶体结构的获得填补了膜整合天冬氨酸蛋白酶结构生物学领域的空白，也使得我们第一次能够从分子分辨率上对该类蛋白酶进行全面的了解，这不仅可以引导我们进一步对与阿尔茨海默病密切相关的人源早老素及其形成的γ-分泌酶复合体进行更加精细的研究[8]，同时也对以后人们更加清晰地理解阿尔茨海默病的发病机制，以及有针对性地以早老素作为靶点进行药物研发有着重要的导向作用。相信在此基础上展开的研究，必将帮助我们最终战胜给人类社会发展带来极大困扰的阿尔茨海默病。

参 考 文 献

1 Wang X, Sato R, Brown M S, et al. SREBP-1, a membrane-bound transcription factor released by sterol-regulated proteolysis. Cell, 1994, 77(1): 53-62.

2 Wang Y, Zhang Y, Ha Y. Crystal structure of a rhomboid family intramembrane protease. Nature, 2006, 444(7116): 179-180.

3 Wu Z, Yan N, Feng L, et al. Structural analysis of a rhomboid family intramembrane protease reveals a gating mechanism for substrate entry. Nat Struct Mol Biol, 2006, 13(12): 1084-1091.

4 Feng L, Yan N, Wu, Z, et al. Structure of a site-2 protease family intramembrane metalloprotease. Science, 2007, 318(5856): 1608-1612.

5 Wolfe M S, Xia W, Ostaszewski B L, et al. Two transmembrane aspartates in presenilin-1 required for presenilin endoproteolysis and gamma-secretase activity. Nature, 1999, 398(6727): 513-517.

6 徐颂华. 老年痴呆症研究现状. 中国乡村医药, 2012(02): 87-88.

7 Li X, Dang S, Yan C, et al. Structure of a presenilin family intramembrane aspartate protease. Nature, 2013, 493(7430): 56-61.

8 Wolfe M S. Structural biology: membrane enzyme cuts a fine figure. Nature, 2013, 493(7430): 34-35.

Structure of a Presenilin Family Intramembrane Aspartate Protease

Shi Yigong

Presenilin and signal peptide peptidase (SPP) are intramembrane aspartyl proteases that regulate important biological functions in eukaryote. Mechanistic understanding of presenilin and SPP has been hampered by lack of relevant structural information. Here we report the crystal structure of a presenilin/SPP homologue (PSH) from the archaeon *Methanoculleus marisnigri* JR1. The protease, comprising nine transmembrane segments (TMs), adopts a previously unreported protein fold. The amino-terminal domain, consisting of TM1-6, forms a horseshoe-shaped structure, surrounding TM7-9 of the carboxy-terminal domain. The two catalytic aspartate residues are located on the cytoplasmic side of TM6 and TM7, spatially close to each other and approximately 8Å into the lipid membrane surface. Water molecules gain constant access to the catalytic aspartates through a large cavity between the amino- and carboxy-terminal domains. Structural analysis reveals insights into the presenilin/SPP family of intramembrane proteases and gives us some hints on therapeutic intervention in Alzheimer's disease.

4.14 重要天然免疫系统信号分子STING的结构与功能研究取得重要进展

欧阳松应　刘志杰

(中国科学院生物物理研究所生物大分子国家重点实验室)

天然免疫反应是机体抵抗病原体入侵、保护自身的第一道防线。自2008年以来，关于干扰素刺激因子STING(STimulator of INterferon Genes，又名MITA、ERIS或MPYS)通过诱导I型干扰素的产生，激发机体天然免疫反应的一系列研究引起了人们的广泛关注。武汉大学舒红兵院士课题组率先发现，STING作为天然免疫抗病毒信号接头分子(adaptor)将病毒感知受体和IRF3激活、I型干扰素产生联系起来[1]。美国迈阿密大学医学院癌症研究中心的格伦·巴伯(Glen N. Barber)课题组分别于2008年10月和2009年10月在《自然》上报道称，新发现的STING是启动机体天然免疫系统抵抗细菌或病毒感染的重要分子[2,3]。随后的研究还发现E3泛素连接酶RNF5与STING相互作用，并负调节病毒触发的下游信号通路[4]。北京大学蒋争凡教授课题组报道了STING引起I型干扰素产生的信号通路激活需要STING二聚化[5]。他们还发现了一条通过STING-TBK1活化转录因子STAT6，从而连接天然免疫与适应性免疫的信号传导通路，为人们进一步认识免疫系统如何防御病原微生物感染的机制提供了新思路[6]。2010年，日本学者中条·晟(Shizuo Akira)课题组发表文章称，TRIM56与STING相互作用并泛素化STING K150位点。该泛素化修饰诱导STING二聚化，而二聚化又是STING募集TBK1、引起干扰素产生的前提条件[7]。然而，该研究不能解释胞质内的TRIM56蛋白是如何实现跨膜(因为153-173肽段是预测的最后一个跨膜区)泛素化STING K150位点。2011年9月，博德特(Burdette)等人发现，STING在病原菌和病毒感染时角色不同：既是病原菌所分泌的第二信使cyclic di-GMP(c-di-GMP)的感受因子(sensor)，又是宿主感知病毒核酸产生I型干扰素反应的信号接头分子。该研究发表在《自然》上，引起了天然免疫领域学者的广泛关注[8]。总之，近年来有关STING的大量研究报道表明了该分子在天然免疫信号通路中的重要性。同时，不同课题组间某些研究结果的不一致性更加激发了人们对STING进行更深入探讨的热情。

STING蛋白包含一个预测的N端五次(有的文献认为四次)跨膜部分(1-173aa)和C端胞内可溶部分(174-379aa)，如图1所示。有关N端的功能目前仍不清楚，但和其在细胞内定位有关。C端胞内结构域(C-terminal domain, CTD)可通过募集相互作用分子而行使重要功能。STING氨基酸序列与PDB中任何已知结构的蛋白质没有同源性，预示它可能拥有独特的三维结构。此外，到目前为止，仍有许多关键科学问题悬而未决，如STING激活TBK1-IRF3信号通路的分子机制，TRIM56是如何实现跨膜泛素化STING K150的，STING是如何结合c-di-GMP的？

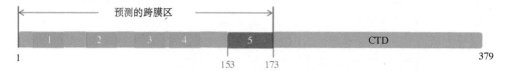

图1　STING全长的二级结构组织模式
它包含N端跨膜区和C端可溶结构域CTD

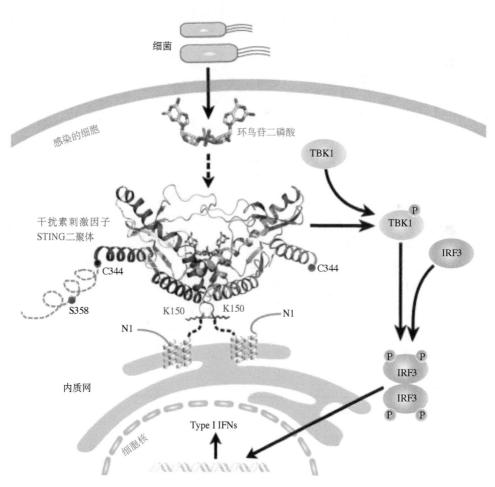

图2　病原菌引起的STING天然免疫信号通路激活示意图

　　针对上述科学问题，本研究综合运用了X射线晶体学、生物化学和细胞生物学技术，先后解析了STING CTD以及STING CTD与c-di-GMP二元复合物的晶体结构，发现STING CTD具有一种独特的三维架构(Unique architecture)(图2)，阐明了STING CTD形成功能性二聚体的分子机制。文献报道的最后一个跨膜区(153-173aa)其实并不是跨膜区而是STING CTD形成同源二聚体的疏水相互作用界面。STING CTD与c-di-GMP以一种全新的模式结合，该结构是第一个发表的哺乳动物来源的蛋白质与c-di-GMP形成的复合物晶体结构。此外，还发现c-di-GMP能促进STING与TBK1结合，诱导I型干扰素的产生，从而激发机体抵抗病原体入侵的免疫反应。该研究工作的完成有助于深入了解STING在天然免疫信号通路中的作用，为揭示宿主细胞感知病原菌入侵的分子机制提供了直接的结构生物学证据，同时也为设计新的环鸟苷二磷酸类似物疫苗佐剂或免疫治疗药物奠定基础。该研究成果发表在2012年5月的《免疫》(Immunity)上，是通过与美国加利福尼亚大学洛杉矶分校的程根宏和中国科学院生物物理研究所的张荣光实验室合作完成的。该研究项目得到了科技部、国家自然科学基金、中国科学院和美国国立卫生研究院的基金支持。

参 考 文 献

1　Zhong B, Yang Y, Li S, et al.The adaptor protein MITA links virus-sensing receptors to IRF3 transcription factor activation. Immunity, 2008, 29(4): 538-550.

2　Ishikawa H, Barber G N. STING is an endoplasmic reticulum adaptor that facilitates innate immune signaling. Nature, 2008, 455(7213): 674-678.

3　Ishikawa H, Ma Z, Barber G N. STING regulates intracellular DNA-mediated, type I interferon-dependent innate immunity. Nature, 2009, 461(7265): 788-792.

4　Zhong B, Zhang L, Lei C, et al. The ubiquitin ligase RNF5 regulates antiviral responses by mediating degradation of the adaptor protein MITA. Immunity, 2009, 30(3): 397-407.

5　Sun W, Li Y, Chen L, et al. ERIS, an endoplasmic reticulum IFN stimulator, activates innate immune signaling through dimerization. PNAS, 2009, 106(21): 8653-8658.

6　Chen H, Sun H, You F, et al. Activation of STAT6 by STING is critical for antiviral innate immunity. Cell, 2011, 147(2): 436-446.

7　Tsuchida T, Zou J, Saitoh T, et al.The ubiquitin ligase TRIM56 regulates innate immune responses to intracellular double-stranded DNA. Immunity, 2010, 33(5): 765-776.

8　Burdette D L, Monroe K M, Sotelo-Troha K, et al. STING is a direct innate immune sensor of cyclic di-GMP. Nature, 2011, 478(7370): 515-518.

Structural Analysis of the STING Adaptor Protein Reveals a Hydrophobic Dimer Interface and Mode of Cyclic di-GMP Binding

Ouyang Songying, Liu Zhijie

STING is an essential signaling molecule for DNA and cyclic di-GMP (c-di-GMP)-mediated type I interferon (IFN) production via TANK-binding kinase 1 (TBK1) and interferon regulatory factor 3 (IRF3) pathway. It contains an N-terminal transmembrane region and a cytosolic C-terminal domain (CTD). Here, we describe crystal structures of STING CTD alone and complexed with c-di-GMP in a unique binding mode. The strictly conserved aa153-173 region was shown to be cytosolic and participated in dimerization via hydrophobic interactions. The STING CTD functions as a dimer and the dimerization was independent of post-translational modifications. Binding of c-di-GMP enhanced interaction of a shorter construct of STING CTD (residues 139-344) with TBK1. This suggests an extra TBK1 binding site, other than Serine 358. This study provides a glimpse into the unique architecture of STING and sheds new light on the mechanism of c-di-GMP-mediated TBK1 signaling.

4.15　病原体天然免疫应答逃逸新机制

严大鹏[1]　戈宝学[1,2,3]

(1 中国科学院上海生命科学研究院健康科学研究所；2 同济大学附属肺科医院临床与转化医学研究中心；3 同济大学医学院微生物与免疫学系)

历史上，人类长期蒙受各种传染病的困扰，其中的烈性传染病，如黄热病、鼠疫、霍乱以及流感等，以其大面积的迅速传播和极高的死亡率直接威胁到人类的健康和生存。千百年来，可怕的免疫疾病迫使人类与之进行着不懈的斗争。

免疫系统是机体防御病原体入侵最有效的武器，它能发现并清除异物、外来病原微生物的感染[1-3]。它的作用包括免疫系统对病原体的免疫识别、免疫应答和免疫清除等一系列生理防御。和其他的高等动物一样，人体也具有一个进化上相对完善并且调控十分精确的免疫系统，包括天然免疫和获得性免疫，来抵御环境中各种病原微生物的入侵。病原体接触人体之后，免疫细胞上的模式识别受体(PRRs)识别病原体相关分子模式(PAMPs)激活天然免疫效应细胞，分泌效应分子和炎症细胞因子，增强NK细胞、巨噬细胞(M_ϕ)和γ/δT细胞的非特异性杀伤活性，对感染物进行清除。

同时，未被清除的抗原进入外周淋巴器官和组织，被T细胞和B细胞识别诱导获得性免疫，最终被免疫系统高效特异地清除[4,5]。

免疫系统受激活性受体和抑制性受体的严格调控，进而调节机体对病原体的免疫防御。两者相互对抗，其机制在于受体分子胞内段分别带有免疫受体酪氨酸激活基序(ITAM)和免疫受体酪氨酸抑制基序(ITIM)。ITAMs中的酪氨酸残基被磷酸化后可激活一系列下游信号。反之，带有ITIM的受体发挥负向作用，对免疫反应进行负向调控。这两者如同中国太极拳的阴阳两极原则，此消彼长又互为补充地调节着人体的免疫反应。

尽管人类拥有如此完善的免疫系统，但许多病原体仍能逃避免疫反应并成功感染宿主，甚至在人体内潜伏几十年。"聪明"的病原体是如何逃脱人类免疫系统进攻的呢？目前已有许多关于细菌蛋白改变下游信号通路和炎症细胞因子的报道，但引起这些改变的分子机制尚不清楚。由于细菌的复杂性以及其产生的效应分子和其他免疫调节因子的多元性，一直难以确定这些成分中哪些触发细胞因子，而哪些则选择性地抑制细胞因子产生。已报道一些病原体蛋白也含有ITIM基序，但其在致病过程中的功能没有相关的研究[6]。其中包括肠致病性大肠杆菌EPEC的Tir蛋白等。

我们课题组经过长期对宿主与病原体相互作用的研究，发现了一个细菌逃避宿主免疫反应的新机制。我们发现了细菌中含ITIM的蛋白对宿主免疫信号通路的抑制作用，证明了肠致病性大肠杆菌EPEC中的Tir蛋白可以和宿主细胞内的酪氨酸磷酸酶SHP-1相互作用，并且这种相互作用依赖于ITIM的磷酸化。同时发现了Tir和SHP-1的相互作用促进了SHP-1和TRAF6的结合，并抑制TRAF6的泛素化。而且Tir蛋白的ITIM可以抑制EPEC感染引起的细胞因子的产生，从而抑制宿主对细菌的抗感染免疫，以此来抑制小鼠对抗*Citrobacter rodentium*(EPEC感染人体的小鼠模型)感染所产生的免疫反应，从而达到免疫逃避的目的。研究发现，除了EPEC的Tir蛋白，来自肠出血性大肠杆菌EHEC的Tir蛋白、来自艾滋病病毒的vif蛋白以及来自EB病毒的LMP2A蛋白等含有ITIM的蛋白，都具有类似机制，提示该研究所发现的机制很可能是病原体逃避宿主免疫反应的一个普遍机制，即通过几十亿年进化而来的病原体中的ITIM基序可以帮助病原体逃避宿主的免疫反应。

通俗地说，当细菌、病毒侵犯人体时，它们会采用一些"招数"来躲避人体免疫系统的围剿。有些细菌、病毒就"想"出了一个"高招"：进入人体后，在第一时间，先向人体细胞内注入某种蛋白质分子充当"间谍"，这种"间谍分子"与人体免疫细胞中原有的一些"主和派"分子长得很像——"间谍分子"会冒名顶替，假传"天下太平"的消息，使免疫系统疏忽大意，失去对细菌、病毒的攻击，从而不去消灭入侵的细菌、病毒。

我们认为，病原体中含ITIM的蛋白抑制宿主的天然免疫反应，为病原体蛋白在免疫系统中的致病机制提供了新的分子基础，更为开发感染性疾病新的治疗方法提供了重要理论依据。

参 考 文 献

1 Vivier E, Malissen B. Innate and adaptive immunity: specificities and signaling hierarchies revisited. Nat Immunol, 2005, 6: 17-21.

2 Janeway C A. The immune system evolved to discriminate infectious nonself from noninfectious self. Immunol Today, 1992, 13: 11-16.

3 Medzhitov R, Janeway C A. Innate immune recognition and control of adaptive immune responses. Semin Immunol, 1998, 10: 351-353.

4 Pancer Z, Cooper M D. The evolution of adaptive immunity. Annu Rev Immunol, 2006, 24: 497-518.

5 Cooper M D, Alder M N. The evolution of adaptive immune systems. Cell, 2006, 24: 815-822.

6 Barrow A D, Trowsdale J. You say ITAM and I say ITIM, let's call the whole thing off: the ambiguity of immunoreceptor signaling. Eur J Immunol, 2007, 36: 1646-1653.

A New Mechanism of Pathogen's Evasion from Host Innate Immune Response

Yan Dapeng, Ge Baoxue

The protein Tir (translocated intimin receptor) in enteric bacteria shares sequence similarity with the host cellular immunoreceptor tyrosine-based inhibition motifs (ITIMs). Here we demonstrate that Tir from enteropathogenic *Escherichia coli* (EPEC) interacted with the host cellular tyrosine phosphatase SHP-1 in an ITIM phosphorylation–dependent manner. The association of Tir with SHP-1 facilitated the recruitment of SHP-1 to the adaptor TRAF6 and inhibited the ubiquitination of TRAF6. Moreover, the ITIMs of Tir suppressed EPEC-stimulated expression of proinflammatory cytokines and inhibited intestinal immunity to infection with *Citrobacter rodentium*. Our findings identify a previously unknown mechanism by which bacterial ITIM-containing proteins can inhibit innate immune responses, which could lead to the development of novel therapeutics to prevent pathogens infection.

4.16 食管癌易感基因及其与饮酒交互作用的全基因组关联研究

吴 晨 于典科 林东昕

(中国医学科学院肿瘤研究所)

食管癌是我国常见的恶性肿瘤，每年约有25万人死于该病，位居我国肿瘤死因的第4位。我国食管癌的病理类型绝大多数为鳞状细胞癌，而大多数西方国家的食管癌为腺细胞癌。食管癌预后差，治疗后的5年生存率不到30%。食管癌的确切病因尚未阐明，以往的研究表明，它可能与某些环境因素和饮酒、吸烟等生活方式有关。但暴露于这些因素的人群中只有一部分人发病，这提示个人对食管癌发病的易感性不一样。现在已经知道，个人基因组的遗传变异是影响疾病尤其是复杂性疾病发生的重要因素。这些遗传变异可通过某些机制直接致病，也可能通过与环境危险因素的交互作用而致病。显然，发现食管癌致病相关的遗传变异，对阐明食管癌的内因和外因至关重要。此外，找到这样的基因及其遗传变异有更深远的意义，因为它们有可能作为分子标志用于食管癌的个体化防治实践，如预测、早期筛查和诊断，以及作为治疗的靶点。

近年来，全基因组关联研究已被证明是一种寻找疾病关联基因及其遗传变异成功的和有效的方法。我们在国家863专项经费等资助下，组织国内多家研究单位开展了大样本量的食管癌全基因组关联研究，并进行全基因组的基因－环境交互作用分析。研究成果已分别发表在国际著名学术期刊(Wu et al，Nat Genet，2011，43:679-684；Wu et al，Nat Genet，2012，44:1090-1097)。该研究先运用Affymetrix 6.0 SNP芯片检测并比较了2031位食管癌患者和2044位对照者全基因组内近100万个单核苷酸多态性(SNP)的差异(图1)，然后挑选差异显著的SNP在来自北京、河南、广东和江苏等地募集的大样本病例(8092人)和对照(8620人)中进一步验证，结果显示多个染色体区域的基因或位点(包括5q11、21q22、6p21、10q23、12q24、4q23、16q12.1、17q21、22q12、3q27、17p13和18p11)与食管癌易感性相关。这些变异位点所在基因有些是功能已知的基因，有些功能尚不清楚；有些已有报道与其他肿瘤相关，有些与肿瘤的关系为首次报道。这些发现不但揭示了遗传变异与食管癌的关系，而且为进一步研究食管癌发生发展的机制提供了重要基础。

该研究的另一个重要结果是运用全新方法，进行全基因组的基因－饮酒交互

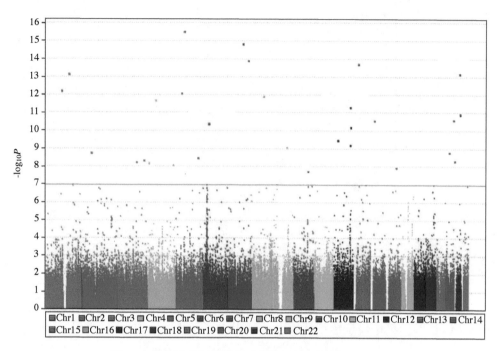

图1 食管癌全基因组关联研究显示与食管癌相关的SNP

纵坐标为-log₁₀ *P*值，横坐标为染色体

作用分析，证实了乙醇脱氢酶(alcohol dehydrogenase, ADH)和乙醛脱氢酶(aldehyde dehydrogenase, ALDH)遗传变异与饮酒交互作用显著增加发生食管癌的风险。全基因组交互作用分析发现，染色体4q23区域与食管癌易感相关，精细定位分析表明该区域是ADH家族基因簇(5′ *ADH7-ADH1C-ADH1B-ADH1A-ADH6-ADH4-ADH5*-3′)所在区域。全基因组交互作用分析还发现，位于染色体12q24的*ALDH2*是食管癌的易感基因。ADH和ALDH2是体内代谢酒精的关键酶。酒精摄入后先由ADH脱氢氧化为乙醛，乙醛再经ALDH2氧化为乙酸，后者最后变成CO_2和H_2O。乙醛是已知的致癌物，是酒精相关性肿瘤尤其是上呼吸-消化道肿瘤的致病因素。因此，如果ADH活性高而ALDH2活性低的人过度饮酒，就可能造成乙醛在体内蓄积而诱发癌变。为了验证这个假说，我们根据全基因组关联研究数据进行联合分析。结果表明，携带*ADH1B*高活性变异和*ALDH2*低活性变异等位基因的饮酒者，发生食管癌的风险比携带非危险等位基因者高4倍；而如果不饮酒，即使携带*ADH1B*和*ALDH2*危险等位基因者发生食管癌的风险也很小(图2)。这些结果十分清楚地证实了酒精代谢通路基因变异与饮酒在食管癌病因中的

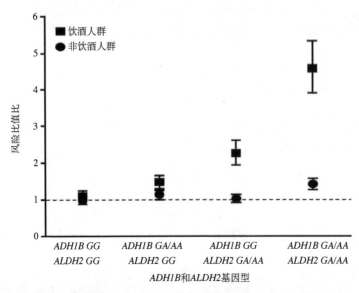

图2　酒精代谢酶遗传变异和饮酒交互作用与发生食管癌的风险

重要作用。这些结果也提示酒精代谢通路基因变异者减少饮酒有可能降低发生食管癌的风险。

　　总之，通过食管癌的全基因组关联研究，我们发现多个新的食管癌易感基因或位点，这些发现有助于理解食管癌发生发展的分子机制，尤其是基因－环境交互作用的发现对食管癌的预警、早期筛查和预防有重要意义。

Genome-wide Association and Gene-environment Interaction Study on Esophageal Squamous Cell Carcinoma

Wu Chen, Yu Dianke, Lin Dongxin

Esophageal squamous cell carcinoma (ESCC) is one of the most prevalent cancers in China, ranking the fourth of cancer-related death. The etiology and carcinogenesis of ESCC is not fully elucidated. To identify genetic loci associated with ESCC, we performed a large scale, multi-stage genome-wide association study and a genome-wide gene-environment interaction analysis of ESCC incorporating alcohol drinking. We identified multiple loci associated with susceptibility to ESCC and underscored the contribution of these variants to risk for ESCC directly or through interaction with alcohol consumption.

4.17　二倍体棉花雷蒙德氏棉基因组草图公布

喻树迅　叶武威　范术丽
(中国农业科学院棉花研究所)

物种的全基因组序列蕴藏着这一生物的起源、进化、发育、生理及与所有遗传性状有关的重要信息。棉花全基因组序列也同样蕴藏着高产、优质、抗病虫、耐旱耐涝等重要农艺性状的遗传信息。通过在全基因组水平上解析棉花重要农艺性状形成的分子机制，是实现多种农艺性状同步改良的前提与基础，也可为棉花的起源和进化研究提供有力的依据。随着全基因组高通量测序技术的不断提高和成本的迅速降低，使解析棉花基因组成为可能。目前，中国工程院院士喻树迅领导的团队，联合深圳华大基因研究院、北京大学、美国农业部南方平原研究中心等研究单位，在国际上首次完成了二倍体棉花雷蒙德氏棉(*Gossypium raimondii*)全基因组草图[1]，这标志着我国棉花基因组学研究取得了国际领先的地位。

棉属包括大约45个二倍体种(2n=2x=26)和5个四倍体种(2n=4x=52)，均表现双体的遗传模式。二倍体棉种(2n=26)分为A～G和K等8个基因组[2]。其中非洲种分支包括A、B、E和F基因组，天然生长在非洲和亚洲；D基因组分支产于美洲；C、G和K基因组在澳大利亚发现；而带52个染色体的棉种，包括陆地棉和海岛棉是天然四倍体，是由似A基因组的非洲祖先种和似D基因组的美洲种经种间杂交产生的。基于已有的研究表明，现存与原始四倍体的祖先棉有亲缘关系的是草棉(A1)、亚洲棉(A2)和雷蒙德氏棉(D5)[3]，推测棉花四倍体基因组是由A基因组和D基因组融合而形成的[2]。

解析棉花基因组将是提高对棉属多倍体性、基因组大小变异的功能和农艺学重要性认识的基础。雷蒙德氏棉单倍体基因组大小估计约为880兆字节，在棉属中最小[4]，同时由于其基因组中的重复元件含量较小，基因组组装难度较小[5]。因此，研究团队首先选择雷蒙德氏棉作为解析棉花基因组的突破口[6]。二倍体物种DNA含量的变异反映了不同重复家族拷贝数的增加和减少，尤其是类反转录转座子成分[7]，此次公布的基因组图谱明确证实，雷蒙德氏棉基因组中转座元件占基因组的57%，同时在转座元件的种类和大规模扩增时间上与其他的二倍体物种差异非常显著[1]。目前的研究认为，异源多倍体DNA的含量大约是A和D基因组祖先的总和，在异源多倍体中调查的22 000个扩增片段长度多态性中几乎所有都是累加的片段[8]。对雷蒙德氏棉全基因组的分析表明，虽然大部分已有的陆地棉基因可在基因组中找到其直系同源物，但是基因组中转座元件的大规模增加的高峰发生在50个百万年以前，从时间顺序上是发生在四倍体形成之后[1]。所以，要想真正明确供体基因组与四倍体基因组形成的关系，需要等到A基因组和陆地棉基因组测序的完成才能真正解决。

该基因组图谱将对棉花基础研究和应用研究发挥巨大的推动作用，为我国棉花重要功能基因挖掘与利用、分子育种乃至全基因组设计育种提供前所未有的机遇。棉花基因组学研究团队采用全基因组鸟枪法结合新一代的高通量DNA测序技术，对雷蒙德氏棉"CMD#10"进行了全基因组测序，获得了其87.7%的全基因组序列。研究结果证明，棉花基因组经历了真双子叶植物共同经历的一次古六倍化事件和一次棉属特异的全基因组复制事件，揭示了其古多倍体起源。

研究人员推测雷蒙德氏棉基因组约包含有40 976个蛋白质编码基因。纤维发育起始和伸长是决定棉花衣分和品质的重要因素。已有研究结果表明*MYB*和*bHLH*基因家族与细胞伸长起始密切相关[9]。在基因组注释结果中发现，大量的*MYB*和*bHLH*基因在花后0天和3天的胚珠中表达，暗示这些基因可能是早期纤维发育所必需的；乙烯信号转导途径与纤维发育密切相关[10]，通过比较雷蒙德氏棉与陆地棉早期纤维发育的转录组发现，陆地棉乙烯合成途径与雷蒙德氏棉乙烯合成途径存在显著的差异[11]。此外，还从进化的角度分析发现，目前在棉花与可可中发现了*CDN1*基因家族，这一家族参与了棉酚前体生物合成的关键步骤[12]，而棉酚是棉属特有的一类物质，可可中不存在棉酚[1]。

完成雷蒙德氏棉(D基因组)全基因组草图后，棉花基因组计划将进入下一个阶段，将致力于完成亚洲棉(A基因组)和四倍体栽培种陆地棉(AD5基因组)的全基因组图谱，并将基因组学研究结果系统应用到棉花种质资源的遗传多样性、基因挖掘及功能基因研究与利用，并在全基因组水平上开发快捷的分子育种工具，将棉花基因组学研究成果应用到优良新品种的培育上，最终实现基因组水平上的棉花分子设计育种。

参 考 文 献

1　Wang K B, Wang Z W, Li F G, et al. The draft genome of a diploid cotton *Gossypium raimondii*. Nat Genet, 2012, 44: 1098-1103.

2　Wendel J F, Cronn R C. Polyploidy and the evolutionary history of cotton. Adv Agron, 2003, 78: 139-186.

3　Brubaker C L, Paterson A H, Wendel J F. Comparative genetic mapping of allotetraploid cotton and its diploid progenitors. Genome, 1999, 42: 184-203.

4　Hendrix B, Stewart J M. Estimation of the nuclear DNA content of gossypium species. Ann Bot-London, 2005, 95: 789-797.

5　Zhao X P, Si Y, Hanson R E, et al. Dispersed repetitive DNA has spread to new genomes since polyploid formation in cotton. Genome Res, 1998, 8: 479-492.

6   Chen Z J, Scheffler B E, Dennis E. Toward sequencing cotton (Gossypium) genomes. Plant Physiol, 2007, 145 (4): 1303-1310.

7   Hawkins J S, Kim H, Nason J D, et al. Differential lineage-specific amplification of transposable elements is responsible for genome size variation in Gossypium. Genome Res, 2006, 16: 1252-1261.

8   Liu B, Brubaker G, Cronn R C, et al. Polyploid formation in cotton is not accompanied by rapid genomic changes. Genome, 2001, 44: 321-330.

9   Larkin J C, Oppenheimer D G, Lloyd A M, et al. Roles of the GLABROUS1 and TRANSPARENT TESTA GLABRA genes in Arabidopsis trichome development. Plant Cell, 1994, 6: 1065-1076.

10 Shi Y H, Zhu S W, Mao X Z, et al. Transcriptome profiling, molecular biological, and physiological studies reveal a major role for ethylene in cotton fiber cell elongation. Plant Cell, 2006, 18: 651-664.

11 Qin Y M, Hu C Y, Pang Y, et al. Saturated very-long-chain fatty acids promote cotton fiber and Arabidopsis cell elongation by activating ethylene biosynthesis. Plant Cell, 2007, 19: 3692-3704.

12 Chen X Y, Wang M, Chen Y, et al. Cloning and heterologous expression of a second (+)-δ-cadinene synthase from *Gossypium arboreum*. J Nat Prod, 1996, 59: 944-951.

The Draft Genome of a Diploid Cotton *Gossypium raimondii* was Released

Yu Shuxun, Ye Wuwei, Fan Shuli

Cotton is an important crop all over the world. Its fiber is the principal natural source for the textile industry, and approximately 150 countries are involved in cotton and its products import and export. Additionally, cotton also serves as an excellent model system for studying cell elongation, cell wall biosynthesis, and polyploidization. The international research team led by Yu Shunxun, Academician of China Engineering Academy, have released the draft genome of a diploid cotton *G. raimondii*. The genome provides a good reference for accelerating the genome research of tetraploid cottons including *G. hirsutum* and *G. barbadense*. It will also lay a good research platform for the improvement of cotton yield and quality by exploring the genetic mechanisms underlying cotton fiber initiation and development, resistance against pathogens and herbivores, and gossypol biosynthesis.

4.18　中国抗病毒治疗能有效降低单阳配偶间的HIV传播

邵一鸣

（中国疾病预防控制中心性病艾滋病预防控制中心）

自1981年发现艾滋病以来，至2011年底全球已有近3000万人死于该病，存活的艾滋病病毒(HIV)感染者及艾滋病 (AIDS)病人仍有3400万[1]，流行形势严峻。我国HIV/AIDS年报告数也从2000年的5000多例，升高到2011年的9万多例[2]。这主要是因为，在此期间我国艾滋病的主要流行形式已由经血传播转为经性传播，主要累及人群从高危人群转为高危人群与普通人群并行，流行地区也从农村扩展到城市，防治难度较前明显增加，防治形势更加严峻[3]。

随着30多种有效抗HIV药物的发现，艾滋病治疗领域取得重大突破。艾滋病已从一种无药可救的"超级癌症"变成像高血压、糖尿病一样的可治疗的慢性疾病。尽管近年来已出现预防效果从30%(疫苗)、40%(阴道杀微生物剂)至60%(包皮环切)的技术，但总体上艾滋病预防领域进展仍远落后于治疗领域[4]。全球艾滋病治疗的速率仍赶不上HIV的传播速率，在每增加一名治疗患者的同时又有两人被HIV感染[5]。

近年来，由于抗HIV药物可有效降低患者血液和体液中的病毒载量，治疗药物也被用于预防研究。2011年，美国国立卫生研究院发表了艾滋病病毒预防试验网络(HPTN)052随机对照试验研究(RCT)结果。该研究在经性感染人群中1700多对仅一方感染HIV的配偶中(单阳配偶)，对阳性配偶先开展抗病毒的治疗组相比于晚治疗组可大幅降低配偶间HIV传播的风险，治疗的预防效果高达96%[6]。因此，HPTN 052研究被《科学》列为2011年十大科学突破之首。美国政府随即出台了治疗即预防的新策略。世界卫生组织也建议在单阳配偶开展早期抗病毒治疗，预防艾滋病的传播。

为检验RCT试验发现的治疗即预防策略在公共卫生治疗条件下的有效性和对各类HIV感染人群中的适用性，中国疾病预防控制中心邵一鸣领导的研究小组，对中国艾滋病疫情和治疗随访数据库中的38 000多对单阳配偶进行了系统的回顾性分析和研究，包括阳性配偶的人口学特征、感染方式、免疫状况及抗病毒治疗持续时间等参数。研究的终点事件为阴性配偶的HIV阳转，研究随访最长时间为9年。该研究发现，治疗组的HIV感染风险比未治疗组下降39%，平衡两组各自的影响因素，调整后风险下降26%(表1，图1)。研究还发现治疗的预防效果对经性感染的单阳配偶最有效，对既往献血(浆)员单阳配偶次之,在吸毒者单阳配偶则无效。研究还发现,在HIV感染之初(CD4>550/微升)过早治疗也无预防效果。这可能是因为在身体完全健康时,要求感染者长期服药是一巨大挑战。一旦不能维持高依从性的服药,不仅治疗的预防效果会下降,还可诱导出耐药病毒。研究人员在论文中还讨论了回顾性观察研究与RCT研究相比在数据等方面所存在的局限性,以及如何在研究中利用大样本分层分析和模型研究进行调整[7]。

表1 抗HIV药物治疗对单阳配偶预防HIV传播的效果

HIV阳性配偶 随访起始状况	治疗组(n=24057)			未治疗组(n=14805)			风险比 (95%CI)	调整风险比 (95%CI)
	阳转 人数	观察人 年数	阳转率* (95%CI)**	阳转 事件	观察人 年数	阳转率* (95%CI)**		
合计	935	74 536.8	1.3(1.2, 1.3)	696	26 758.3	2.6(2.4, 2.8)	0.61(0.55, 0.67)	0.74 (0.65, 0.84)
随访期								
≤1 年	463	19 793.8	2.3(2.1, 2.6)	467	11 122.3	4.2(3.8, 4.6)	0.56(0.49, 0.63)	0.64 (0.54, 0.76)
1<t≤2 年	196	14 793.7	1.3(1.1, 1.5)	127	6 334.1	2.0(1.7, 2.4)	0.66(0.53, 0.82)	0.75 (0.56, 1.01)
2<t≤3 年	111	11 658.1	1.0(0.8, 1.1)	55	3 842.3	1.4(1.1, 1.8)	0.67(0.48, 0.92)	0.87 (0.57, 1.34)
3<t≤4 年	65	9 231.4	0.7(0.5, 0.9)	26	2 251.4	1.2(0.7, 1.6)	0.61(0.39, 0.96)	0.99 (0.55, 1.79)
性别								
男	498	39 665.6	1.3(1.1, 1.4)	393	17 170.0	2.3(2.1, 2.5)	0.66(0.58, 0.76)	0.75 (0.63, 0.90)
女	437	34 871.1	1.3(1.1, 1.4)	303	9 588.3	3.2(2.8, 3.5)	0.53(0.45, 0.61)	0.73 (0.60, 0.88)
年龄组(岁)								
18~24	25	1 038.5	2.4(1.5, 3.4)	104	2 816.9	3.7(3.0, 4.4)	0.67(0.43, 1.04)	0.97 (0.57, 1.65)
25~44	635	51 621.9	1.2(1.1, 1.3)	478	19 781.9	2.4(2.2, 2.6)	0.64(0.57, 0.72)	0.80 (0.69, 0.94)
≥45	275	21 876.4	1.3(1.1, 1.4)	114	4 159.6	2.7(2.2, 3.2)	0.59(0.47, 0.73)	0.60 (0.46, 0.78)
婚姻状况								
未婚同居	107	5 472.5	2.0(1.6, 2.3)	88	3 554.7	2.5(2.0, 3.0)	0.87(0.66, 1.16)	1.25 (0.85, 1.83)
已婚	827	69 009.7	1.2(1.1, 1.3)	608	23 171.7	2.6(2.4, 2.8)	0.58(0.52, 0.64)	0.68 (0.60, 0.79)
先证病人感染途径								
献血(浆)传播	495	55 794.3	0.9(0.8, 1.0)	86	8 463.9	1.0(0.8, 1.2)	0.91(0.72, 1.14)	0.76 (0.59, 0.99)
异性传播	9	959.4	0.9(0.3, 1.6)	18	779.5	2.3(1.2, 3.4)	0.39(0.17, 0.88)	0.50 (0.17, 1.45)
同性传播	309	12 836.9	2.4(2.1, 2.7)	412	10 787.3	3.8(3.5, 4.2)	0.67(0.58, 0.78)	0.69 (0.56, 0.84)
静脉注射吸毒	94	3 255.3	2.9(2.3, 3.5)	152	5 599.5	2.7(2.3, 3.1)	1.11(0.86, 1.43)	0.98 (0.71, 1.36)
其他或不详	28	1 690.9	1.7(1.0, 2.3)	28	1 128.1	2.5(1.6, 3.4)	0.76(0.45, 1.29)	0.51 (0.27, 0.95)
CD4 计数								

续表

HIV阳性配偶随访起始状况	治疗组(*n*=24057)			未治疗组(*n*=14805)			风险比(95%CI)	调整风险比(95%CI)
	阳转人数	观察人年数	阳转率*(95%CI)**	阳转事件	观察人年数	阳转率*(95%CI)**		
<250	394	23 630.0	1.7(1.5, 1.9)	83	2 460.0	3.4(2.6, 4.1)	0.57(0.45, 0.72)	0.62 (0.49, 0.79)
250~349	87	5 650.6	1.5(1.2, 1.9)	52	2 255.7	2.3(1.8, 2.9)	0.66(0.47, 0.94)	0.69 (0.49, 0.98)
350~550	30	3 220.2	0.9(0.6, 1.3)	186	6 774.9	2.7(2.4, 3.1)	0.45(0.31, 0.67)	0.64 (0.41, 0.98)
>550	15	1 293.9	1.2(0.6, 1.7)	131	6 112.8	2.1(1.8, 2.5)	0.75(0.44, 1.29)	1.52 (0.84, 2.74)
缺失值	409	40 742.1	1.0(0.9, 1.1)	244	9 154.8	2.7(2.3, 3.0)	0.50(0.42, 0.58)	0.80 (0.65, 0.99)

阳转率*指每100人年发生HIV感染的人数，**括号内为95%的置信区间

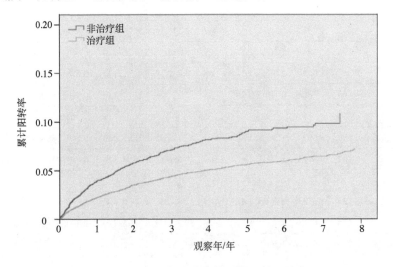

图1　HIV单阳家庭阴性配偶累计阳转率

　　《柳叶刀》于2012年世界艾滋病日(12月1日)刊登了上述研究论文，并在为其发表配发的新闻稿[8]中指出："该研究是在现实条件下首次证明单阳配偶抗病毒治疗可减少HIV传播，证实了早先临床试验条件下的结果，说明了该策略的有效性和在公共卫生实践中的可行性。"欧美各大新闻社对该研究结果以"中国研究的重要发现"为标题给予了广泛的报道。许多国家的研究和公共卫生机构也对之给予高度关注和讨论。该研究的意义在于不仅证明治疗即预防在现实条件下是可行的，还提示其保护效果远低于RCT试验条件的96%，对吸毒单阳配偶无效果，而且也不是越早治疗越好。该研究结果在我国及国际上科学推行治疗即预防策略具有借鉴作用，也再次验证了30年艾滋病防治的重要经验，即科学地防治艾滋病没有单一的万全之策(silver bullet)，各国各地区

需要因地制宜地采取综合防治措施才能奏效。美国HPTN首席科学家斯登·弗蒙德(Sten Vermund)教授在同期《柳叶刀》为该论文撰写的述评中称，该研究的结果令人鼓舞。他还进一步指出治疗即预防的策略能否成功，有赖于继续开展相关的研究并为其实施提供所需的社区、国家和国际资源的动员能力。

参 考 文 献

1　UNAIDS. Global report: UNAIDS report on the global AIDS epidemic 2012. http://www.unaids.org/en/resources/publications/2012/name,76121,en.asp [2012-11-20].

2　卫生部，UNAIDS, WHO. 2011年中国艾滋病疫情估计报告. http://www.chinaids.org.cn/n16/n1193/n4073/745902.html [2012-01-29].

3　Shao Y, Jia Z. Challenges and opportunities for HIV/AIDS control in China. Lancet, 2012, 379(9818): 804.

4　Fauci A S, Folkers G K. The world must build on three decades of scientific advances to enable a new generation to live free of HIV/AIDS. Health Affair, 2012, 31(7): 1529-1536.

5　World Health Organization. Global HIV/AIDS response-epidemic update and health sector progress towards Universal Access-Progress Report Summary, 2011: 4.

6　Cohen M S, Chen Y Q, McCauley M, et al. Prevention of HIV-1 infection with early antiretroviral therapy. New Engl J Med, 2011, 365(6): 493-505.

7　Jia Z, Ruan Y, Li Q, et al. Antiretroviral therapy to prevent HIV transmission in serodiscordant couples in China (2003-11): a national observational cohort study. Lancet, 2012, pii: S0140-6736(12)61898-4. doi: 0.1016/S0140-6736(12)61898-4.

8　Vermund S H. Treatment as prevention for HIV in China. Lancet, 2012, pii: S0140-6736(12)62005-4. doi: 10.1016/S0140-6736(12)62005-4.

Antiretroviral Therapy to Reduce HIV Transmission in Serodiscordant Couples in China

Shao Yiming

　　Based on clinical trial results, the WHO has recommended that antiretroviral treatment as prevention (TasP) be offered to all HIV-infected individuals with uninfected sexual partners (serodiscordant couples, SDCs) to reduce HIV transmission. We longitudinally followed a large cohort of SDCs to observationally study feasibility and sustainability of TasP.

　　We found that among 38,862 SDCs with 101,295 person-years of follow-up, rates of

HIV infection were 2.6 and 1.3 per 100 person-years among the 14,805 couples without treatment and the 24,057 couples with treatment, respectively. After adjusting for all parameters of the two groups, we found a 26% relative reduction in HIV transmission in the treated cohort. TasP was effective in the SDC subgroups where the index patient was infected heterosexually and via plasma donation, but not in those where the index infection was through injecting drug use or those who initiated early ART treatment (CD4>550/μl). The study result indicated for the first time that TasP is a feasible public health prevention strategy on a national scale in a developing country context.

4.19 最古老动物脑构造化石的发现及其意义

马晓娅[1,2] 侯先光[1]

(1 云南大学云南省古生物研究重点实验室；2 Department of Earth Sciences, The Natural History Musuem, London)

节肢动物是动物界中最大的一个门类，约占整个现有生物种数的80%，其种类繁多、形态多样，在人类的生活和生产中都起着极其重要的作用。然而，节肢动物极其丰富的属种和形态多样性也为研究其起源和其各个主要类群之间的关系带来困难[1]，因此进化生物学家长期以来一直在寻找较为保守的性状特征来帮助了解生物类群之间一些更深层的亲缘关系。现代神经生物学研究显示，神经系统(包括脑、视神经叶、腹神经索等构造)在动物进化历程中变化较为缓慢。因此，比较研究不同物种之间的神经构造将有助于我们解答一些重要的系统分类方面的问题[2]。

甲壳类(如虾、蟹)和六足类(如蜜蜂、蜻蜓等昆虫)节肢动物合称为"泛甲壳动物"。在该类群里的绝大多数节肢动物都共有许多复杂的神经构造特征，如脑部可分为前脑、中脑和后脑，而视神经叶中则具有三个视神经网。然而，凡事都有例外，该类群中的鳃足纲动物却具有相对比较简单的神经系统构造，如脑部只是由两对神经节愈合而成(分为前脑和中脑)，而视神经叶中也只有两个视神经网。从常规思维来看，我们会认为这种较为简单的神经构造应该更为原始，所以传统认为所有泛甲壳动物起源于一个类似于鳃足纲动物的共同祖先[3]。然而，过去几年中的系统发育分析结果都不断显示鳃足纲动物的系统分类位置并不位于泛甲壳动物的基部。换言之，鳃足纲动物应该比某些甲壳动物进化更早。因此有科学家提出假设，认为鳃足纲动物较为简单的神经构造是在进化历史中二次性丧失或简化[2,4]。要证实这个假设，我们需要节肢动物祖先型脑部构造的直接化石证据。

然而，如我们所知，动物死亡后其软躯体部分会很快腐烂消失，通常只有骨骼、壳等较硬的部分可以保存为化石。因此保存的软躯体化石十分罕见，而保存神经构造的化石更是鲜有记录。在世界上少有的几个特异埋藏的化石群中，动物的软躯体也被精美地保存了下来，其中澄江动物群化石保存了最为古老、精美和丰富的软躯体动物化石。中国云南澄江动物群化石分布广泛，地质年代为寒武纪早期，约5.2亿年前，是世界上最古老的动物化石群。自侯先光教授于1984年首次发现澄江动物群化石以来，人们在该化石群中陆续发现了多达20多个门类，130余种动物，证明了寒武纪早期丰富的生物多样性，而节肢动物在这个生态系统中占有主导地位[5]。这些澄江动物群化石不仅保存了动物的外部形态，也精美地保存了动物的软体构造和内部构造，如肠道、刚毛、眼、触角等。因此，澄江动物群化石为了解和研究早期动物的形态学和解剖学特征提供了独一无二的窗口，其重要性被世界认可，并于2012年7月1日被正式列入世界自然遗产。

图1 云南澄江动物群中的延长抚仙湖虫 (*Fuxianhuia protensa*)完整化石标本YKLP 11321，显示该动物的外部形态。该虫体体长约为8厘米

利用澄江动物群得天独厚的精美化石保存和云南省古生物研究重点实验室长年累月野外采集所积累的丰富化石材料，由我国古生物学家马晓娅博士、侯先光教授，英国节肢动物进化学专家格雷格·埃奇库姆(Greg Edgecombe)及美国节肢动物神经学专家尼古拉斯·史卓司费尔德(Nicholas Strausfeld)组成的一个跨学科的国际合作研究组，在过去的两年里对澄江动物群化石中节肢动物的神经和感官构造展开了全面的探索和研究工作，并在2012年10月11日出版的国际著名学术期刊《自然》上发表论文，报道了抚仙湖虫的脑部和视觉构造[6]。《自然》在同一期专门发表了一篇来自世界著名节肢动物专家格雷厄姆·巴德(Graham Budd)的评述[7]，他认为我们对最古老的动物脑部构造化石纪录的研究是迄今为止最令人信服的。

抚仙湖虫(图1)是一个外部形态相对简单的寒武纪节肢动物，其附肢等性状被认为是比较原始的。因此，在各种系统发育分析的研究中，抚仙湖虫经常被置于干节肢动物的基部。然而我们的研究结果显示，这个原始古老的节肢动物已经具备了非常复杂的脑部构造(图2)，并与现生的昆虫类及甲壳类节肢动物的脑构造极为相似。它们的脑由前脑、中脑和后脑三部分组成，前脑、中脑和后脑各具一对神经束分别连向茎状复眼、触角及第二对附肢。视神经叶中有三个视神经网。同时，通过对抚仙湖虫茎状复眼细节构造的研究，我们认为抚仙湖虫的视觉系统也较为复杂，且化石证据显示其眼可进行一定程度的运动和翻转。因此该动物的复杂的神经结构与其复杂的感官构造的进化是相辅相成的，这也进一步支持抚仙湖虫可能是澄江动物群中的一个捕食者。

图2　延长抚仙湖虫标本YKLP 15006的头部前端，
显示该动物的复杂的脑部和视觉神经构造

该研究的成果是世界上首次对无脊椎动物化石神经系统的专题报道，是古生物学研究特别是澄江动物群研究中的一大突破，也开辟了一个新的研究领域——古生物神经学。本文发表后，业内许多同行首次意识到在非常特异的埋藏条件下，神经构造是有可能保存为化石的，这加深了我们对化石保存潜能的理解[7]。根据抚仙湖虫的脑部构造，我们可以推断在寒武纪生命大爆发时期节肢动物已经具备了较复杂的脑部构造和视觉系统，因此现生鳃足类节肢动物中较为简单的脑部构造应该是二次退化形成的，而非节肢动物脑部构造的祖先类型。

参 考 文 献

1　Giribet G, Edgecombe G D. Reevaluating the arthropod tree of life. Ann Rev Entom, 2012, 57: 167-186.

2　Strausfeld N J, Andrew D R. A new view of insect–crustacean relationships I. Inferences from neural cladistics and comparative neuroanatomy. Arthropod Struct Dev, 2011, 40: 276-288.

3　Glenner H, Thomsen P F, Hebsgaard M B, et al. The origin of insects. Science, 2006, 314: 1883-1884.

4　Regier J C, Shultz J W, Zwick A, et al. Arthropod relationships revealed by phylogenomic analysis of nuclear protein-coding sequences. Nature, 2010, 463: 1079-1083.

5　Hou X, Aldridge R J, Bergström J, et al. The Cambrian Fossils of Chengjiang, China: The Flowering of Early Animal Life. Oxford: Blackwell Publishing Company, 2004.

6　Ma X, Hou X, Edgecombe G D, et al. Complex brain and optic lobes in an early Cambrian arthropod. Nature, 2012, 490: 258-261.

7　Budd G E. Cambrian nervous wrecks. Nature, 2012, 490: 180-181.

The Oldest Fossil Brain from Cambrian Arthropods

Ma Xiaoya, Hou Xianguang

The nervous system provides a fundamental source of data for understanding the evolutionary relationships between major arthropod groups. However, neural tissue is rarely preserved as fossil. Here we report exceptional preservation of the brain and optic lobes of a stem-group arthropod from Early Cambrian (520 Myr ago), *Fuxianhuia protensa*, exhibiting the most compelling and the oldest neuroanatomy known from fossil record. *Fuxianhuia* shares a tripartite brain and three nested optic neuropils with extant Pancrustacea (except Branchiopoda), demonstrating that these characters were present in some of the earliest arthropods. The complex brain of *Fuxianhuia* accords with neural cladistics analyses, suggesting that the simpler brain structure of Branchiopoda is the result of evolutionary reduction. The early origin of sophisticated brains provides a probable driver for versatile visual behaviours, indicating that compound eyes from the Early Cambrian were equal to those of modern insects and malacostracans in size and resolution.

4.20　2.5亿年前地球出现致命高温

赖旭龙　孙亚东　江海水

(中国地质大学(武汉)生物地质与环境地质国家重点实验室)

工业革命以来，二氧化碳持续排放，全球变暖的趋势没有减缓的迹象。全球变暖对于当今全球气候异常、生物多样性降低、珊瑚白化和物种向高纬度和高海拔地区迁移有重要影响。从地质历史角度来看，当今地球仍然属于较冷的时期，目前地球两极仍有冰盖覆盖。研究地质历史时期曾发生的温室气候及其对生物的影响，对未来的全球变暖研究具有重要启示意义。

约在2.5亿年前的二叠纪-三叠纪之交，地球上发生了地质历史上最大的一次生物灭绝事件。包括四射珊瑚、横板珊瑚和三叶虫在内的95%的海洋物种及约75%的陆地物种遭到灭绝，直到中三叠世海洋生态系统才得到全面恢复。这次灭绝事件对地球海洋生物进化有着重要的影响：以固着滤食生物为主的古生代海洋生态类型消亡，向主动捕食和固着滤食生物共同发展的中生代-现代海洋生态类型转变。

有关二叠纪-三叠纪之交生物灭绝的性质和原因一直是国际学术界长期探索的前沿和热点，对于导致这次生物大灭绝的原因一直众说纷纭。常见的观点有陨石撞击地球说、海平面变化说、火山爆发说、海洋酸化说、气候变化说、海水缺氧说及陆地野火说等。以上这些灭绝的原因大多数与气温变化有着直接或间接的因果联系，因此定量研究该时期的古温度变化显得尤为重要。

赤道海平面温度是衡量地质历史时期环境温度的重要参数。我国华南在约2.5亿年前的二叠纪-三叠纪之交是位于古赤道附近的多岛洋，具有世界最好的海相地层记录，为我们的研究提供了良好的客观条件。深时古气温可以通过氧同位素来恢复，但能够保留原始氧同位素信号的地质记录，因为沉积岩石及很多化石在成岩和保存过程中会发生改变。在本研究中，我们采用海相微体化石牙形石的氧同位素作为指标。牙形石是已经灭绝的类盲鳗类脊索动物的磷灰石质取食器官，单个牙形石个体大小一般0.1毫米左右，早三叠世的牙形石个体更小。磷灰石的磷-氧共价键结合力很强，不易受到破坏和改造，较好地记录了当时海水的氧同位素变化。三叠纪的岩石样品中牙形石数量很少，为了获得分析氧同位素的足够样品，我们在贵州、广西等地10多条地质剖面上采集和处理了两吨多的岩石样品，获得了3万多枚牙形石标本。在显微镜下挑选出约1.5万枚牙形石进行同位素测试，获得了162组古温度数据，首次定量地构建了该时期赤道低纬度地区高精度的古海水温度的变化曲线，揭示了中-古生代之交是一个从冰室气候到温室气候转变，并在早三叠世一直延续了近500万年极端高温的过程[1,2]。《科学》审稿人认为我们的工作量是"里程碑式的"。

我们的数据表明，晚二叠世的气温与现在的气温类似，温度在二叠-三叠纪界线附近迅速上升，穿过现代海洋赤道海平面年平均温度范围(25~31℃)[1]。在早三叠世的格里斯巴赫期达到35~38℃，随后的迪乃尔期气温有所变冷，但仍维持在较高的水平，随后气温高位振荡一直到中三叠世(2.47亿年前)。整个早三叠世的5个百万年中持续高温，赤道海平面温度比现代海洋温度高约5~8℃，在斯密斯-斯帕斯期之交的短暂时间内，海平面温度可能达到了40℃[2]。二叠-三叠纪之交海水温度的急剧升高与二叠纪末的生物大灭绝相吻合，从而以实际数据证实了二叠纪末快速温室效应是导致这次生物大灭绝的重要原因。

对陆地四足兽和海生爬行动物和鱼类的统计表明，这些脊椎动物在晚二叠世在全球多纬度广泛分布，在早三叠世初期高温期逐渐撤离了赤道。在斯密斯亚阶晚期，绝大部分四足兽分布于北纬30°以北和南纬40°以南的区域，而鱼类和海生爬行动物也主要集中于两极高纬度地区。到斯帕斯晚期至中三叠世，气温逐渐降低，脊椎动物又逐渐回到赤道，在全球广泛分布。这些现象反映了全球变暖导致的生物迁移，脊椎动物的高迁移力和低依氧热耐受性，使它们在温室时期能够首先离开赤道炎热地区[2]。

早三叠世的高温对海洋植物和无脊椎动物也有重要的抑制作用。如钙藻在华南的早三叠世极为稀少，直到早三叠世晚期才逐步恢复，而同时期北部高纬度地区(如格陵兰岛)的钙藻则十分繁盛。固着生存的门类，如腕足类、腹足类，由于缺少游泳动物所具有的主动捕食和趋利避害的能力，在早三叠世的多样性明显低于游泳类，且在大灭绝后的复苏更为缓慢。

早三叠世的极热高温也较好地解释了该时期全球缺少煤沉积的原因。一般而言，赤道海平面温度所对应的陆地温度更高，如现在赤道海平面温度为25~31℃，而赤道陆地地区的温度常常可达到40~55℃。在早三叠世，这一温度在陆地上可能更高。对于C3植物而言，超过30℃时光合呼吸作用就开始逐渐增强，在超过35℃时光合呼吸作用超过光合作用，大部分植物无法生存。而高温也会增加细菌和真菌等分解者的分解有机质的能力，如现代亚马逊热带雨林有世界上最贫瘠的土壤。这些原因导致了早三叠世的陆相碳不能固定成煤。

2012年10月19日出版的国际著名学术期刊《科学》发表了我们以上研究成果。《科学》在同一期专门发表国际著名古生物学家大卫·博特杰(David Bottjer)教授的评述[3]，介绍了我们的研究成果，认为该项成果对研究未来全球变暖对生物的影响具有重要启示作用。该文也被《美国国家地理》(National Geographic)、《新科学人》(New Scientist)等网络和平面媒体报道，引起了国际上的广泛关注。目前此文已经被《科学》《自然·地质学》《美国科学院院刊》等国际著名刊物引用7次。著名的全球变化专家马修·休伯(Matthew Huber)在接受《新科学人》采访评述本成果时指出：很显然，广泛存在的热死亡是有关地质历史时期生物大灭绝研究中被忽视了并缺少研究的一种机制，地球上的生物群可能易受赤道地区非常强的气候变暖的攻击。

参 考 文 献

1　Joachimski M M, Lai X, Shen S, et al. Climate warming in the latest Permian and the Permian-Triassic mass extinction. Geology, 2012, 40: 195-198.

2　Sun Y, Joachimski M M, Wignall P B, et al. Lethally hot temperatures during the early Triassic greenhouse. Science, 2012, 338: 366-370.

3　Bottjer D J. Life in the early Triassic ocean. Science, 2012, 338: 336-337.

Lethally Hot Temperatures at 250 Ma Ago

Lai Xulong, Sun Yadong, Jiang Haishui

The Permo-Triassic transition witnessed the most devastating mass extinction during the Phanerozoic. Oxygen isotope derived from conodont suggested that the rapid rise of equatorial sea surface temperatures coincided with the end-Permian mass extinction. The temperatures rose to exceptional high values in the following early Triassic lasted five million years and were inimical to lives in the equator. The exceptional warmth might be a contributing factor for the delayed ecosystem recovery.

4.21　地球内核边缘存在形状不规则现象

温联星

（中国科学技术大学地震与地球内部物理实验室）

地球内部自里至外分为地核、地幔和地壳三个同心球层，而地球地核可进一步分为内、外核(图1)。地球内核位于地球中心，是个像月球大小的固体铁球，外面被高速流动的液态铁镍合金(也有些其他较轻元素)外核所包围。地球内核随着地球内部的缓慢冷却，从外核凝固逐渐向外生长。内核在其增长过程中产生潜热并释放较轻的元素，为外核的热化学对流提供驱动力。其中，内核凝固产生的潜热为外核对流提供了热能，而内核凝固中释放的轻元素则在地球内部重力作用下由外核底部往上浮，为外核对流提供了化学驱动力。

外核对流是产生地球磁场的原因。因此，探索地球内核的凝固过程是了解产生地球磁场的驱动力的关键。地球磁

图1　地球内部结构及地震波传播

场不仅对于地球上生物的生存与繁衍具有重要的保护作用，地球磁场的变化也对我们的现代生活有着尤其重要的影响。地球磁场拦截了太阳辐射来的带电粒子和来自宇宙的射线，使它们不能冲破大气层到达地面，保护着生物的生存与繁衍；地球磁场的变化影响着和我们紧密相关的卫星导航系统等。科学界现有的观念认为，由于外核温度变化极小，地球内核的凝固过程在不同地理位置上是均匀的。因此，内核表面应该是均匀光滑的，凝固过程产生的地磁场驱动力也应该是横向均匀的。

科学家对地球内核的探索依赖于地震和核爆产生的地震波。地震或核爆产生的弹性波穿越地球内部到达地面，产生震动。地震波引起的地面震动造成了我们平常熟悉的地震灾害，如房屋倒塌、桥梁破坏等。不过，地震波穿越地球内部不同深处直至地心，在穿过不同介质时具有不同的速度，且在地球内部不同的界面 (如地核与地幔分界面) 产生反射和折射。地震波就像一面镜子照亮了地球内部，成为一种探测地球内部的主要手段。利用地震波探测地球内部和医学中X射线拍片的原理一样。在X射线拍片中，我们通过X射线穿过人体。因为X射线对人体器官及骨骼有不同的穿透能力，通过分析穿过人体的X射线的强度，我们得到人体器官及骨骼的影像。地震波探测地球内部则通过分析穿透地球内部的地震波的走时(即地震波从震源到达观测点所需的时间)和衰减，得到地球内部的结构。

我们通过分析由班达海三个深部地震散发的从地球内核表面反射的地震波的走时和振幅来研究地球内核表面(图1)，结果发现，这些地震波的走时和振幅在日本的高敏度地震台网的不同台站的记录中呈现快速的变化。地震波在有些台站晚到2秒之久，而

在另外一些台站则早到2.5秒；地震波的强度在台网观测中的变化达到4倍以上。我们通过模拟地震波传播，发现地球内核表面至少拥有一种横向6千米、垂向起伏14千米的地形和另一种横向2~4千米、垂向起伏4~8千米的系列地形。

这一研究结果首次利用直接的地震学证据，证明地球内核表面并非我们所认为的是均匀光滑的，而是至少拥有两个不同尺度的不规则地形。地球内核表面是一个由地核成分和温度控制的液态(外核)－固态(内核)相变面。地球内核表面存在不规则的现象表明，这个相变面随区域而变化。我们提出了两种可能的解释：①地球内核表面是一个由其局部的温度和成分控制的固－液态平衡相边界，内核表面存在不规则地形表明内核表面附近存在着小尺度的温度和成分的变化；②小尺度的驱动力使地球内核表面变形，使其偏离固－液态平衡相边界，形成不规则形状。边界的热化学平衡本应使内核边界调整至原来的平衡位置，即偏离固－液态平衡相边界的内核部分将被融化，但如果热化学平衡调整所需的时间比小尺度的驱动力变化的时间要长，即这些不规则的变形还来不及与周围的成分和温度达到新的平衡，则内核表面的不规则的现象可能存在。这种情况下，地球内核边界处于动态和不稳定状态。这两种解释都表明，地球内核的凝固过程随区域不同而变化，甚至有可能在某些区域凝固、另外一些区域融化。也就是说，产生地磁场的驱动力随区域不同而变化。因此，科学界需要重新评估产生地磁场的驱动力。

国际权威学术期刊《美国科学院院刊》(PNAS)于2012年4月30日在线发表了这项研究成果[1]。此项研究获得了国家自然科学基金重点项目和中国科学院、国家外国专家局"创新团队国际合作伙伴计划"的资助。

参 考 文 献

1 Dai Z Y, Wang W, Wen L X. Irregular topography at the Earth's inner core boundary. P Natl Acad Sci USA, 2012, 109(20):7654-7658.

Irregular Topography at the Earth's Inner Core Boundary

Wen Lianxing

The solidification of the Earth's inner core releases latent heat and expels light elements, providing driving forces for the thermo-compositional convection in the outer core, a process responsible for generating the Earth's magnetic field. The inner core boundary has always been thought to be smooth and the drive forces of the outer core convection be laterally homogeneous. We analyzed seismic waves reflecting off the inner core boundary and discovered that the inner core is irregular, with a combination of at least two scales of topography: a height variation of 14 km changing within a lateral distance of no more than 6 km and a height variation of 4-8 km with a lateral length scale of 2-4 km. This study provided first direct seismic evidence for the existence of irregular topography at the inner core surface and indicated that the drive forces for generating the Earth's magnetic field need to be re-evaluated.

4.22　我国黄土研究揭示当前温暖的间冰期可能至少持续4万年

郝青振　旺　罗　郭正堂

(中国科学院地质与地球物理研究所)

古气候研究发现，第四纪时期(自260万年前以来)地球环境呈现冰期(寒冷期)和间冰期(温暖期)气候交替出现的特征。我们现在生活在最新的一个间冰期——全新世。全新世气候未来变化趋势是什么？目前在学术界还存在很大的争议[1,2]，无法为人类社会应对气候长期变化策略的制定提供可靠的科学依据。

在古气候研究中，预测未来最重要的途径是研究地质历史时期的"环境相似型"。太阳辐射是影响地球气候系统变化的最重要外部驱动力，根据太阳辐射的变化规律，与未来6万年最为相似的时期分别出现在过去距今40万年、80万年前后[3]。这些时期地球处在太阳辐射岁差周期(约2万年周期)变化幅度最小的时期，这种状况每隔40万年出现一次，是地球轨道偏心率40万年长周期调控的结果。要运用这种"相似型"预测未来气候，首先需要证实太阳辐射周期性变化的相似性在地球环境系统的演化过程中是否产生过重要的作用，并在地质记录中也具有重现性和周期性。

上述相似型提出后，全球科学家对40万年前附近的环境相似型开展了全球性的集成研究，但终因不同地区地质记录、模型模拟结果存在显著差异，至今没有对这个时期的温暖程度、间冰期长度等问题形成统一的认识[4]。造成上述分歧的关键是缺乏北极冰盖演化的直接地质记录，北极冰芯的连续可靠的记录仅能够追溯至最近12万年。大幅度的冰期、间冰期气候变化以两极冰盖的收缩和扩张为基本特征，并引起海平面大幅升降，其中北极冰盖变化起主导作用。而过去对北极冰盖长期演化的认识主要来自深海有孔虫化石壳体的氧同位素记录，但是实际上氧同位素反映的是两极冰盖变化的综合环境效应，并且可能受到大洋底流水温的严重影响。如何重建距今40万年、80

万年时期北极冰盖演化的历史，成为认识全新世气候发展趋势的关键。

我国黄土是研究北极冰盖的最好记录之一。早在20世纪90年代，我国科学家就提出，黄土堆积与北极冰盖变化有密切联系[5]。黄土高原地区的黄土主要是干旱－半干旱区的戈壁、沙漠地区的粉尘(颗粒直径一般小于63微米)被亚洲冬季风吹飏、搬运，在黄土高原地区沉积下来形成的粉尘堆积。亚洲冬季风是指在冬季来自西伯利亚高气压中心的冷空气在亚洲地区形成的偏北气流。而西伯利亚高气压中心指每年10月至翌年4月底，西伯利亚－蒙古一带变冷速率快，在大气对流层下部形成高气压中心。在冰期时期，北极冰盖增大，引起西伯利亚高压增强，冬季风增强，导致更多的粗颗粒粉尘被携带至黄土高原沉积下来，黄土粒度增加[5](图1)。因此，利用上述原理，有望从黄土中提取北极冰盖演化的独立信息。

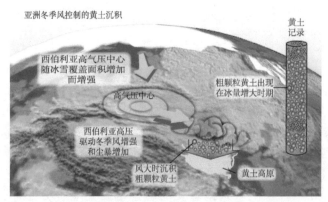

图1 黄土沉积与北极冰盖发育的关系示意图

我们选择西峰驿马关和洛川两个典型黄土剖面进行研究，对近3000个样品进行了粒度和频率磁化率分析，建立了90万年以来高分辨率的冬季风和夏季风的演化历史。利用同一剖面、同一样品、不同指标的相位差方法揭示了北极冰盖独立演化规律，获得以下新认识[6]。

(1) 在以40万年为周期的北纬65°夏季太阳辐射变化幅度最小时期，北极冰盖的增长滞后于全球冰期发展，滞后时间最长约达到2万年。这种现象不仅发生在40万年前后，还发生在80万年前后，具有明显的周期性。

(2) 太阳辐射变化幅度达到最小是造成40万年、80万年前北极冰盖滞后发展的根本原因。在太阳辐射变幅最小的时期，其最低值偏高，难以降至冰盖形成的阈值，这就使得上述两个时期北极冰盖难以与全球冰期同步发育。

(3) 上述结果为推断未来北半球冰期来临的时间提供了关键证据(图2)。与40万年前后相比，未来6万年太阳辐射的变率更低。根据当时北极冰盖滞后而导致的间冰期气候延长可以推测，即使不考虑人为大气CO_2剧增的影响，北半球目前温暖的间冰期气候可能至少还会持续约4万年的时间。这项研究说明，虽然我们生活在全新世，但是要了解目前气候长期演化趋势，还必须到第四纪古气候记录中寻找答案。

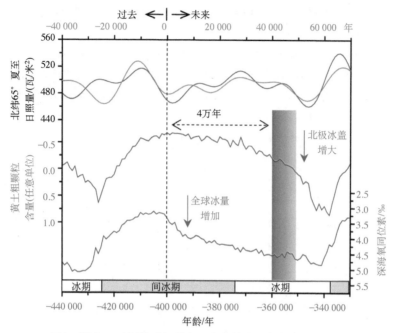

图2　距今40万年前后与现在-未来的太阳辐射变化的对比

上图40万年前后太阳辐射(蓝色曲线)与未来6万年太阳辐射(橙色曲线)的对比(负值代表过去)；下图40万年前后黄土粒度(>32微米颗粒含量的正规化结果，响应北极冰盖变化)和深海氧同位素(响应冰期-间冰期变化)曲线，显示北极冰盖滞后全球冰期发展至少2万年。底部为传统的冰期、间冰期气候阶段划分方案

　　这项研究表明，南极、北极冰盖的增长在40万年周期上是不同步的，其演化具有相对独立性和规律性，与传统认识不一致，为探索第四纪冰期-间冰期气候旋回变化中两极冰盖的行为和机制提供了新线索。上述结果发表在2012年10月18日出版的《自然》上。

　　上述研究引发另外一个需要关注的问题，在40万年前后的间冰期，格陵兰岛上分布着大片森林[7]，全球海平面可能比现在高约6～13米[8]，这些都预示当时北极冰盖可能全部消失。目前处于与40万年前太阳辐射驱动相似的时期，即使不考虑大气CO_2剧增的影响，自然过程也可能会导致格陵兰冰盖全部融化，海平面大幅度上升(5～7米)。这一问题的证实，需要进一步深入开展第四纪古气候长尺度的详细研究。

参 考 文 献

1　汪品先.下次冰期预测之谜.海洋地质与第四纪地质，2003，23(1): 1-6.

2 Tzedakis P C, Channell J E T, Hodell D A, et al. Determining the natural length of the current interglacial. Nat Geosci, 2011, 5: 138-141.

3 Loutre M F, Berger A. Marine Isotope Stage 11 as an analogue for the present interglacial. Global Planet Change, 2003, 36: 209-217.

4 Droxler A W, Poore R Z, Burckle L H. Earth's Climate and Orbital Eccentricity: The Marine Isotope Stage 11 Question. Geophysical. Monograph Sereries137. Washington, D C: AGU, 2003.

5 Ding Z L, Liu T S, Yu Z W, et al. Ice-volume forcing of East Asian winter monsoon variations in the past 800,000 years. Quaternary Res, 1995, 44: 149-159.

6 Hao Q Z, Wang L, Frank O, et al. Delayed build-up of Arctic ice sheets during 400,000-year minima in insolation variability. Nature, 2012, 490: 393-396.

7 de Vernal A, Hillaire-Marcel C. Natural variability of Greenland climate, vegetation, and ice volume during the past million years. Science, 2008, 320: 1622-1625.

8 Raymo M E, Mitrovica J X. Collapse of polar ice sheets during the stage 11 interglacial. Nature, 2012, 483: 453-456.

Chinese Loess Records Suggest That the Current Warm Interglacial Climate Will Persist at Least 40,000 Years

Hao Qingzhen, Wang Luo, Guo Zhengtang

An east Asian winter monsoon proxy record using grain size variations in Chinese loess over the past 900,000 years shows that for up to 20,000 years after the interglacials at 400,000-year intervals, the weak monsoon winds maintain a mild, non-glacial climate at high northern latitudes. These were linked to a weak Siberian high-pressure system associated with a delayed build up of northern ice and snow. The extension of warm interglacial conditions coincides with minima in insolation variability, modulated by the eccentricity of Earth's orbit with long cycles of 400,000 years. The earth will experience a new episode with minimum insolation variability over the next 60,000 years. The close similarity between future insolation and that 400,000 years ago leads us to speculate that the future climate may still remain in non-glacial mode for more that ~40 kyr, even without taking into account forcing by the rapid increase in anthropogenically generated greenhouse gases.

4.23 卫星追踪古冰盖地区水储量变化新途径

汪汉胜[1] 贾路路[1,2,3] 霍尔格·斯特芬[4,5] 胡百卓[4] 江利明[1]

许厚泽[1] 相龙伟[1,2] 王志勇[6] 胡波[1,2]

(1 中国科学院测量与地球物理研究所大地测量与地球动力学国家重点实验室；2 中国科学院大学；3 地壳运动监测工程研究中心；4 加拿大卡尔加里大学；5 瑞典国土测量局；6 山东理工大学)

从生物学和社会学意义看，水是生命的基本保障。水用于日常生活和灌溉、矿产开发、能源生产等方面，在人类发展与气候变暖共同影响下，水资源可供应量和需求量将发生变化。因此，了解水资源长期变化对人类的生存和社会可持续发展是至关重要的。本研究追踪北美、北欧近10年水储量长期变化，针对该地区利用卫星重力数据进行水文监测所面临的难点问题开展研究工作。

2002年欧美联合发射重力恢复和气候实验(GRACE)卫星，通过精确测量重力(主要是来自陆地水引力)的变化，它能在全球范围内逐月追踪陆地水储量的变化，但在北美、北欧地区却遭遇瓶颈[1]。因为这些地区在末次冰期基本上被冰盖覆盖，而且冰厚度很大，最厚达三四千米，完全超出我们现在的想象。尽管古冰盖从约二万年前开始消融，约六至八千年前消融殆尽，然而由于地幔不是弹性体，曾经被压迫的地壳，至今还不能回弹到原来的位置。换句话说，现今地球仍然进行均衡调整(GIA)，这主要表现为地壳回弹，地幔高密度物质回流，使引力场增加，从而使GRACE的水文监测受到强烈的干扰。遗憾的是，当今GIA模型又强烈地依赖地幔黏滞度和古冰盖的历史变化等参数，具有较大的不确定性，所以GIA模型不能提供精密的改正[2]。因此，尽管GRACE成功运行10年，但在北美、北欧地区，如何有效排除均衡调整的影响，进而得到准确的水储量长期变化一直困扰着学术界。

为了实现古冰盖地区水文信号和GIA信号的有效分离，我们采取了两大研究策略。一是引进新的观测信息为分离创造良好条件。我们很幸运地可以利用两地区10余年高质量的GPS网地壳运动观测数据[3,4]；二是提出GRACE联合GPS数据分离两种信号的理论途径。我们注意到，著名地球物理学家沃尔(Wahr)等(1995)提出谱域GIA引起的垂直位移与重力变化有简单的线性关系[5]，于是深受启示。我们将GRACE和GPS观测数据分解为不同阶次的谱分量，在谱域利用上述线性关系，定义差分谱，就排除了GIA

的影响，从而差分谱仅包含水文的贡献，根据牛顿引力和负荷形变理论就可以进一步精确地估计水储量的变化。我们用已知水文学模型和GIA模型，在不同GPS观测站分布条件下进行了模拟分离，试验结果说明该分离途径非常有效。

我们采用2002年8月～2011年3月GRACE卫星重力每月数据、北美1993～2006年和北欧1996～2006年GPS观测网数据[3,4]，利用所提出的分离途径，成功揭示近10年两地区水储量的长期变化。研究发现，在北美中部的加拿大三省草原(艾伯塔、萨斯喀彻温和马尼托巴省)、五大湖地区，过去10年陆地水量剧增(图1)，每年增加430±50亿吨，在北欧斯堪的纳维亚南部陆地水量也增加，每年增加23±8亿吨(图2)。最大的水量增加出现在萨斯喀彻温省，每年达20毫米，反映了加拿大草原1999～2005年发生极端干旱[6]后的水量恢复过程(图3)。GRACE所揭示的水储量变化均被验潮站和井中水位观测所证实[7](图3)，且倾向于支持欧洲的WGHM水文模型[8]。还应该指出，这里发现的陆地水量显著上升，意味着冰融水和降水流进海洋的量可能减少，因此如果仅用海平面上升评估全球变化，则有可能会低估全球变暖的响应。

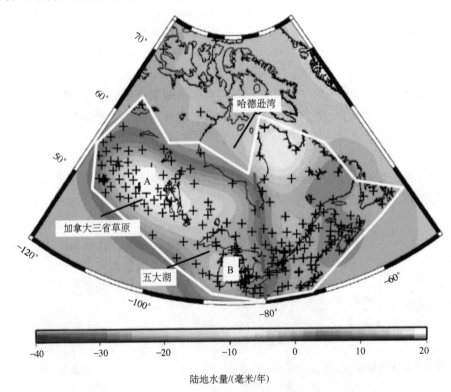

陆地水量/(毫米/年)

图1　北美近10年陆地水量长期变化
加拿大三省草原和五大湖水量急剧上升(A,B为峰值处)

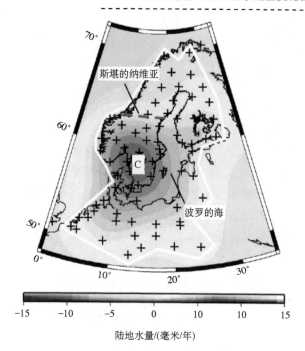

陆地水量/(毫米/年)

图2 北欧近10年陆地水量长期变化
斯堪的纳维亚南部水量上升(C为峰值处)

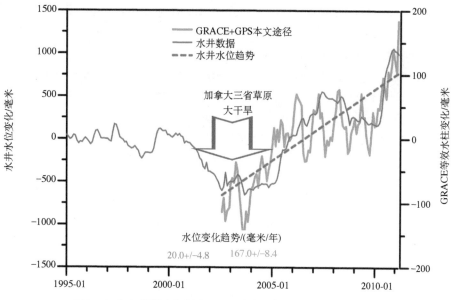

图3 加拿大萨斯喀彻温省GRACE结果与水井平均数据的对比
两种独立的观测有相同的变化和趋势

我们提出的新途径，能在北美、北欧和青藏高原等末次冰期冰川发育地区，从GRACE及其后续计划观测的重力数据中排除均衡调整的巨大干扰，有效分离出水储量变化及其趋势，所给出的结果有利于了解北美、北欧当前知之甚少的区域水储量变化趋势，进一步显示了卫星重力探测地球系统质量变化与迁移的巨大能力。该项研究对了解地球系统质量变化和迁移，特别是对全球水循环及其与大气圈、水圈和海洋的交换过程，以及对水资源利用和海平面上升等研究具有重要意义。

2012年12月2日国际著名学术期刊《自然·地球科学》在线发表了上述研究成果的相关论文，被该杂志选为研究亮点，列入与同期《自然·气候变化》共同焦点——《全球变暖形势下的水资源》，两杂志以"追踪水资源的变化"为题发布新闻稿。其在介绍中指出，过去利用卫星重力数据探测北美、北欧陆地水储量一直很困难，该论文发展了分离水文信号和均衡信号的途径，从而使得精确监测北美和斯堪的纳维亚过去10年的水量变化趋势成为现实，其结果对精确预测海平面上升是非常重要的。

参 考 文 献

1 Lettenmaier D P, Famiglietti J S. Hydrology: Water from on high. Nature, 2006, 444: 562-563.

2 Steffen H, Wu P, Wang H. Determination of the Earth's structure in Fennoscandia from GRACE and implications for the optimal post-processing of GRACE data. Geophys J Int, 2010, 182: 1295-1310.

3 Sella G F, Stein S, Dixon T H, et al. Observation of glacial isostatic adjustment in "stable" North America with GPS. Geophys Res Lett, 2007, 34: L02306.

4 Lidberg M, Johansson J M, Scherneck H-G, et al. Recent results based on continuous GPS observations of the GIA process in Fennoscandia from BIFROST. J Geodyn, 2010, 50: 8-18.

5 Wahr J, Han D, Trupin A. Predictions of vertical uplift caused by changing polar ice volumes on a viscoelastic earth. Geophys Res Lett, 1995, 22: 977-980.

6 Hanesiak J M, Stewart R E, Bonsal B R, et al. Characterization and summary of the 1999–2005 Canadian Prairie Drought. Atmos Ocean, 2011, 49: 421-452.

7 Wilcox D A, Thompson T A, Booth R K, et al. Lake-level variability and water availability in the Great Lakes. US Geological Survey Circular, 2007, 1311: 25.

8 Döll P, Kaspar F, Lehner B. A global hydrological model for deriving water availability indicators: model tuning and validation. J Hydrol, 2003, 270: 105-134.

A New Approach for Keeping Track of Water Storage in Glaciated Areas from Satellite Gravity Mission

Wang Hansheng, Jia Lulu, Holger Steffen, Wu Patrick, Jiang Liming, Hsu Houtse, Xiang Longwei, Wang Zhiyong, Hu Bo

The trend of present-day water storage change has been successfully determined from Gravity Recovery and Climate Experiment data in many parts of the world. However, in North America and northern Europe, this has been hindered by the strong overlapping background signals of glacial isostatic adjustment. Here we use a combination of space-borne gravity and GPS measurements to clearly separate the hydrological signals without any model assumptions. According to our estimates, central North America has experienced a strong water storage increase of 43.0±5.0 Gt/yr in the last decade, which is mostly attributed to recovery in terrestrial water storage after the extreme Canadian Prairies drought between 1999 and 2005. A smaller increase of 2.3±0.8 Gt/yr is determined in southern Scandinavia. Both mass changes are consistent with long-term terrestrial water-level observations. The results help define the poorly known water storage on the continents and highlight once more the capabilities of space-borne gravity missions.

第五章

公众关注的科学热点

Science Topics of Public Interest

5.1　科学家发现疑似希格斯玻色子

陈国明

（中国科学院高能物理研究所）

一、希格斯玻色子的由来

　　地球绕着太阳运行，之所以没有偏离轨道，是因为地球和太阳之间存在引力，而引力的起因是质量。地球上每个物体都有质量，都能感受到地球对它的引力。然而，质量的起源是什么？要厘清这一问题，可以先了解物质的结构。依赖于实验发展起来的现代物理学告诉我们，任何物体都是由分子或原子构成，分子由原子构成，原子由原子核和绕核旋转的电子构成；而原子核由质子和中子构成，质子和中子都由夸克和胶子组成。已经知道电子的直径小于10^{-19}米，就是说它可能是一个点粒子。实验中测到轻子和夸克都有质量，但中微子的质量非常小。我们可以推测物体有质量是因为构成这些物体的基本粒子有质量。不过实验也发现物体的质量并不等于构成这个物体所有基本粒子的质量之和。在研究核裂变中发现裂变出来的两个碎片的质量之和小于原来核子的质量，不过裂变过程释放了能量。其减小的质量(δm)和释放的能量E之间满足爱因斯坦公式：$E=\delta mc^2$，这个能量叫做结合能。原子弹就是根据这一原理制造出来的。因此物体质量的另一个来源是结合能。庄子说："一尺之棰，日取其半，万世不竭"，意思是说物质是无限可分的。假设轻子和夸克还能再分，那么有可能轻子和夸克的质量来自结合能。所以物质是否无限可分，质量的本质是否就是结合能，或者还有其他来源，这是一个问题。

　　关于基本粒子及其相互作用的标准模型可以解答这个问题。根据标准模型，轻子和夸克是不能再分的没有结构的基本粒子，而希格斯玻色子则是质量之源。1964年弗朗索瓦·恩格莱特和罗伯特·布朗特发表了一篇文章，首先提出了一种机制和一种粒子。两个月后，彼得·希格斯发表了第二篇文章，刚才所提的机制和粒子就以希格斯命名。同年11月，杰拉尔德·古拉利尼克和汤姆·克勃尔发表了第三篇文章。这三篇文章为标准模型解决质量问题奠定了基础。

根据标准模型和大爆炸理论，宇宙起源于一次大爆炸，无数的正反粒子同时产生，轻子和夸克通过与希格斯场的相互作用获得了质量。这些粒子凝聚成物质，通过长时间的演化形成了星系，从而有了地球，有了人类。如果没有质量，就没有引力作用，宇宙就不会是现在这样。因此，希格斯粒子被称为"上帝"粒子。

不过在找到希格斯粒子之前，它还只是一个传说。实际上也存在与标准模型竞争的理论，如超对称理论，它可以将电磁力、弱力和强力统一起来。超弦理论将4种作用力都纳入进来，并有望将其统一。在超对称理论中存在多种希格斯粒子，其性质和标准模型的希格斯粒子有相同之处，也有不同之处。在超弦理论中则不存在希格斯粒子。如果轻子和夸克还能再分，则这些理论都是不正确的，一切等待实验来检验。

标准模型可以解释以往所有的实验现象，并预言存在Z粒子和W粒子，希格斯粒子和胶子。结果Z粒子和W粒子在欧洲核子研究中心的质子－反质子对撞机上被找到，根据量子色动力学，胶子是不自由的，但可以被夸克辐射出来，形成喷注。这样的胶子(g)喷射也在丁肇中领导的Mark-J实验中被找到。所以标准模型取得了巨大成功，而其他的理论则到现在为止都没有被证实。但另一方面，标准模型只能解析占宇宙4%的重子物质，并不能解析其余占96%的暗物质和暗能量，也不能解析为什么宇宙中正反物质不对称。

二、欧洲核子研究中心找到疑似希格斯粒子

2012年7月4日，欧洲核子研究中心大型强子对撞机(LHC)上的紧凑缪子线圈(CMS)实验报告了希格斯粒子寻找的最新进展，研究人员以4.9倍标准差的置信度看到了质量为125.3 ± 0.6吉电子伏的新粒子。稍后超环面仪器(ATLAS)实验宣布以5倍标准差看到质量为126.5吉电子伏的新粒子。由于ATLAS的质量测量误差在126吉电子伏处是1.2吉电子伏，因此两个实验所看到的新粒子的质量在误差范围内一致；并且两个实验都是从双光子道和四轻子道看到这个新粒子，其特性与我们寻找了几十年的标准模型希格斯粒子相符合。同时，由于事例数还太少，尚不能排除是其他粒子的可能。

这一粒子的发现，使我们对微观世界和宇宙起源的认识前进了一大步，是人类认识自然的一个里程碑。这一创世纪的新粒子的发现标志着一个时代的结束，也预示着一个令人兴奋的新时代的到来，我们将在太电子伏能区的研究开始新的征程。经过几十年的沉闷期，现在理论家和实验家的互相促进又活跃起来，粒子物理学又获得了发展的动力。对于这个迷人的新粒子，以及潜在的其他新粒子的研究可以回答目前存在的问题。例如，这个粒子是否在宇宙暴涨的机制中发挥作用？它与充满宇宙的暗物质

有否相互作用？在更高能区是否存在新的机制，或者过程可以保持脆弱真空的稳定，使我们的存在免受威胁？

在国家自然科学基金委员会、科技部和中国科学院的支持下，我国科研人员参加了CMS和ATLAS实验，在探测器研制和物理分析方面都做出了重要贡献。CMS中国组包括中国科学院高能物理研究所和北京大学两个单位。中国科学院高能物理研究所研制了1/3的CMS端盖缪子探测器，北京大学研制了部分缪子触发探测器。这两个子探测器是CMS从四个缪子寻找希格斯粒子的关键子探测器。同时组成CMS端盖电磁量能器的晶体是由中国科学院上海硅酸盐研究所研制的，对希格斯粒子衰变到两光子的探测起关键作用。

CMS中国组参加了希格斯粒子到两光子道的分析，对本底的排除方面做出了重要贡献。希格斯粒子到两光子的本底分可抑制和不可抑制两种。可抑制本底指两质子对撞产生了强子，而强子被误判成光子。中国组提出独特的区分强子和光子的方法，区分效果优于其他小组，在这次希格斯粒子到两光子的寻找中被CMS合作组所采用。不可抑制本底指两质子对撞直接产生两个光子，而不是来自希格斯粒子的衰变。中国组与一个法国组合作测量了这种事例的产率，分析了在这种事例中两个光子的不变质量分布、动量分布、夹角分布，在这些细致的研究中找出与希格斯粒子衰变到两光子的不同之处，对提高寻找希格斯粒子的灵敏度有重要意义。

三、需要建造大型电子对撞机来证实

要证实这个新粒子是标准模型的希格斯粒子可能还要花很长的时间，甚至需要建造一个正负电子对撞机来实现。标准模型理论对希格斯粒子的自旋宇称、衰变道、衰变分支比，对希格斯粒子和W粒子、Z粒子、顶夸克的相互作用，以及希格斯粒子的自相互作用强度都有预言，实验上需要对上述项目进行逐一测量，并与理论预言进行对比。而做这些测量需要足够的事例数。为此，LHC将在2013年停机一年，更换注入系统，改进超导连接；在2014年实现14太电子伏对撞，瞬时亮度达到10^{34}/(厘米^2·秒)，将为ATLAS和CMS实验提供更多希格斯粒子的事例；在2015年两个实验将升级探测器，以提高探测器的性能。我国参加了这两个实验，将在探测器升级中发挥作用。

估计LHC可以通过几年的努力测量出新粒子的自旋。现在已经知道这个新粒子是玻色子，它可能的自旋为0或者2。LHC可以通过衰变产物的角分布来确定它的自旋，如果为0则为标准模型的希格斯粒子；但很难准确测量这个新粒子与W粒子、Z粒子的相互作用强度，与顶夸克的相互作用强度；而希格斯玻色子的自相互作用强度，则由于LHC的本底太高而无法实现，因此需要建造正负电子对撞机来实现。

建造一个新的大型电子对撞机一方面是为了证实希格斯玻色子是否属于标准模

型，而另一方面则是为暗物质、暗能量和正反物质不对称寻找答案。目前世界上有两个方案，一个是国际直线对撞机(ILC)，已经拟议多年，比较成熟，但造价高。另一个是针对新粒子的质量为125吉电子伏提出来的新方案。原来欧洲核子研究中心的正负电子对撞机LEP2的对撞能量达到了200吉电子伏，如果能够到达245吉电子伏，则可以大量生产125吉电子伏的疑似希格斯玻色子。为此，中国科学家提出建造比LEP2规模稍大的正负电子对撞机，称为LEP3，造价大约为300亿元，目前该项目正在进行前期的研究。

Scientists Discovered a Higgs-like Particle

Chen Guoming

On 2012 July 4, LHC, the Large Hadron Collider at the European Center of Nuclear Research, declared a discovery of new particle consistent with Higgs boson, which is the origin of mass of the universe, according to the Standard Model of particle physics. The epochal discovery of the particle marks the beginning of an exciting new phase in particle physics. The Chinese team participated in the experiment and made an important contribution. An electron positron collider is needed to study the property of the new particle in order to verify whether it's really the Standard Model Higgs boson.

5.2　火星生命信息的探测与"好奇号"火星车

欧阳自远　付晓辉
(中国科学院地球化学研究所)

一、火星探测缘起

从1958年美国和苏联发射月球探测器以来，人类开始了太阳系探测的伟大征程。迄今为止，人类已经对太阳系各层次天体，包括太阳、行星及其卫星、矮行星、小行星、彗星和太阳系空间实施了258次探测活动。人类对月球开展了118次的探测活动，实现了对月球的飞越、硬着陆、环绕、软着陆、月球车与载人登月等探测活动。对类地行星(水星、金星与火星)实施了84次探测，其中火星探测42次，开展了对火星的飞越、环绕、着陆器与火星车探测。

关于地外生命信息的探测，人类侧重于对火星、土卫六、木卫二、小行星和彗星的探测，关注度最高的探测对象是火星。太阳系的行星、矮行星与卫星中，火星表面的生存环境最接近地球。火星与地球两者之间有许多相似之处，例如，地球上的一天是23小时56分，火星是24小时37分，两者有几乎相同的昼夜；地球的轨道面和赤道面的夹角是23度27分，火星是25度11分，它们有几乎相似的季节变化。

火星不利于生命生存的条件非常明显：火星比地球寒冷得多，火星表面昼夜温度变化于20～-139℃之间，年平均温度为-40～-60℃。火星重力加速度只有地球的38%，由于火星的引力场较弱，大气易逃逸，现在的大气较稀薄，平均表面气压仅700帕，不到地球的1/100。由于火星大气稀薄，风速比较大，当火星上的风速达到50～100米/秒时，100微米的尘粒被吹到大气中，形成区域性尘暴，每个火星年约发生上百次区域性尘暴。几个区域性尘暴偶然联合起来，把大量尘沙卷到30千米的空中，发展成全球性大尘暴，可持续几个星期。火星具有多极子磁场特征，火星的内禀磁矩是地球的1/5000。火星上存在着电离层，太阳风与火星电离层作用，形成不大的磁层，由于火星大气层稀薄且没有整体内禀磁场，难以阻止银河宇宙线和太阳高能粒子轰击火星。火星表面发现有古河道、古湖泊甚至古海洋盆地的水体活动的遗迹，但现今火星表面没有发现一滴液态水。

二、火星探测历程

自从1887年意大利天文学家斯基帕雷利首先观察到火星上的"运河"以来，火星上是否存在生命备受关注。对火星的空间探测始于1960年10月10日苏联发射"火星1960A号"火星掠飞探测器，至2011年11月26日美国发射"好奇号"火星车，人类共开展了42次火星探测活动。火星生命信息探测的最高科学目标是"判断与确证现在火星有生命体的存在与活动"；若火星现在没有任何生命及其活动信息，科学目标设定为"探测与确证火星过去是否曾经发育过生命及其活动信息"；在仍然不能确证火星过去曾经发育过生命的前提下，科学目标设定为"火星适应生命生存的环境条件和探测火星水体的活动与演化"。

1975年，美国"海盗1号"着陆器和"海盗2号"着陆器是第一批成功着陆火星并对火星样品开展分析的探测器，其主要任务是探测火星上是否有生命或是否存在过生命。"海盗1号"着陆在Chryse地区，位于火星北纬20°，靠近火星的一个冲击河谷。"海盗2号"在Cydonia地区着陆，接近北极冰帽边缘。两个着陆器开展了4项生物学实验来探测火星是否存在生命，探测结果表明火星表面没有任何生命及生命活动的信息。2007年，美国"凤凰号"火星着陆器的探测结果再一次证明火星表面没有任何生命和生命活动的信息。

1997年7月，美国"火星探路者号"火星车返回的照片清楚地显示了火星阿瑞斯平原几十亿年前可能发生过特大洪水。2002年3月，美国"奥德赛号"探测器发现火星表面之下可能有丰富的冰冻水，并绘制了火星地下水储量分布图。美国"勇气号"和"机遇号"火星车探测到火星土壤和岩石表面的赤铁矿、硫酸盐和黄钾铁矾等，这些矿物通常在水作用环境下生成。2007年2月，美国"火星勘测轨道飞行器"探测发现火星表面大片地区都分布着水合二氧化硅，再加上之前发现的层状硅酸盐和水合硫酸盐，这些都表明液态水曾长时间存在于火星表面。1996年NASA的科学家报道了在一块从南极收集到的火星陨石ALH 84001中发现可能是生物活动的证据[1]，利用电子显微镜观察陨石的薄片，发现了大量最原始的微生物结构的"化石"，它们的形成年龄为36亿年。历史上火星表面很可能有过孕育生命所需要的条件。

2004年，欧洲"火星快车号"探测器在轨道上探测到甲烷[2]，2008年"凤凰号"着陆器搭载的热蒸发分析仪(TEGA)探测到了甲烷是一种不稳定的气体，只能在大气中保存300～600年，它的存在说明火星上存在仍活跃的甲烷生成过程。因此，火星生命的科学问题再一次成为焦点。火星生命信息的探测已经从探测火星液态水转移到寻找过去适宜火星生命繁衍的环境和遗迹，而探寻和发现火星现在生命活动的信息仍然强烈地激励着科学家永不停息的探索梦想。

2012年8月6日成功着陆的"好奇号"火星车搭载了专门用于火星样品中有机物分析的样品分析仪(SAM)，将为火星生命信息的探测提供更多证据。

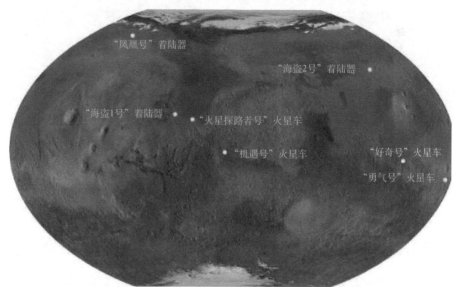

图1　美国发射的历次火星着陆器在火星的着陆位置

三、"好奇号"火星车的科学任务

"好奇号"火星车是美国继"海盗1号"与"海盗2号""火星探路者号""凤凰号""机遇号"与"勇气号"着陆器或火星车之后探测能力最强的火星探测器,是人类火星探测器中耗资最多(25亿美元)、重量最重(899千克)、探测仪器配置最齐全、技术指标最先进、探测任务最全面、科学期望值最高的火星探测器,因而称为"火星科学实验室"。"好奇号"火星车着陆在火星南纬4.6°、东经137.4°,靠近盖尔撞击坑内的夏普山山麓。

"好奇号"火星车在技术上有多项重大突破,特别是首次使用天空起重机,反冲减速,成功实现"好奇号"软着陆;火星车的工作驱动和夜间保温使用放射性同位素钚-238热电发生器,将热能转化为电能,输出功率达到110瓦。

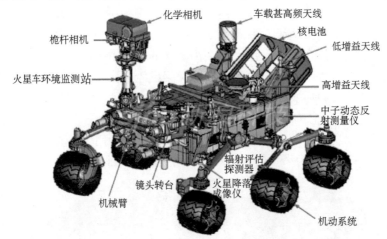

图2 "好奇号"火星车的科学探测载荷及其安装部位

"好奇号"火星车的科学目标是探测火星现在和过去火星生命存在的环境。根据"好奇号"配置的科学探测载荷,它们承担的科学探测任务分别是:

(1)"好奇号"降落火星过程的影像拍摄——火星降落成像仪。

(2)火星着陆区地形地貌的高清晰度彩色照片和视频拍摄——桅杆相机。

(3)火星表面环境探测:①测量火星表面的高能辐射,了解辐射环境对火星形成生命的影响,确定未来航天员在火星表面可能受到的辐射剂量——辐射评估探测器;②测量火星大气压、湿度、风速、风向、地面温度及紫外辐射——火星车环境监测站。

(4)火星过去生命存在的环境探测:①测定火星表面矿物的成分、类型与含量——化学与矿物学分析仪;②火星表面土壤和岩石颗粒形态的成像——透镜成像仪;③土壤与岩石的成分分析——激光光谱仪和阿尔法粒子激发X射线谱仪；④含水矿物和地下水冰的探测——中子动态反射测量仪。

(5) 火星现在和过去生命活动信息探测：搜寻构成生命的要素——碳化合物(甲烷和二氧化碳)的碳同位素组成特征——由3个独立的仪器：四极杆质谱仪、气相色谱仪和激光光谱仪构成的火星样品分析仪器(SAM)，是"好奇号"的心脏。

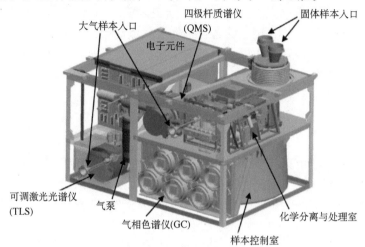

图3　火星科学实验室搭载的样品分析仪器(SAM)

地球上生命在演化过程中逐渐选择碳的轻同位素^{12}C。这是因为有机分子(包括最简单的甲烷)中，^{12}C的结合能要低于^{13}C。因此，氨基酸结合形成的蛋白质同样倾向于选择^{12}C。有机物中这种同位素分异特征是生命所特有的。因此，可以利用碳同位素比值的分析来区分生物成因和非生物成因甲烷。日本学者上野(Ueno)等系统分析了澳大利亚西部枕状玄武岩带的流体包裹体中甲烷和二氧化碳的同位素特征，发现石英颗粒中甲烷的同位素特征与现在生物成因甲烷相同。这些岩石形成于35亿年前，这是有关地球上太古代生命存在

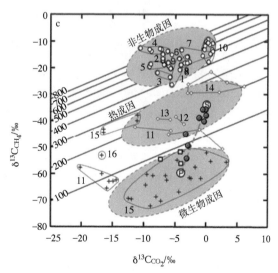

图4　地球上不同成因甲烷和二氧化碳中$\delta^{13}C$分布[3]

的确凿证据。同时这一结果对于认识地外生命，如探测火星的甲烷属于生物成因或是非生物成因具有重要科学意义。

"好奇号"搭载的四极杆质谱仪、6柱气相色谱仪、可调激光吸收光谱仪等，其科学目标是：探测火星上的有机分子及其氧化态、分子量和化学结构；通过溶剂萃取和化学衍化法提取氨基酸、核碱基、羧酸；探测火星大气中多种微量组分，如水、氧气、氮气、氩气、臭氧、乳气和甲烷等在光化学作用下的日变化和大气中的季节变化；探测火星大气组分和火星土壤岩石中释放气体中碳、氮、氧、氢及稀有气体等同位素比值。火星大气或岩石中甲烷的碳同位素特征，将是判断其成因的重要依据。期望SAM将对火星大气、土壤与岩石持续开展探测并取得重大进展。

参 考 文 献

1　Mckay D S, Gibson E K Jr, Thomas K K L, et al. Search for past life on Mars: possible relic biogenic activity in martian meteorite ALH84001. Science, 1996, 273(5277): 924-930.

2　Formisano V, Atreya S, Encrenaz T, et al. Detection of methane in the atmosphere of Mars. Science, 2004 306: 1758-1761.

3　Ueno Y, Yamada K, Yoshida N, et al. Evidence form fluid inclusions for microbial methanogenesis in the early Archaean Era. Nature, 2006, 440: 516-519.

Mars Life Exploration and Curiosity Rover

Ouyang Ziyuan, Fu Xiaohui

Among the planets of the solar system discovered so far, the similarities between Mars and Earth make Mars the most prominent planet for hunting extraterrestrial life. The American Mars rover Curiosity completed first successful drive on Mars on Aug 6th 2012, representing a significant leap forward in the exploration of Mars. This paper introduces the origin, history, and achievements of Mars life exploration, and highlights the technical breakthroughs in Mars rover Curiosity as well as the missions undertaken by Curiosity.

5.3　我国深海载人潜水器的发展和应用前景

徐芑南

（中船重工集团第七○二研究所）

海洋占地球表面积的71%，除去各国领海和200海里的专属经济区外，还有占地球表面积49%的海域由联合国国际海底管理局管辖，这片深蓝色海洋的深度大部分超过1000米，蕴藏着丰富的战略资源和生物资源(图1)。

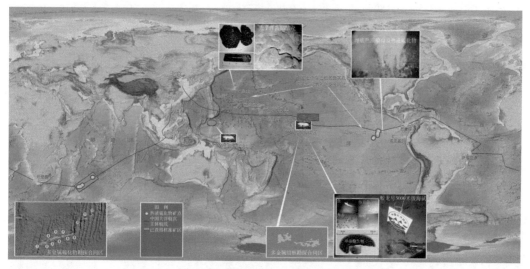

图1　大洋中所蕴藏的丰富战略资源和生物资源

据初步调查：

(1) 在5000～6000米的深海盆地贮存总量约3万亿吨多金属结核矿，富含钴、镍、铜、锰。

(2) 在3000～4000米左右深的海山坡上贮存总量达10亿吨富钴结壳。

(3) 在1500～3000米左右深的大洋中脊上分布着金属硫化物(黑烟囱)，富含铜、铅、锌、金、银、铂，还有能承受高温、高压、不依赖光合作用、不怕毒的新生物基因资源。

(4) 在2000米左右深的大陆边缘海底含有气体水合物(可燃冰)，是气体分子和其周围包围的水分子构成的晶体 ——新能源。

(5) 约40%的有远景油气盆地在海底。

这些都是人类在地球上的最后财富，也是人类所共享的财富。作为一个以建设海洋强国为目标的国家，我国有责任来合理开发这些深海资源，以保障人类的经济能得以持续发展。为此，1990年中国大洋矿产资源研究开发协会(简称中国大洋协会)成立，专门从事国际海底资源调查和开发工作，这就是深海载人潜水器研制的战略背景。

一、深海载人潜水器的发展与现况

1960年1月23日瑞典科学家雅克·皮卡德(Jacques Piccard)和美国海军军官唐·沃尔什(Don Walsh)乘坐"的里雅斯特(Trieste)号"载人潜水器(图2、图3)，下潜到马里亚纳海沟10 960米深度，创造了迄今为止的载人深潜世界纪录；1962年法国工程师维尔姆(Willm)和海军军官乌奥(Houot)乘坐"阿基米德(Archimede)号"载人潜水器，下潜到日本岛外Kourille海沟9543米深度，这些潜水器被称为第一代深海载人潜水器。其载人耐压舱由锻造的高强度合金钢制成，内径在1.6米左右，只能容纳2人，其浮力是靠大容量的密度小于1千克/分米^{3}的液体来提供。其中，前者使用航空汽油，潜水器重量达150吨；后者使用液态烃，潜水器重量达190吨。这么庞大的体积在水下机动性差，只能说是完成了人类对极限深度的成功探险，但无法用于深海的科学考察和资源勘查。

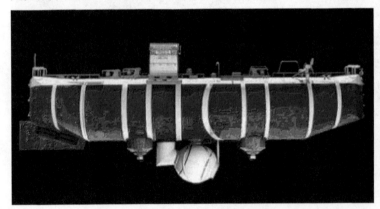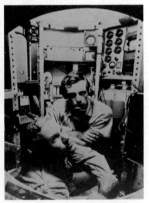

图2 "的里雅斯特号"载人潜水器外形　　图3 "的里雅斯特号"载人潜水器载人舱内

由于耐水压、低密度、可机加工的玻璃微珠与环氧树脂合成的浮力材料研制成功，极大程度缩小了潜水器的体积，造就了重量在20吨左右的第二代深海载人潜水器，载人舱内径也扩至2米左右，可容纳3人。这类潜水器水下机动能力强，其不以下潜深度为最重要的指标，而是强调作业能力，其中的典型代表是美国"阿尔文(Alvin)号"载人潜水器(图4)，建造之初设计下潜深度为1829米。随着钛合金材料在载人耐压球壳上的应用，第二代载人潜水器的下潜深度也由1000米级扩展至6000米级，20世纪80年代出现了法国6000米级"鹦鹉螺(Nautile)号"(图5)，美国6000米级"海崖(Sea Cliff)号"，苏联6000米级"和平-Ⅰ(Mir-Ⅰ)号"(图6)、"和平-Ⅱ(Mir-Ⅱ)号"，日本6500米级"深海6500(Shinkai6500)号"(图7)，1994年经过二次改造后的"阿尔文号"，其下潜深度也可达4500米。2011年俄罗斯又研制成6000米级"领事(Consul)号"，美国计划2013年再次完成对"阿尔文号"改造，工作深度将延伸至6500米。

图4 "阿尔文号"

图5 "鹦鹉螺号"

图6 "和平-Ⅰ号"

图7 "深海6500号"

2012年3月26日美国大导演卡梅隆(James Cameron)乘坐"深海挑战者(Deepsea Challenger)号"单人深潜器(图8)到达马里亚纳海沟10 898米处，这是时隔半世纪后人类向海洋极限深度又一次成功的挑战。这只潜水器重量约12吨，高度约7.3米，载人钢球壳的内径仅有1.09米，只能一个人卷曲待在设备仪器之间，其最大的特点在于装备了8台高清摄像机(其中4台安装于球壳的外面)和高为2.4米的三列LED组灯，可以在水

(a)

(b)

(c)

图8 "深海挑战者号"

(a)"深海挑战者号"单人深潜器下水；(b)"深海挑战者号"外形；(c)"深海挑战者号"舱内

下拍摄3D影像，这无疑为深海摄像技术的创新发展做出了贡献，但还不能作为作业型载人深潜器。

我国载人潜水器的研制起始于20世纪70年代初，工作深度在300～600米，主要应用于救捞作业。但在80年代后，经费主要投入转向了带缆和自治无人潜水器，其最大工作深度已达到6000米，2002年初展开了"蛟龙号"载人潜水器的研制，2012年完成了7000米级海试。

二、"蛟龙号"载人潜水器的技术特色

"蛟龙号"载人潜水器(图9)空气中总重在23吨左右，钛合金载人耐压球舱内径为2.1米，可搭载3名乘员，水下工作时间为12小时；由耐高压、低吸水率的浮力块和轻外壳组成了整体流线型外形；配备了7只推力器，潜浮压载使潜水器能以40米/分的速度实现无动力下潜、上浮；装有LED等水下灯、高清摄像机、成像声呐、避碰声呐、水声通信、GPS、VHF等观察、通信和导航系统；并安装了两支举力为60～67千克的七功能机械手和一支采样篮；还配备了高能量密度的充油耐压银锌蓄电池。

图9 "蛟龙号"

(a)"向阳红9号"船布放"蛟龙号"；(b)"蛟龙号"载人潜水器外形；(c)"蛟龙号"载人潜水器舱内

"蛟龙号"具有当前世界同类作业型载人潜水器的最大工作深度7000米，其他国家载人潜水器在6000米或6500米有的先进能力，"蛟龙号"在7000米时也具有：

(1) 具有先进的综合作业能力。能提供各种先进的采样、LED照明和高清摄像、测绘和监测等手段的应用条件，使科学家可以直接观察、取样、测绘，充分发挥人到达调查研究现场获得第一手信息的优势，使作业效率达到最大化。

(2) 具有高度安全性和可靠性。备有6套应急抛载装置，在应急情况下可获得足够浮力上浮出水面；3人可维持84小时生命支持能力；1套电气线路绝缘实时监测和故障隔离装置。

通过4个阶段的海试验证，"蛟龙号"更具有以下技术优势：

(1) 稳定的潜水器自动巡航能力和直升机一样的悬停能力。这为提高声学和光学装置的测绘精度提供了稳定的动态基准，为潜水器在盆地、山坡、洋中脊等复杂地形航

行时提高了航行安全性。

(2) 先进的高速数字化水声通信能力。能实时传输图像、语音、文字,图像传输速度1幅/10秒,各种数据1包/60秒,在水下传输斜距可达到9000米,这是当今国际上水下最长传输距离。

(3) 高精度的测深侧扫声呐。具有等深线为1米的微地形地貌测绘能力。

尤其在5000米级和7000米级海试,"蛟龙号"先后开展了坐底取样、定深定高航行、近底巡航和海底微地形地貌精细测量等作业,取得了地质、生物、沉积物样品和水样,还记录了大量海底影像资料;发现了马里亚纳海沟奇妙的深海地质和生物的多样性,展示了"蛟龙号"在科学研究、资源勘探等方面广阔的应用前景。

三、我国深海载人潜水器的应用前景

全国海洋科技界迫切期盼着"蛟龙号"能充分发挥其作用。从2013年起,"蛟龙号"将开展试验性应用,即将执行"南海深部科学计划"的海底环境调查;之后将对我国已获得的东北太平洋7.5万平方千米的多金属结核勘探合同区和西南印度洋1万平方千米的多金属硫化物矿勘探合同区进行资源与环境的详细调查,为下一步开采作准备;还将对2012年国际海底管理局已接受我国申请勘探的西太平洋3000平方千米的钴结壳矿区及其他矿区进行勘查,以便为下一步申请提供必要的资料。

今后我国要从横向和纵向两个层面来发展深海载人潜水器技术。作为横向层面,7000米的作业范围可覆盖地球海域的99%以上,因此首先要集中力量,组成一个运载器勘查团队,并形成业务化能力,其中包括:①载人、无人遥控、无人自治三种潜水器的配套发展;②水面支持母船的建造和水下作业支持平台的研发;③潜航员和操作员队伍的建设;④深潜关键设备国产化和产业链的形成;⑤运行机制的建立。上述的五点内容目前都已起步。

作为纵向层面,若条件许可,载人潜水器将到达尚剩的占世界海域百分之零点几的极限深度海沟进行科学考察。在这方面还有一系列关键技术需要攻破,其中包括:①极限深度下耐压载人舱新型材料和结构的设计建造技术;②低密度、耐高压的新型浮力材料建造技术;③快速下潜上浮低阻外形和推进综合性能研究;④高比能量新型动力源研制。

地球的内层空间是当前世界各国竞争的热点,深海是海洋科学发展的前沿,载人深潜技术更是深海高技术的制高点。因此,"蛟龙号"的研制成功,将为发展我国海洋经济、维护我国海洋权益、建设海洋强国、实现中华民族的伟大复兴做出贡献。

Development and Application Prospects of China's Manned Submersible

Xu Qinan

China's manned submersible Jiaolong sets a new national dive record after reaching 7062 meters. This paper summarizes the technical features and advantages of Jiaolong after overviewing the strategic background and the development progress of manned submersible at home and abroad. This paper also introduces the experimental applications that can be performed in Jiaolong, and represents the demanded service capabilities and the technology breakthrough for the development of China's manned submersible, based on which a comprehensive picture of the development and application prospects of China's manned submersible are presented.

5.4 转基因食品安全问题及其风险管理

李真真 缪 航

(中国科学院科技政策与管理科学研究所；中国科学院科技伦理研究中心)

自1983年世界第一株含有抗生素药类抗体的烟草转基因植物培育成功以来，转基因食品不断发展和丰富。转基因食品(genetically modified food，GMF)系指含有转基因成分的植物和动物食品，或者用转基因生物(包括植物类、动物类和微生物类)作为加工原料或添加剂而生产的食品。

转基因食品是现代生物技术发展的产物，却未像以往那样赢得人们的一致颂扬和美好憧憬。转基因食品被纠缠于一系列的科学争论和社会伦理的拷问之中，成为引发人们激烈争论的一个社会话题。尽管目前人们的反应不像从前那样剧烈，但是，有关转基因的每一个新信息、新动态仍然会触动人们敏感的神经，引发关注和争论。毋庸置疑，无论谁来描绘转基因的发展图景，都不会无视在其发展过程所发生的一系列争议事件。

一、被撕裂的转基因世界

20世纪90年代末爆发的一系列围绕转基因生物安全性问题的争议事件，使得人们对转基因的态度及立场的分裂在全球范围内日益凸显。1998年发生在英国的"普斯陶伊事件"成为转基因争论导火索[1]。这一事件最终引发了公众的大规模抗议运动，其抗拒情绪在欧洲乃至全球蔓延。此后的一段时间里，围绕转基因生物安全性问题的争议成为全世界关注的焦点。在这些由转基因技术发展及新突破掀起的一次又一次争议中，转基因世界也逐渐地呈现出一幅分裂的图景：

(1) 国家间的分裂。自1998年爆发欧美转基因贸易纠纷，发达国家和发展中国家围绕权衡转基因技术"风险－收益"的争论以来，国家间的这种分裂状态迄今未获消解[2]。尽管目前转基因作物种植已在全球展开，但各国对于转基因的态度仍然存有差异。

(2) 社会群体间的分裂。这种分化充分表现在围绕转基因生物安全性问题的争议事件中，如"普斯陶伊事件"所体现的是公众对政府和科学共同体的不信任。实际上，在一系列争议事件中，不同的群体对转基因所不断赋予的价值和利益诉求，都加剧了社会群体间在态度及立场上的分歧。

(3) 群体内部的分裂。在转基因相关事务上，群体内部的分歧也是明确存在的。可以说，无论是转基因争议事件，还是有关转基因的选择或决策过程，即使是对某一具体的转基因产品的选择或决策，不仅不同的社会群体，而且同一群体内部，其态度及立场都是很不一样的。

这种分裂状态也充分地体现在我国的转基因争议事件中，最典型的是2009年末2010年初爆发的争议事件。2009年10月农业部向社会公开第二批农业转基因生物安全证书批准清单，其中包括转基因抗虫水稻"华恢1号""Bt汕优63"和转植酸酶基因玉米"BVLA430101"。这一举动引发专业人士和环保组织的质疑，迅速进入公众的视野，并由此爆发了中国内地第一次受公众广泛关注和多群体广泛参与的有关转基因生物安全性问题的公开争论。回溯这次争议过程不难发现，对转基因安全性问题和技术风险的认识，已不再局限于转基因技术本身，技术风险同时展示出一种社会建构的过程。

二、转基因食品安全问题的双重性

回顾有关转基因食品的争议事件，似乎都脱离不了安全性的问题，或者都会围绕这个基本问题而展开。迄今为止，"转基因食品安全吗？"仍然是一个非常敏感的问题，在当今世界任何地方都可能会掀起一场风波。由此，我们需要追问，为什么转基因食品安全性问题成为一个如此持久的敏感性话题？

当深入到具体的争议事件中观察人们的态度及观点时，尽管会遇到多种多样的复杂的答案，但依然可以从中剥离出两种截然不同的态度及立场——对转基因食品安全持肯定或否定的态度。

让我们关注2009年末在我国发生的转基因安全争议事件，对比分析双方提出的支持证据。持肯定态度者提供的最有力证据是，转基因食品诞生以来，尽管爆发了多次对其安全性提出质疑而引发的争议事件，但最终都因证据不足或不符合实验标准而被否定；所以，实践证明，迄今并没有真正发生过转基因食品对人类健康的危害事件。而持否定态度者提供的强有力理由是，转基因食品并没有经过足够长时间的安全性试验，同时迄今也没有确切的实验结果提供肯定的安全性保证。

双方为自己的态度及立场所提供的辩护值得关注。持肯定态度者显然为自己提供了科学的辩护，即用科学的证据为自己进行辩护，而且就目前来讲，所提供的证据与经验事实相符合。而持否定态度者为自己提供的辩护则基于不确定知识条件下，依据此前的范例对未来的可能危害做出的推断。由此可以说，前者关注的是危害性问题，后者则是风险性问题。

"危害"与"风险"概念不同。危害指称已经被证明的客观事实，风险则是指潜在的或可能发生的危害。由此看来，转基因食品安全性问题具有"危害性"和"风险性"双重涵义。正是由于"风险性"问题来源于每个人的社会经验和价值判断，在风险判断上难以取得一致，使得转基因食品安全性问题的争议事件一再发生。

揭示转基因食品安全性问题的双重性具有意义。它表明，当我们谈论转基因食品安全性问题时，不仅要关注那些"危害性"问题，还应关注那些"风险性"问题。"风险"是现代社会最显著的特征之一。正如乌尔里希·贝克所指出的，技术的人工力量所不断表露出的危险和威胁，使得人类从"工业社会"进入了"风险社会"[3]，伴随着这一过程，"财富生产的逻辑逐渐地被避免风险和管理风险的逻辑所替代"[4]。因此，对风险的认识及其风险感知程度将直接影响到风险管理及其制度安排。这一点对我国尤为重要。

三、转基因食品的风险管理

伴随着转基因生物的开发及其商业化进程，应当采取怎样的管理政策及其制度安排来最大限度地避免可能危害的发生，或者采取怎样的管理措施应对和降低各种负面的影响或危害，已经成为现代社会公共管理重要和不可或缺的内容。

20世纪80年代后期，转基因作物开始进入产业化阶段，同时也正值欧共体(1993年后为欧盟)一些国家的产业技术监管体系从"应对"向"预防"发生转变[5]。所谓"预防原则"，按照联合国教科文组织的定义，是指"当人类活动有可能导致道德上无法接受，在科学上虽不能确定但似乎可能的损害时，就应当采取行动以避免或减小这种损害。"[6]预防原则的应用标志着对技术风险的管理方式由事后控制转向了事前控制，也使得与技术演进相关的社会伦理考量成为风险管理的内在维度。这种监管理念的转向，使得以预防原则为基础的欧盟模式与以实质等同原则为基础的美国模式同时并存，在转基因技术的风险治理机制上形成了两类风格迥异的框架体系。

多年来，我国政府逐步重视转基因生物安全管理。目前我国有关转基因的相关规章包括三类：一是我国参加的相关国际公约；二是我国现行法律中的相关规定；三是政府部门制定的专门的政策法规、管理措施等。但是，我国相关法律级别低的问题应当引起关注。我国迄今尚未出台针对转基因生物的专门法律文本，国家的法制管理主要依据政府部门的政策法规，而这些法规一般只在本部门内有效。此外，我国转基因食品安全风险监管体系建设方面仍然滞后。为提高政府对转基因食品安全监管方面的公信力，目前亟待解决以下三大问题：

(1) 确立我国转基因安全管理的基本原则，明确我国转基因安全的风险管理模式。目前在风险管理上已形成了两种基本原则：欧盟的"预防原则"和美国的"实质等同性原则"。欧盟和美国基于所确立的原则，分别建立了不同的管理模式，并被一些国家效仿或采纳。而我国迄今尚未针对风险管理提出和确立其基本原则，这种基本理念的缺失也导致了我国的风险管理模式的不清晰甚至混乱。

(2) 明确我国转基因食品风险分配机制，形成平衡"风险－收益"的良好格局。风险分配机制源于现代社会对风险的认知及现实感受。在实践层面上，它通过一些管理要素来表达，例如设置进入转基因食品行业的"门槛"，对含有转基因成分食品的标志要求等，以此达到权衡"风险－收益"之目的。但目前我国的风险分配机制仍然是不清晰的，很难实现权衡"风险－收益"的效果。

(3) 改进和完善监管体系，建立"权－责"挂钩的管理机制。我国的转基因食品安全管理基本处于"条块分割""各自为政"状态。不同的主管部门采用单行的法律规章确立自己的管理权限，对专门领域的转基因生物安全事务行使管理权。由于在整体上缺乏有效的协调机制，在风险管理的实践上部门权限之间的冲突难以避免；由此缺乏"权－责"挂钩的制定安排，在风险管理的实践上部门之间的推诿在所难免。

参 考 文 献

1　何玲.普斯陶伊(Pusztai)事件及其思考.自然辩证法研究,2004,20(8): 91-95.

2　Pew. U.S. vs. EU: an examination of the trade issues surrounding genetically modified food. Pew Initiative on Food and Biotechnology, 2005: 17-18.

3　乌尔里希·贝克.风险社会.何博闻译.南京: 译林出版社,2004: 15.

4　齐格蒙特·鲍曼.后现代伦理学.张成岗译.南京: 江苏人民出版社,2003: 234.

5　Tait Joyce. More Faust than Frankenstein: the European debate about the precautionary principle and risk regulation for genetically modified crops. J Risk Res, 2001, 4(2): 175-189.

6　COMEST. The Precautionary Principle. Paris: UNESCO. 2005. 14.

The Safety and Risk Management Issues of Genetically Modified Food

Li Zhenzhen, Miao Hang

The safety of Genetically Modified Food (GMF) is a lasting and sensitive topic in the world. This paper first describes the disrupt state caused by continuous controversies on the GMF safety, and then reveals the Dual connotations of GMF safety issues, which is the coexisting of "harm" and "risk". Based on this, it argues that "risk" is the main source of the persistent controversy, and attracts particular attention from current national regulatory systems. Finally, this paper has a reflective examination and discussion on existing strategies of GMF risk management and the management practices in China.

5.5　我国互联网隐私保护迫在眉睫

林东岱　章　睿

(中国科学院信息工程研究所信息安全国家重点实验室)

随着社会信息化程度的不断深入，以计算机和计算机网络为代表的信息技术已经渗透到我们生活的方方面面。但在网络给人们的工作和生活带来极大便利的同时，也给人们带来了严重的信息安全和个人隐私保护问题。网络隐私权是指在互联网时代，个人数据资料和在线资料不被窥视、侵入、干扰，以及非法收集和利用。无所不在的网络使人们置身于几乎透明的"玻璃社会"，个人信息更容易被获取和传播。近年来，个人隐私越来越多地被用于商业目的，许多用户在不知情的情况下资料被收集和使用，信息泄露事件频繁发生，从而引起了公众对网络隐私安全的广泛关注。构建互联网全方位的隐私保护体系刻不容缓。

一、我国互联网隐私保护现状不容乐观

近几年，我国的基础网络防护能力明显提升，企业和个人的网络安全防护意识和

水平显著提高。但是，互联网的信息安全隐患仍不能忽视，特别是隐私信息的泄露问题日益严重。国家互联网应急中心(CNCERT)公布的《2011年中国互联网网络安全报告》[1]显示，隐私保护已成为我国互联网安全的主要问题。

(1) 网站安全问题进一步引发网站用户信息和数据的安全问题。2011年底，CSDN、天涯等网站发生用户信息泄露事件引起社会广泛关注，被公开的疑似泄露数据库26个，涉及账号、密码信息2.78亿条，严重威胁了互联网用户的合法权益和互联网安全[1]。根据调查发现，我国部分网站的用户信息仍采用明文的方式存储，相关漏洞修补不及时，安全防护水平较低。

(2) 网上银行面临的"钓鱼"威胁愈演愈烈。随着我国网上银行的蓬勃发展，广大网银用户成为黑客实施网络攻击的主要目标。2011年初，全国范围大面积爆发了假冒中国银行网银口令卡升级的骗局，据报道此次事件中有客户损失超过百万元。

(3) 由手机、PDA等智能终端应用软件漏洞和恶意程序导致的信息泄露呈多发态势。由于智能终端产品用户群体较大，因此一旦某个产品被黑客发现存在漏洞，将导致大量用户和单位的信息系统面临隐私信息泄露的威胁。中国互联网络信息中心(CNNIC)发布的《第29次中国互联网络发展情况统计报告》[2]显示，因手机软件所导致的个人信息泄露问题日益突出。2011年中国境内约712万个上网的智能手机曾感染手机恶意程序，严重威胁和损害手机用户的隐私和权益。《2012年Android手机软件个人信息安全报告》[3]显示，部分软件存在个人信息泄露行为，其中 IMEI号泄露行为最为严重，手机号码次之。

(4) 木马病毒泛滥成为隐私保护的最大威胁。据工业和信息化部互联网网络安全信息通报成员单位报送的数据，挂马网站已经成为威胁我国互联网安全的主要因素。

(5) 安全意识薄弱导致泄密。CNNIC的数据显示，我国大部分网民不更换或者很少更换密码，依照使用地点更换密码或每月更换密码的用户不及10%。此外，不少互联网公司的安全意识薄弱更容易泄露信息。根据《2012年网站个人信息保护政策测评报告》[4]显示，在个人信息保护方面，游戏网站的行业平均得分最高，其次是电子商务、论坛博客、保险网站、婚恋网站和招聘网站，银行网站的行业平均得分最低。被测网站整体处于"个人信息保护意识逐步提高"的阶段，大部分被测网站均制定并公开了个人信息保护相关政策。但是，多数网站的个人隐私保护政策存在不完善的现状；大部分网站没有准确说明收集个人信息的内容和用途；部分网站收集了过多不必要的信息；部分网站随意转移、公开个人信息。

(6) 法律监管欠缺。我国现行法律对网络隐私权的保护较为滞后，还没有形成完整的法律体系，仅在一些相关的法律中有些零散的规定。随着信息处理和存储技术的不断发展，我国个人信息滥用问题日趋严重，其中更为恶劣的是非法买卖个人信息，社会对个人信息保护立法的需求越来越迫切。

二、网络新技术的发展使得隐私保护面临前所未有的挑战

移动互联网、云计算和物联网相互融合的时代已经到来，推进了网络的互联互通、人机物的逐步融合，这必将使互联网信息安全和隐私保护面临更多的安全问题与更为严峻的挑战。

(1) 手机、PDA等智能终端应用日益丰富，移动互联网安全和隐私问题凸显。移动互联网未来的发展趋势可总结为：终端智能化、网络IP化、业务多元化、平台多样化。终端智能化使得终端出现以往计算机才会出现甚至更为严重的安全问题(如彩信病毒、垃圾短信、恶意WAP PUSH等)；网络IP化使得电信特点与IP脆弱性结合，出现电信安全威胁(如匿名电话、电话洪水等)；业务多元化是指通信业务从传统的语音业务向数据、媒体等发展；平台多样化是指云计算和物联网的引入带来新的安全风险和安全需求。由于手机用户终端属性更加贴近个人，存储于其上的个人信息更有价值，因此移动互联网的安全和隐私问题必将更加突出。

(2) 移动互联网与云计算、物联网技术相互融合，安全问题进一步显现。云计算的虚拟化、多租户和动态性不仅需要进一步强化传统互联网的安全问题，同时也为移动互联网应用引入了新的安全问题。物联网的安全挑战主要包括：对网络中传输的大量隐私信息的保护问题；高分布式的终端使得集中式的防护模式不再适用，如传统的防火墙集中保护无法实现；对大量设备标志的认证问题；网络边界接入认证问题等。

(3) 数据挖掘等海量信息分析技术发展迅速，个人隐私受到侵害。云计算和物联网技术的快速发展，使得各行各业收集数据的能力大大提升，数据挖掘技术应运而生，即对存储的海量数据进行分析，转换成信息和知识，辅助决策管理。数据挖掘等数据分析技术已在保险业务、电子商务管理、质量分析等领域中得到了成功应用，但同时也意味着人们可以应用数据挖掘工具到数据库中挖掘分析出感兴趣的个人隐私信息，从而数据挖掘技术可能成为个人隐私和公民自由的威胁。个人信息隐私保护成为数据挖掘要面对的一个重要问题。

三、互联网发展新形势下对隐私保护的思考和建议

网络隐私权已成为网络信息时代人的基本权利之一，涉及对个人数据的收集、传递、存储和加工利用等各个环节。无论是个人、企业还是国家都应努力改善互联网隐私泄露的状况。要保护网络隐私不受侵害，必须最大化技术的作用，并从社会的监督

和法律上为隐私保护提供有力的保障，即要建立意识强化、国家立法、行业监管、技术发展"四位一体"的综合保护体系。

(1) 强化公民的网络隐私权保护意识。政府应重视网络隐私权的保护工作，充分利用各种新闻媒体进行广泛宣传，使广大公民明白隐私权保护的重要性，了解网络隐私保护政策与法律法规。同时，加强切实可行的计算机网络道德教育。保护个人隐私，同时尊重他人隐私，从而整体提高社会的隐私权保护意识。

(2) 及时制定保护网络隐私权的行政规章和相关法律法规。将隐私权明确规定为民法中一种独立的人格权，并对隐私权的主客体、内容、范围、特征，以及侵犯隐私权的行为、侵权责任等问题做出具体的规定。对个人数据的收集和持有、利用、披露和公开，以及数据主体的权利和义务、数据持有者的权利和义务、不当使用个人数据的法律责任等做出明确而详细的规定，且具有可操作性。对有关数据资料特别是网络通信领域收集、储存、传输、处理和利用个人信息过程中涉及公民隐私权的问题加以规范，确立个人信息的保护原则。

(3) 规范相关行业隐私保护条款，加强行业监管力度。在立法的基础上建立行业自律体系，要求各网络经营商必须制定个人隐私保护的自律声明或规章，并公布于其网站主页的显著位置，告知用户所拥有的权利，对用户个人数据的内容及数据的收集、使用和安全等方面做出规定。建立网络隐私达标认证体制，推进行业自身发展。同时，加强对相关行业的监管和惩罚力度。

(4) 加强网络信息安全基础设施建设，促进信息安全技术的开发与应用。互联网的数据包含大量的个人隐私信息，这些信息经过获取、传输、存储、挖掘、决策和控制等处理流程在互联网中传递，其中的每个处理环节都面临着信息泄露的风险。我们需要采用合适的安全技术来防止信息泄露或降低其风险，加强网络信息安全基础设施建设，推动密码算法和安全协议的应用，促进各种隐私保护技术进一步完善并向实用化发展，为互联网的健康发展和安全应用奠定基础。

参 考 文 献

1 国家互联网应急中心. 2011年中国互联网网络安全报告.http://www.cert.org.cn/publish/main/46/2012/20120523085533341215471/20120523085533341215471_.html [2012-05-13].

2 中国互联网络信息中心. 第29次中国互联网络发展状况统计报告. http://www.cnnic.cn/hlwfzyj/hlwxzbg/hlwtjbg/201206/t20120612_26720.htm [2012-01-16].

3 中国软件评测中心. 2012年Android手机软件个人信息安全报告. 2012中国个人信息保护大会. 2012-03-15.

4 中国软件评测中心. 2012年网站个人信息保护政策测评报告.2012中国个人信息保护大会.2012-03-15.

Internet Information Security and Privacy Preserving

Lin Dongdai, Zhang Rui

Information security and privacy preserving is an important guarantee for the healthy development of the Internet. This paper begins with the status quo of information security and privacy preserving of Internet, and gives a detailed analysis and elaboration of new challenges of the information security and privacy preserving in the Internet in the context of triple play and internet of things, based on which suggestions are proposed.

第六章

科技战略与政策

S&T Strategy and Policy

6.1 《关于深化科技体制改革加快国家创新体系建设的意见》起草的背景和意义

胥和平

(科技部办公厅调研室)

2012年7月6~7日，党中央、国务院在北京召开了全国科技创新大会。会前颁布了《关于深化科技体制改革加快国家创新体系建设的意见》(以下简称《意见》)。全国科技创新大会的召开和《意见》的颁布，成为我国科技创新发展的一个重要里程碑，成为加快转变发展方式、实现全面建成小康社会和全面深化改革开放的目标的巨大推动力，意义重大，影响深远。

一、科技体制改革和国家创新体系建设取得重要进展

改革开放以来，党中央、国务院相继做出一系列重大战略部署，我国科技事业快速发展。党的十六大以来，中央做出增强自主创新能力、建设创新型国家的战略决策，召开了全国科技大会，颁布了面向2020年的《国家中长期科学和技术发展规划纲要(2006—2020年)》；十七大以来，党中央把科技摆在了国家发展全局更加突出的位置，强调要发挥好科技的核心关键作用、支撑引领经济发展方式转变，科技体制改革进入了全面建设国家创新体系的新阶段。

经过多年持续不懈的努力，以解放生产力、促进科技与经济紧密结合为主线，我国科技体制改革不断推进且成效显著，科技创新理念、科研环境条件、创新组织方式、科技工作格局等都发生了历史性的深刻变化，发挥市场在资源配置中的基础性作用，发挥国家集中力量办大事的优势，充分调动创新主体和广大科技人员的积极性和创造性，适应社会主义市场经济的新型科技体制初步形成。特别是"十一五"以来，科技改革取得积极进展。全面实施科技重大专项，积极探索市场经济条件下的新型举

国体制；大力发展科技金融，加快科技成果转移转化，创新政策环境不断完善；启动实施技术创新工程，持续推进知识创新工程、211工程、985工程，加快推进国防科技创新、区域创新和科技中介服务体系建设。

与之相应，我国科技实力大幅提升。前沿技术和基础研究取得瞩目成就，载人航天、探月工程、载人深潜、超级计算机、高速铁路等实现重大突破。科技投入持续增加，结构不断优化，科研基础条件不断加强，研究开发和成果转化能力不断提高，科技开放合作不断扩大。科技面向经济社会发展和国家重大战略需求，发挥了重要的支撑引领作用，我国已经成为具有重要影响的科技大国。

二、深化科技体制改革的重要性和紧迫性

"十二五"时期是深化改革开放、加快转变经济发展方式的关键时期，也是提高自主创新能力、建设创新型国家的攻坚阶段。加快转变经济发展方式，科技进步和创新在国家发展中的地位和作用更加突出。随着科技事业快速发展和国际科技竞争的新变化，现行科技体制中一些不适应发展需要的问题日益凸现，科技体制改革和创新体系建设面临一些新的任务和挑战。

从世界科技发展趋势看，全球知识创造和技术创新的速度明显加快，新科技革命的巨大能量正在不断蓄积，科技创新与产业变革的深度融合成为当代世界最为突出的特征之一。我们必须以更加开放的视野来看待我国科技发展的国际环境，以更加有效的政策措施利用国际科技资源，吸引创新人才和各类创新资源向国内聚集，为有效利用和承接世界科学和技术转移做好准备。

从国家发展需求看，推动科学发展，急需转变经济发展方式，把经济社会发展转到创新驱动的轨道上来，把发展的实质落到提升创新能力上。我国经济总量已跃居世界第二位，但发展不平衡、不协调、不可持续的矛盾仍然突出，结构性问题已经成为一个根本性、全局性的问题，转方式、调结构的要求非常迫切。同时，我国经济社会发展对科技的需求日益多元化，全社会创新意识增强，从中央领导到社会各界对科技发展的期望越来越高，科技工作的责任越来越大。必须尽快破除束缚生产力的体制障碍，破解科技与经济结合的难题，推动经济社会尽快走上创新驱动、内生增长的轨道。

从科技体制改革现状看，多年科技体制改革已经取得了很大成绩，释放了巨大能量，但一些深层次矛盾和体制机制问题还未能得到根本解决。一是科技与经济结合问题没有从根本上解决，企业技术创新主体地位没有真正确立，产学研结合不够紧密，创新体系整体效能亟待提升；二是科研管理体制不完善，科技资源分散、重复、封闭浪费等问题突出，科技项目及经费管理不尽合理，研发和成果转移转化效率不高；三是科研评价导向不够合理，科研诚信和创新文化建设薄弱，科技人员的积极性创造性

还没有得到充分发挥。

形势的发展变化迫切要求我们，必须以更加长远的眼光和积极进取的态度，大力推进科技体制改革，努力革除阻碍创新发展的体制机制障碍和深层矛盾，建立起能够支撑中国成为科技强国、适应社会主义市场经济、符合现代科技发展规律的科技体制，建立和完善中国特色国家创新体系。

在这种情况下，党中央、国务院要求抓住科技与经济紧密结合这个重点，着力解决制约科技创新的突出问题，有步骤地系统推进改革。2011年7月，按照温家宝总理的指示，由刘延东国务委员担任组长，成立了由21个部门、单位和地方参加的科技体制改革和国家创新体系建设调研及文件起草小组，扎实推进各项工作，经过一年的努力，完成了《意见》的起草。《意见》经过广泛深入调研、注重集思广益、科学民主决策，先后经过较大范围的征求意见和多次修改完善，通过国家科教领导小组会议、国务院常务会议、中央政治局常委会和中央政治局会议审议、正式发布，成为指导创新型国家建设的又一份纲领性文件。

三、围绕实施创新驱动发展战略，落实深化科技体制改革、加快国家创新体系建设各项任务

此次全国科技创新大会和《意见》与2006年全国科技大会《国家中长期科学和技术发展规划纲要(2006—2020年)》精神一脉相承，同时根据新形势有新突破、新要求。一是思路上有新概括，明确提出要坚持创新驱动发展，形成了面向未来的国家发展重大战略。二是目标上有新要求，强调了2020年进入创新型国家行列、2050年成为世界科技强国的宏伟目标，特别提出了加强科技体制机制保障、提高国家创新体系整体效能的目标要求。三是任务上有新部署，突出强调要把解决科技与经济结合的问题、推动企业成为技术创新主体、增强企业创新能力作为深化科技体制改革的中心任务。四是政策上有新突破，明确要求落实好已有政策，总结推广试点政策，根据形势需要提出新的政策措施。

实施创新驱动发展战略，集中体现了我们党对当代经济社会和科技发展规律的深刻把握，反映了我国现代化建设和长远发展的战略需要，形成了当前转变发展方式的重大部署。《意见》提出的深化科技体制改革主要思路，强调以提高自主创新能力为核心，以促进科技与经济社会发展紧密结合为重点，着力解决制约科技创新的突出问题，充分发挥科技在转方式、调结构中的支撑引领作用，加快建设中国特色国家创新体系，已经成为我国科技改革发展的基本定位。特别是以企业为主体、加强协同创新这些重大思路和政策，将对我国科技创新各方面工作产生深刻影响。

我国过去30多年的快速发展靠的是改革开放，我国未来发展也必须坚定不移地依

靠改革开放。全国科技创新大会的召开和《意见》的颁布，吹响了在新的历史起点上深入落实《国家中长期科学和技术发展规划纲要(2006—2020年)》、开拓创新型国家建设新局面、开启迈向科技强国新征程的号角，启动了深化科技体制改革、加快国家创新体系建设的新战役，必将极大地提升国家创新能力，极大地开辟我国社会生产力发展和综合国力提升的新空间。

Background and Significance of "Opinions on Deepening the Reform of Scientific and Technological System and Speeding up the Building of a National Innovation System"

Xu Heping

Just before the National Scientific Innovation Conference, which was held on in early July 2012, the State Council of China issued "Opinions on Deepening the Reform of Scientific and Technological System and Speeding up the Building of a National Innovation System "(Hereinafter referred to as "opinions"). Great Progresses have been made in the reform of national S&T system as well as the building of national innovation system, but still there are new missions and challenges. "Opinions" puts forward a series of new tasks, measures as well as requirements, all of which give a full deployment for the building of innovative country, and make "opinions" a milestone for the development of China's S&T.

6.2　实施"高等学校创新能力提升计划"加快高校发展方式转变

教育部科学技术司

为了落实胡锦涛同志2011年4月在清华大学百年校庆上的重要讲话精神，教育部、财政部于2012年3月联合印发了《高等学校创新能力提升计划》(简称"2011计划")，并于2012年5月对"2011计划"的启动实施进行了工作部署，标志着"2011计划"正式进入实施操作阶段。

一、实施"2011计划"的重大意义

首先，实施"2011计划"，是贯彻落实胡锦涛同志重要讲话精神的战略举措。胡

锦涛同志在清华大学百年校庆大会上的重要讲话，紧扣"全面提高高等教育质量"这一核心问题，对于高等教育事业科学发展做出了深刻阐述。教育部、财政部决定联合实施"2011计划"，就是要贯彻落实胡锦涛同志重要讲话精神，推动高校"面向现代化、面向世界、面向未来"，坚定不移地走改革开放之路，促进内部资源和外部创新力量的有机融合，全面提高教育质量。

其次，实施"2011计划"，是推进高等教育内涵式发展的现实需要。当前，我国高等教育已进入了更加注重内涵提升的发展阶段，要求高校面向科学前沿和国家发展需求，在质量、特色和结构上下工夫。实施"2011计划"，紧紧抓住创新能力这个根本，抓住出创新成果、出创新人才这个关键，必将有力推动高校把更多的心思、更多的精力、更多的资源用于提高质量，坚定不移地走以质量提升为核心的内涵式发展道路。

再次，实施"2011计划"，是深化科技体制改革的重大行动。近年来，高校科研经费的快速增长为提高科技水平奠定了坚实的基础，而传统的思想观念和机制体制成为制约科技创新的最主要因素。"2011计划"提出的坚持"三个面向"、打破分散封闭、加强协同创新、促进科教结合和产学研用结合等发展理念，必将对加快国家创新体系建设和人力资源强国建设产生深远的影响。

党的十八大和全国科技创新大会将实施创新驱动发展战略、注重协同创新作为国家发展的新战略和新要求，这无疑为"2011计划"的实施提供了强有力的思想指导和更加广阔的发展空间。"2011计划"的实施不仅是高校贯彻落实党的十八大和全国科技创新大会精神的具体行动，也已成为国家层面推进科技体制改革、加快创新体系建设的重要组成部分。

二、"2011计划"的主要内容

"2011计划"是一个改革的计划。实施"2011计划"，要站在国家创新体系建设的战略高度，充分发挥高等教育作为科技第一生产力和人才第一资源重要结合点在国家发展中的独特作用，深化高校的机制体制改革，有效支撑我国经济社会又好又快发展，并在贡献中同步实现高校转变创新发展方式和提高高等教育质量的目的。

1. 以"国家急需、世界一流"为根本出发点，推动计划实施

"2011计划"旨在引导高校围绕国家急需解决的重大问题，组织和集聚一流团队，创造一流的成果，培养一流的人才，形成一流的创新氛围，推动世界一流大学的建设。"国家急需、世界一流"既是目标和方向，也是标准和条件。

2. 以人才、学科、科研三位一体创新能力提升为核心任务，统筹工作部署

"2011计划"提出人才、学科、科研三位一体创新能力提升的核心任务，目的是围绕重大科学问题和国家重大需求，增强三者之间的协同与互动，增强创新要素的有效集成，增强高校创新能力发展的导向性，增强投入与产出的效益。其中人才是根本，学科是基础，科研是支撑。

3. 以协同创新中心为载体，构建四类协同创新模式

要大力推进校校、校所、校企、校地及国际间的深度融合，探索建立面向科学前沿、行业产业、区域发展及文化传承创新重大需求的四类协同创新模式，形成一批"2011协同创新中心"，以此作为主要载体，逐步成为具有国际重大影响的学术高地、行业产业共性技术的研发基地、区域创新发展的引领阵地和文化传承创新的主力阵营。

4. 以创新发展方式转变为主线，深化高校的机制体制改革

"2011计划"提出"以机制体制改革引领协同创新，以协同创新引领高等学校创新能力的全面提升"的要求，力争突破高校内部与外部的机制体制壁垒，改变"分散、封闭、低效"的现状，释放人才、资源等创新要素的活力。通过大力推进高校协同创新组织管理、人事制度、人才培养、人员考评、科研模式、资源配置方式、国际合作及创新文化建设等8个方面的改革，推动实现3个转变：高校科学研究、人才培养等工作要超越学科导向，逐步向需求导向为主转变；创新组织管理要改革个体、封闭、分割方式，逐步向流动、开放、协同的机制转变；创新要素与资源要突破孤立、分散的制约，逐步向汇聚、融合的方向转变。最终实现高校创新发展方式的根本转变。

三、实施"2011计划"的关键问题

1. 把握好"2011计划"与211工程、985工程的关系

实施"2011计划"，是继211工程、985工程之后，中国高等教育系统又一项体现国家意志的重大战略举措。211工程、985工程实施多年，已在高校发展建设，尤其是学科、人才、平台等高校创新要素的集聚方面取得了很大的成绩。"2011计划"是211工程、985工程的发展和延续，三者依据我国高等教育不同发展阶段的不同要求，各有侧重，相互依托。"2011计划"重在改革创新高校的机制体制，推动高校内部资源和

外部创新力量的有机融合，建立协同创新模式，从而更好地提升211工程和985工程的实施效果，进一步释放现有创新要素的能量。

2. 把握好"2011计划"同国家和地方各类科技计划的关系

"2011计划"不是一个科研项目，也不是单纯的"基地"建设。核心是通过机制体制改革，构建更加有利于承担和完成国家和地方重大任务的协同创新模式与平台，实现创新方式的根本转变。因此，具备完成国家、行业、地方、企业等重大科研任务的能力和水平，并实际承担了相关的重大科研任务，是协同创新中心认定的前提与基础，是协同创新中心可持续发展的支撑与保障，也是检验协同创新成效的重要标准。

3. 把握好机制体制改革与推动协同创新的关系

"2011计划"是以机制体制创新为特色的一个改革性计划。协同创新强调多方汇聚、有效协同，参与的各方既可以是强强联合，也可以是优势互补，但要求实质性参与和发挥作用。机制体制改革强调改革的可操作性和执行落实效果，目的是打破协同创新中的创新资源和要素有效聚集所遇到的壁垒。形成有益于机制体制改革的协同创新新机制，并使两者有机集合，是"2011计划"的核心，也是计划的本质要求和成功关键。

4. 把握好国家支持与培育组建的关系

"2011计划"是一个引导性的计划，其直接实施载体是重点建设一批"2011协同创新中心"。计划鼓励有条件的高校制定校级协同创新计划，先行先试，积极培育；鼓励各地设立省级2011计划，结合当地重点发展规划，吸纳省内外高校、科研院所与企业组建协同创新体，建立协同创新机制；鼓励行业产业部门发挥主导作用，利用自身资源和优势，引导和支持高校与行业院所、骨干企业围绕行业重大需求开展协同攻关，在关键领域取得实质性突破。在高校开展前期组建培育、实施重大机制体制改革并取得实质性成效的基础上，择优遴选一批符合"国家急需、世界一流"条件的协同创新中心。对于经批准认定后的"2011协同创新中心"，国家将设立专项资金，根据实际需求，在经费、政策等方面给予重点支持，以保证其建设、运行及机制体制改革的顺利实施。

四、"2011计划"的操作实施

"2011计划"自2012年启动实施，4年为一个周期。教育部、财政部将定期组织"2011协同创新中心"的认定工作。首批"2011协同创新中心"的认定工作已于2013

年1月开始,强调坚持高起点、高水准、有特色、有实效的标准,宁缺毋滥,遴选出一批具有较高的社会效益、经济效益和国际影响的"2011协同创新中心",充分发挥引领示范作用。

就"2011计划"的具体操作而言,主要有以下4点要求。

一要体现改革。"2011计划"是涉及多方面、系统性的综合改革,要通过计划的实施,转变高校办学治校理念,促进形成一批高校优秀创新团队,培养一批拔尖创新人才,产出具有标志性的创新成果,不断提升高校人才培养、科学研究、社会服务、文化传承创新水平。

二要强化认定。要突出对所申报的协同创新中心前期培育力度和成效的认定,择优遴选一批符合"国家急需、世界一流"条件,具有解决重大问题的协同创新能力,具备重大机制体制改革基础,前期培育成效明显的协同创新中心,推动高校更好地服务于国家经济社会发展。

三要突出成效。认定工作要求明确"2011协同创新中心"认定标准,以成效为导向,必须符合国家重大需求,研究水平全国第一,通过有效的机制体制吸引和集中了其他优质资源开展协同创新,实施了人事制度、分配制度等运行管理机制改革,并已取得实质性的社会效益和经济效益。

四要规范程序。评审程序要坚持客观、公平、公开、公正,注重听取专家及成果使用方、受益方的意见。坚持多元化推动方式,充分利用好现有的资源和条件,形成政策支持和财政支持并重、以政策为主的支持方式。

Implement Innovation Ability Promotion Plan, Accelerate the Transformation of Development Mode of Colleges and Universities

The Department of Science and Technology, Ministry of Education

In order to implement the spirit of important speech delivered by Hu Jintao in April, 2011 in the Centenary Celebration of Tsinghua University, the Ministry of Education and the Ministry of Finance jointly issued the "Innovation Ability Promotion Plan of Colleges and Universities", namely "2011 Plan", in March, 2012. In May, 2012, the two ministries jointly held the arrangement meeting of the implementation work, which marked "2011 Plan" officially entered the operation. This article introduces "2011 Plan" from four aspects, including the plan's great significance, main content, key issues, and emphasis in practice.

6.3　大科学装置建设进展和进一步发展中要重视的问题

金　铎

（中国科学院物理研究所）

大科学装置是为在科学技术前沿取得重大突破，解决经济社会发展和国家安全中的战略性、基础性和前瞻性科技问题而建设，并开放运行的大型科学技术研究装置，在一定程度上代表了国家的科技水平和综合实力，其发展水平是国家兴旺发达的重要标志之一。

我国大科学装置的发展，经历了从无到有，从小到大，从学习跟踪到自主创新的过程，对我国科技进步和社会发展的作用越来越明显。20世纪七八十年代，我国大科学装置主要限于粒子物理与核物理、天文学等少数研究领域。尔后，逐步建设发展了为支持多学科前沿的研究装置和公益型科技装置。覆盖范围从传统大科学领域向地球系统与环境科学、生命科学、能源科学和材料科学等新兴领域拓展。大科学装置也正式定名为"国家重大科技基础设施"。

2010年，我国首次组织150多位专家开展了关于大科学装置的发展战略研究，并开始编制面向未来20年的《国家重大科技基础设施建设中长期发展规划(2012—2030年)》。这在我国大科学装置发展中具有里程碑的意义，显示出我国大科学装置工作进入了一个新阶段。

一、大科学装置建设取得的主要进展

（一）大科学装置建设和科学研究取得丰硕的成果

近年来，我国陆续完成了北京正负电子对撞机重大改造工程(BEPCII)，建成了大亚湾中微子实验设施(一期)、兰州重离子加速器冷却储存环(HIRFL-CSR)、上海光源(SSRF，一期)、全超导托卡马克核聚变实验装置(EAST)、大天区面积多目标光纤光谱天文望远镜(LAMOST)等。这样一批具有国际领先或国际先进水平装置的稳定运行，为我国多学科交叉研究、前沿科学研究、高新技术研发等提供了先进的、不可替代的实验平台，取得了具有重大意义的科学研究和应用研究成果。此外，"十一五"期间，我国还启动了散裂中子源、强磁场实验装置、500米口径球面射电望远镜等12项大科学装置的建设。

依托大科学装置，我国科学家在科学技术前沿研究方面取得了一系列高水平成果。大亚湾反应堆中微子实验发现新的中微子振荡模式，并测得其振荡几率，这是一项极为重大的基础科学成果，使我们对基本科学规律有了新的认识。北京正负电子对撞机实验在取得τ轻子质量、R值精确测量成果后，又取得发现X(1835)新粒子等重要成果。兰州重离子加速器合成了11种近滴线稀土新核素，并在世界同类装置中率先达到10^{-7}量级的短寿命核质量测量相对精度。在世界上第一个全超导托卡马克上的实验研究也取得喜人进展，分别获得超过400秒的两千万度高参数偏滤器等离子体放电和稳定重复超过30秒的高约束等离子体放电，这都是迄今国际上最长时间的等离子体放电。

同步辐射装置能够提供从X射线到真空紫外宽波段的强光束，为生命科学、材料科学、凝聚态物理、资源与环境科学、医学与药学等众多领域提供实验研究手段，展现出对多学科、交叉综合研究的强大支撑能力。中国科学院的多个研究所、中国科学技术大学、清华大学、北京生命科学研究所、上海瑞金医院、香港科技大学等大学和科研机构依托上海光源等同步辐射装置，在结构生物学、分子反应动力学、古生物学、燃烧等领域的大量高水平研究成果在《科学》《自然》等杂志上发表。同步辐射装置还为一些涉及国家安全的研究课题提供了重要技术支撑。

大科学装置的建设运行带动了我国高新技术的自主创新和高技术产业的发展，如高精度加工、精密测量、自动控制、超导和超高真空等，直接促进了相关企业的技术进步和新产品开发的能力，在国民经济和国家安全等领域发挥了重要作用。例如，国家授时中心的长波授时台和短波授时台已经成为我国航天、国家安全和多个经济领域不可缺的基础性和公益性设施。又如，中国科学院近代物理研究所与医疗单位合作，利用重离子加速器产生的碳离子束对103例浅层肿瘤患者和73例深层肿瘤患者的试验治疗，获得了极大成功，目前正在进行更深入的研究和推向产业化的工作；同时，该装置为航天、材料、农业、国家安全等领域也提供了强有力的支撑。

（二）管理方面取得的一些经验

1.初步建立了部门间分工协作的管理机制

我国大科学装置的发展工作已经形成多部门分工和协同支持的格局。在这个基础上，已经初步建立起由国家发展和改革委员会、财政部、科技部等部门分别支持大科学装置的建设、运行及依托装置的科学研究，由建设和运行大科学装置的单位负责实施、管理的工作体制架构。

这种分工协作的管理体制和相应的机制对大科学装置从规划、预研、建设、运行和科学研究直到升级改造或退役的全生命周期的健康发展起到了非常重要的作用，也是这项工作持续发展的重要保证。

目前，已经初步建立了从项目遴选、立项到建设、运行和后评估等各个环节的管理规范。

2.制定大科学装置发展的中长期规划

国家大科学装置从概念提出到付诸建设再到投入运行，往往需要历经十几年甚至更长时间，这要求对装置建设进行前瞻谋划和系统部署。科学的规划对这类工作尤其重要。由于发展历史较短，同时受到国家科技和经济发展水平的限制，在过去一段时间内，我国大科学装置建设多是就单个项目进行安排，缺乏适合我国特点的长远、系统、全面的装置发展规划。

近10年来，这一情况发生了明显的变化。"九五"以来，国家开始对装置建设进行整体计划安排，"十一五"期间制定了装置建设的五年规划。

目前，国家已编制完成《国家重大科技基础设施建设中长期发展规划(2012—2030年)》，它将统筹装置的未来发展，指明未来20年的发展方向。这次规划的编制从调查研究到规划撰写历时两年多，参加规划工作的专家人数众多，还包括了科技界管理部门的相关专家，他们所起的作用非常重要。

二、进一步发展中应重视的问题

我国大科学装置的发展取得了显著的成绩，但与国家发展对科技创新的需求相比还有距离；我们既迎来了大好的发展机遇，同时也面临严峻的挑战。进一步发展中需要重视的问题主要表现在以下6个方面。

（一）装置技术和建设水平还需提高

尽管部分装置的技术和建设已经达到很高的水平，但我国大科学装置的总体建设水平还不够高，依托装置的科研工作水平与科学前沿的要求相比还有差距。

装置的学科领域布局还不足以比较全面地满足我国前沿科学研究的需求，有一些重要领域的布局还比较薄弱。尤其是对多学科、多领域起重要支撑作用的平台型装置，虽然有了长足的发展，但是由于科学需求的迅猛增长，装置布局和建设仍不能满足需求。例如，对物理、化学、生物、医学、材料科学、能源和环境科学前沿研究极为重要的先进光源，无论在数量上还是质量上都还面临缺口，急需解决。

装置的技术水平和建设水平还存在差距。虽然已经设计和建成一些有独特优势和领先水平的装置，但是总体而言，技术先进性不足，尤其是装置的独创性和创新性还很不足。这反过来又影响了装置对具有开创性的前沿科学研究的支撑能力。此外，依托大科学装置进行的科学研究的总体水平也有差距。这些差距必须迅速缩小，才能满足国家发展对科技创新的要求。

（二）对薄弱环节的支持有待加强

国家对大科学装置从遴选、立项到建设运行、升级改造等各个阶段已经有了比较全面的支持，这无疑是其健康、持续发展的重要保证。但是大科学装置工作不是孤立的，在国家科学技术前沿研究这个整体中，它是其中的一个环节。只有各个环节相互衔接，互相配合，得到支持，才能在整体上支持和保障科学技术的创新和突破。

其中一个重要的环节是中小型科学仪器设备。大科学装置与中小型仪器的关系非常明显，后者的健康发展必定为前者的创新发展打下扎实基础。多年来国家在这两方面的发展联系不紧密，并且对中小型科学仪器的支持比较薄弱。近年来，国家已经设立了关于重大科学仪器设备的研制专项。该专项与大科学装置的相互关系问题，才刚刚提上日程。加强大科学装置与中小型科学仪器工作之间的衔接和分工合作十分必要。

另一个重要环节是预研。预研的水平，直接影响装置建设水平。尤其是对创新性强、技术复杂的装置，更需要有充分的预研。上海光源之所以能"以世界同类装置最少的投资和最快的建设速度，实现了优异的性能，成为国际上性能指标领先的第三代同步辐射光源之一"，与其高质量的预研有密切关系。目前存在的问题，一是大多数承建或打算承建大科学装置的单位对预研的必要性没有足够的重视。在《国家重大科技基础设施建设中长期规划(2012—2030年)》编制过程中，征集到的项目建议绝大多数缺乏预研基础。二是国家对大科学装置预研工作的支持渠道还不够完备。这应该是今后争取尽快解决的一个问题。

（三）体制机制需进一步完善

在国家有关部门的努力和合作基础上，大科学装置建设发展的组织、管理体制已经形成，正有效运行。

但是，这个管理体制还有必要更加完善和加强。除了对建设、运行工作的管理需要不断完善之外，对于依托大科学装置的科学研究的组织、管理是整个管理体制中最迫切需要加强的。随着国家经济社会的快速发展和对科技投入的大幅度提升，大科学装置数量不断增多，依托大科学装置的科学研究需求迅速增加。尽管有关部门和机构已经对此做了多方支持，但还是有必要尽快建立完善以国家科技主管部门为主的，与装置建设、运行紧密配合的，关于依托装置进行科学研究的规划、组织、实施、评估管理体制和相应机制。

（四）应重视对规划的研究和动态调整

为及时反映科学技术的发展变化，以及解决规划实施中出现的新情况、新问题，有必要对装置中长期规划适时进行修订更新，以保持其科学性和时效性。

不同于一般的科学研究规划，大科学装置的中长期规划涉及包括技术积累、工业基础、人才队伍、土地选址等方方面面的内容。有必要对规划内容进行长远的、战略性的研究，建立类似智库的专门研究班子，提出新的政策理论和相应的操作办法，为规划注入新的思想，保证已经制定的规划的可行性和生命力。

（五）要重视大型科研基地的建设

大科学装置，特别是多学科实验装置对广泛的科学技术领域产生了重要的影响，促进了学科交叉和融合，具有强大的凝聚力、带动力和辐射力。正因如此，20世纪下半叶以来，国际上逐渐形成许多依托这些装置或装置群的多学科、综合性、大型科研基地。最新的发展态势是，一些国家经过认真规划，有计划、有步骤地部署这种科学基地的建设，甚至考虑与工业界相结合，形成科技创新园区。

这种态势代表了一种规律性的发展趋势。如果我们不能从国家角度对依托大科学装置的科研基地进行规划和建设，而是以"撒芝麻"的方式自发地布局建设，将大大降低资源的使用效率。

随着大科学装置建设项目的逐渐增加，我国已经具备了部署建设依托大科学装置的大型科学研究基地的条件，应抓紧时机，整体谋划大型科研基地的发展，提升大科学装置对国家创新能力的贡献度。

（六）要重视人才队伍建设

大科学装置的建设和运行都需要高水平的创新人才队伍，需要一批既懂科学又懂技术、既懂工程又懂管理的高水平复合型人才，需要有门类齐全、具有攻坚能力的工程技术队伍，以及一批高素质的科学研究队伍。

队伍的培养和形成需要时间，必须及早部署。在这方面，一些科研单位和大学结合，已经迈出了第一步。2009年1月，中国科学技术大学依托国家同步辐射实验室和托卡马克核聚变实验装置，成立了核科学技术学院，实现理工结合、核裂变与核聚变科学技术结合、加速器与同步辐射应用结合，为我国核科学技术基础性和创新性研究提供了更为坚实的学科平台和人才储备。这种合作培养后备人才的做法，值得受到更大关注和支持。

Progress in Large Scientific Facilities and the Problems for Further Development

Jin Duo

The progress and achievements in the field of large scientific facilities' construction and scientific research in the past years have been reviewed. Some problems and disadvantages of this field have been pointed out as well. It turned out that big challenges for the further development are coexistent with opportunities to meet the needs for new discoveries and innovations in science and technology.

6.4 2012年世界主要国家和组织科技与创新战略新进展

胡智慧 李 宏 张秋菊 葛春雷 陈晓怡 任 真 王建芳

（中国科学院国家科学图书馆）

2012年，美国、日本、德国、法国、英国、韩国、俄罗斯及欧盟等主要国家和组织都把科技创新作为提振经济的动力，注重加强科技战略部署，加大科技经费投入，强化科技人才培养，调整科技领域重点，推动协同创新，以便尽快走出经济衰退的阴影，努力占领未来竞争的制高点。

一、美 国

2012年，美国科技创新政策的主要内容是：推出联邦机构重组计划以提升国家竞争力；推进环境技术、生物经济、新材料与新药物等领域协同创新；发起"制造业创新国家网络计划"及"先进制造业就业与创新加速挑战计划"以加快制造业创新；设立"大数据研发计划"并制定"网络与信息技术研发计划"等战略规划以促进数字经济发展。

（一）重组联邦机构以提升国家竞争力

为提升美国的国家竞争力，实现出口翻番计划，2012年1月，美国白宫公布了奥巴马政府对联邦机构的重组计划。奥巴马政府提议将联邦政府中与商业和贸易相关的6个机构(商务部、小企业发展署、美国贸易代表办公室、进出口银行、海外私人投资公司、美国贸易与发展局)整合为国家贸易与经济发展部，其使命是领导并执行政府层面的贸易行动，帮助美国企业取得成功。

根据上述重组计划，商务部下属的两个与竞争力不直接相关的管理机构——国家海洋与大气管理局及经济与统计管理署将分别整合到内务部与劳工部的劳动力统计署；商务部下属的国家标准与技术研究院与美国专利与商标办公室将由新组建的国家贸易与经济发展部下属的技术与创新办公室管辖。整合政府的贸易与商业的主要职能将汇集多种计划资源以服务于国家竞争力战略。

（二）推进协同创新

为了与各利益相关方共同加快对环保技术的设计、开发与部署，创造良好的环境并推动国家经济发展，2012年4月底，美国环保署发布了"环境与经济发展技术创新路线图"，路线图提出：设计环保署的政策、法规、标准、许可与程序，使其能够拉动技术创新，开发信息系统使环保署工作人员能够了解新兴技术并考虑其潜在的影响与应用；与技术设计、使用、管理、开发等利益相关方建立伙伴关系，加快技术设计、开发与商业化；利用现有技术转移机制，加强与其他公共和私营机构建立研发与示范伙伴关系，促进突破性技术的跨部门协商、开发、商业化与应用；与投资界建立联系并改善沟通，建立可将新技术带入市场的新的公私创新伙伴关系。

为指导联邦机构之间的协同及其与私营部门的合作，解决国家面临的健康、食品、能源与环境挑战，促进美国的经济增长并创造就业，2012年4月，白宫科技政策办公室发布了美国《国家生物经济蓝图》报告，提出：要支持可为美国未来生物经济奠定基础的研发投资；促进生物研究成果从实验室向市场的转化；制定并改革规则，从而减少障碍，提高监管程序的速度与可信度；降低生物技术成本，同时保护人类与环境健康；改进生物技术培训计划与研究机构的奖励政策，培养学生以满足未来的劳动力需求；支持建立公私伙伴关系，寻找竞争前的合作机会。

为使新材料的发现、开发与使用速度翻番，同时成本减半，2012年5月，白宫召集来自产业界、学术界与联邦机构的领导人参加"材料基因组计划"研讨会并达成了多项协议：①由60余所大学与企业结成产业伙伴关系，通过开展产业、研究与教育活动促进材料基因组计划；②由阿贡国家实验室与西北大学、芝加哥大学及伊利诺伊州的企业结成区域伙伴，充分利用阿贡实验室的先进材料研发能力；③哈佛大学与IBM世界公众网络及沃尔夫勒姆研究公司(Wolfram Research)合作，公开了新发现的700万个分子结构；④欧特克公司(Autodesk)承诺向教育界开放含有8000种材料资料的电子图书馆，为教育界提供先进材料教学模块；⑤参与国家纳米科技计划的联邦机构将共同发起联合计划，加快开发可预测纳米尺度材料特性的模型、模拟工具与数据库。

为促进制药企业与学术界共同合作加快新药物开发，2012年5月，美国国立卫生研究院(NIH)启动了"为旧化合物寻找新用途"的新计划。该计划将资助8～10个项目，研究20余种旧化合物的新用途，每个项目资助2000万美元，资助周期为3年。为此，NIH已与辉瑞、阿斯利康、礼来三家著名制药公司签署了合作协议。

（三）加快制造业创新

为加快制造业创新，给美国创造更多高质量的就业机会，2012年3月，奥巴马总统宣布由美国国防部、能源部、商务部与国家科学基金会(NSF)联合投资10亿美元发起"制造业创新国家网络计划"，在全美建立由15个制造业创新研究所组成的创新网络，使企业、大学、社区学校、联邦机构、州政府联合起来对企业的相关制造技术进行投资，从而跨越基础研究与产品开发之间的鸿沟，为企业提供共享资产，尤其是向中小企业提供先进技能与设备，并为教育和培训拥有先进制造技能的学生与工人提供优越环境。15个研究所每个都将聚焦于制造业挑战的一个技术重点，如开发碳纤维轻质材料、3D打印材料、设备与标准、创建智能制造设备与方法等。

为支持先进制造及其集群发展，推动区域经济发展，促进创新，拉动就业增长，2012年5月，美国商务部经济发展署、国家标准与技术研究院、能源部、劳工部、小企业发展署和NSF联合发起了总投资为2600万美元的跨机构"先进制造业就业与创新加速挑战计划"。该计划将通过跨机构竞争资助程序选出12个项目，资助期为3年。该计划的项目遴选指导原则包括：能够为区域经济发展带来机会，强化与先进制造企业的联系，促进区域产业集群的发展；提高区域创造高质量、可持续就业的能力；发展高技能、多样化的先进制造劳动力队伍；增加出口；发展小型企业；加速技术创新。

（四）促进信息技术发展

2012年3月，美国能源部、国防部、NIH、NSF与地质勘探局等共同发起"大数据研发计划"，计划重点包括：发展搜集、储存、保护、管理、分析和共享大型数据所需的尖端核心技术；利用这些技术加快科学与工程发展的步伐，强化国家安全，促进教学变革；壮大开发和利用这些技术所需的劳动力队伍。NSF和NIH将联合支持推进大数据科学和工程所需的核心方法及技术；国防部将资助开发分析大型半结构化与非结构化数据的计算方法和软件工具；能源部将资助建立可扩展数据管理、分析与可视化(SDAV)研究所；地质勘探局将重点资助与地球系统科学有关的大数据项目等。

2012年7月，美国国家科学技术委员会发布了"网络与信息技术研发计划2012战略规划"，提出为保持美国在数字领域的持久领导地位，要提高IT研发领域的三大基础能力，包括：强大的计算能力；设计和构建具有较高安全性、隐私性、可靠性和预见性的系统的能力；转变教育与培训方式，确保当前一代人充分受益于网络的能力。

二、日　本

2012年，日本从国家层面加强宏观管理，完善对各个创新环节的总体协调，加强了科技创新的一元化领导；积极推进科技创新体制改革，增加科技创新预算，着眼未来，制定了培养青年科研人员行动计划。

（一）加强科技创新一元化领导

日本综合科技会议是首相的参谋和最高审议机构，其职责是以制定宏观政策为重点，确定科技发展方向与国家重大研究领域，制定战略性综合科技政策，并根据首相的咨询意见调查和审议科技政策、预算及人才分配方针等重要问题。但日本产业界认为，目前的综合科技会议未能充分发挥制定科技创新政策指挥部的作用和职能，因此提出成立一个权限更大、更能发挥指挥部作用的新的战略本部，并搭建一个能充分反映产业界意见的平台——战略协议会。2012年3月，为加强科技创新司令部的职能，日本内阁决定成立科学技术创新战略本部，设立科技创新顾问并加强事务局的调查分析职能。提出应赋予战略本部法律上的相应权限，如政策制定、预算分配、综合调整等。日本内阁在《推进科技创新政策》报告中提出，在设置战略本部的基础上，成立科技创新战略协议会，以构建产学官通力合作的科技创新体制。科技创新战略协议会的职责是：制定科技创新政策，跨省厅地推进国家战略和具体项目；提出体制改革的具体方案；总结重要的科技创新行动计划的实施情况，并具体反映到科技创新政策之中。

（二）推进科技创新体制改革

为应对不景气的经济形势，日本政府希望通过国家科学体系改革，合并一些重要的科研机构来节约成本。2012年1月，日本政府出台计划，拟加强日本理化研究所与国家材料科学研究所、日本海洋－地球科学技术研究机构、国家地球科学与灾难防御研究所及日本学术振兴会的基础研究实验室网络，拟建立一个综合性实体来监管这5个机构，使5个机构之间能够共享其研究和管理资源，并弱化5个机构中一些执行主管的权限。由于这一政策计划将影响数以千计的研究人员，因此引起一些研究者的担心。他们认为：这项改革是实施目前严格的经费削减政策的"一剂处方"，但可能导致更为严重的官僚体制。并且，因为每个研究机构具有不同特点，较难实现有效的整合。

2012年3月，日本综合科技会议提出以目标导向改革现有体制。根据"第四期科学技术基本计划"，设置灾后重建、绿色科技和生命科技创新3个战略协议会，其使命包括：制定重要科技政策与行动计划的方案；汇总有关体制改革，包括规则、制度改革的意见，向科技创新政策推进专门调查会提出建议方案。设置"基础研究以及人才培养"部门,其使命包括:根据国际发展动态,提出基础研究及人才培养相关政策措施及建议;汇总和制定具体的推进方针,向科技创新政策推进专门调查会提出建议方案。设置"信息和通信技术(ICT)基础技术研讨工作组"和"纳米技术与材料共性技术研讨工作组",其使命包括:把握和分析国内外技术动态,从国际竞争的视角研究促进ICT及纳米技术与材料技术的发展。设置科技外交战略特别工作组,其使命是建立"科技外交合作推进协议会",依据2010年"科技外交要点"提出具体政策与措施,并提交给科技创新政策推进专门调查会。

（三）加大对科技创新、基础研究预算的投入

2012年,日本政府继续贯彻"选择与集中"原则和重点化战略来分配政府科技相关预算。2012年的科技预算提高了0.6%,达到3.66万亿日元。文部科学省预算增长了1.5%,达到2.48万亿日元,这些预算大部分将用于研究灾害预防和探讨降低核事故危害的方法。经济产业省预算下降了9.8%,达到528.7万亿日元,主要用于开发太阳能发电技术和蓄电池组技术等。环境厅预算增长了89.2%,达到743亿日元,增加的预算主要是资助涉及核安全的项目等。

日本综合科学技术会议"2012年科技预算行动计划与重点政策方案"的主题仍然是绿色技术创新和生命技术创新,总额度为2359亿日元,包括4个重点领域:灾后重建与灾害预警、绿色能源技术创新、生物技术与生命科学的创新、基础研究与人才培育。

2012年5月,日本发布"2012年科学技术战略推进项目",总预算为63亿日元,包括:社会体制改革与研究开发项目(气候变化对策及相关社会体制改革项目8.8亿日元,健康领域研究成果应用及研发体制项目5.8亿日元,安全安定社会的防恐对策及技术项目9.7亿日元,应对自然灾害的危机管理体系改革项目2亿日元,应对各种传染病的危机管理体系改革项目2亿日元,遗传基因信息与电子化医疗信息的整合及染色体组研究项目2.2亿日元)、区域经济发展与人才基地项目(12.9亿日元)、亚洲与非洲科技合作战略项目(环境技术研发基地11.5亿日元,国际科技合作研究4.1亿日元)、科技国际战略推进项目(促进发展中国家创新的国际合作项目1.5亿日元,实施评价与成果推广项目2.5亿日元)。

日本"2013年科技预算重点"提出了将侧重力求稳健的财政政策,确保对科技重点领域的投入和支持,主要集中在复兴与重建、绿色技术创新、生命科学创新,以及基础研究和人才培养等方面。

（四）加大对青年人才的培养力度

日本正面临着科技人才和劳动力的双重短缺。从质和量两个方面确保科技人才的

供应，维持日本的国际竞争力，保持其持续创新的势头，构筑安全、高品质的生活环境，是日本当前亟待解决的重要问题。2012年4月，日本文部科学省发布"人力资源开发计划"，旨在培养和支持青年科技人员的成长。该计划由四大板块构成，每一板块下设有多层次的具体执行计划，这四大板块分别是：①培养青年科技人员独立主持科研项目，提升创新研究能力；②充实理科与数学教育，培养科技创新人才；③强化国际合作的人才培养，推进产学合作的人才培养制度；④培养创新人才。

三、德 国

2012年，德国联邦政府继续加大教育和科研投入，出台战略性纲领与计划，加强科技立法，促进区域创新并积极应对德国专业人才短缺问题。

（一）持续加大科研投入

在债务危机的背景下，德国政府继续坚定不移地对未来投资，将教育与研究作为政策重点，以此进一步提高德国的国际竞争力。2012年德国联邦教研部的预算达到了创纪录的128亿欧元，比2011年增加了近10%。教研部重点通过"2020高校公约"(14.19亿欧元)和"精英大学计划"(3.08亿欧元)促进高校的发展。对高校外科研机构和德国科学基金会(DFG)的资助增加了5%，达到43亿欧元。联邦教研部预算总额的20%用于资助"高技术战略"下的技术和创新项目。

（二）出台战略性计划与纲领

2012年3月，德国联邦政府通过了"高技术战略行动计划"，将在2012～2015年向10个未来项目投资84亿欧元。这些项目遵循未来10～15年科技发展的目标，涵盖了《德国高技术战略2020》中确立的气候/能源、健康/营养、交通、通信和安全五大需求领域，是落实德国创新政策的重要手段。10个未来项目分别是：建设碳中和、高效节能且适应气候的城市；用可再生原料替代石油；能源供给的智能化改造；个体化医疗；疾病预防和饮食健康；高龄人士自主生活；开发可持续性交通；网络服务；物联网条件下的工业；网络身份安全识别。所有参与未来项目的联邦政府部门将与科技界、经济界的重要研发力量合作，共同开发并落实未来项目。

2012年5月，德国联邦经济技术部发布了题为"技术激情——勇于创新，加速增长，塑造未来"的新创新纲领，确定了3个未来发展目标：①到2020年成为全球对技术与创新最友好的国家；②到2020年把研发企业和创新企业的数量从现在的3万和11万分别提高至4万和14万；③继续稳固德国出口科技产品价值世界第一的地位。为此，德国将在以下3个方面采取措施：①鼓励技术创新，激发公众对科技的兴趣。对解决具体技术难题的企业或联合研究组给予新的奖励；加强中小学校与企业和科研机构的联系，促使青少年对行业技术产生兴趣；启动新一轮宣传活动，激发民众对技术创新的兴趣。②营造更加有利于创新的环境。加强行业竞争；继续为研发型企业的研发活动提供税收优惠；持久保护知识产权，打击盗版产品；在国际上大力推动使用全球统一的技术标准与规范；通过多种方法加强知识和技术的转移；利用规范和标准，把研发成果及早引入市场；降低外国专业人才移民德国的难度，建立人才保证中心，为企业在吸引人才方面提供咨询；保护敏感数据和智能基础设施，建立全面的信息通讯安全与数据保护战略。③加强中小企业技术创新。对参与创建创新型企业的私人投资者提供新的风险资本投资补贴；与欧洲投资基金(EIF)共同设立总额为6000万欧元的新"欧洲天使基金"；继续实施"中小企业创新促进计划"(ZIM)，并向中型企业开放；对企业发起的创新集群给予专业支持；通过政府采购为创新性产品和服务提供新的激励机制。

（三）加强科技立法

2012年3月，德国联邦政府联盟委员会决定，对《德意志联邦共和国基本法》第91b条"联邦和各州在科研领域的共同任务"进行修改，扩大联邦政府和州政府在科研领域的合作。修改后的《德意志联邦共和国基本法》规定，联邦政府将不只对德国高校进行项目资助，而是要像对高校外科研机构一样，对高校进行长期、稳定的机构式资助。该法将于2013年3月1日生效。

2012年10月，德国联邦议院通过了《科学自由法》，即"关于高校外科研机构财政预算框架灵活性的法律"。该法案历时5年才最终推出，并于2012年12月12日正式生效。根据此法案，受国家资助的德国高校外科研机构，包括马普学会、弗劳恩霍夫协会、亥姆霍兹研究中心联合会、莱布尼兹联合会、德国科学基金会等9个科研机构，在财务、人事决策、投资、建设施工4个方面享有更多的自主权与灵活度，从而达到更有效地使用经费、提高科研机构行为能力和竞争力、削弱官僚制度的目的。

（四）促进区域创新

2012年1月，联邦教研部公布了第三轮，也是最后一轮尖端集群竞赛的5个获胜集群，它们将获得联邦教研部提供的为期5年、每个集群4000万欧元的资助。至此，在3轮竞赛中共产生的15个尖端集群将得到总计6亿欧元的资助，加上参与企业提供的6亿欧元，德国投入的专项经费达到了12亿欧元。该轮获胜的5个尖端集群分别是：德国中部地区的生物经济集群、西南电动汽车集群、莱茵河－美因河地区的个性化免疫介入集群、东威斯特法伦州的智能技术系统集群和位于慕尼黑－奥格斯堡－英戈尔施塔特三角地区的碳集群。

2012年8月，德国政府推出"2020——创新伙伴计划"，将在2013～2019年共投入5亿欧元支持德国东部新联邦州与西部的合作研发创新项目，通过多元合作缩小东部地区在研发方面的差距，提高中小企业参与交叉学科间研发合作的积极性和技术创新能力。联邦教研部将在2013年6月选出10个由新联邦州的创新主体(高校、科研机构、企业)和至少一个来自西部地区的合作伙伴组成的联合项目组，并为每个项目组提供最高4500万欧元的资助。

（五）加大人才引进

按照德国联邦就业局的估计，德国每年需有20万的外国专业人才来德国就业才能填补该国人才匮乏的缺口。因此，2012年，德国政府致力于吸引外国人才赴该国工作，从而应对专业人才短缺问题，提高德国科研水平。

2012年4月，德国联邦议院表决通过的《改善国外职业资格认证法》正式生效。该法旨在通过简化和加快对国外职业资格和文凭的认证和等值认定程序，吸引更多专业人才赴德工作，改善外国人在德国的就业情况，促进移民更好地融入德国社会。2012年6月，德国联邦劳工和社会事务部、联邦经济技术部和联邦就业局在柏林联合发起了一项旨在确保德国长期拥有稳定的专业人才队伍的"人才进攻"专项行动。该行动的核心是建立国内和国外两个互联网平台，国外平台将用德文、英文两种语言宣传在德国生活和就业的便利，吸引外国高水平的年轻人到德国发展事业，同时为外国专业人才提供具体的职位帮助，引导他们在德国开展工作。

2012年8月，德国通过发放"蓝卡"吸引非欧盟国家的专业人才来德国工作。持"蓝卡"21个月后，就可得到德国的永久居留许可。在德国毕业的外国学生在德国找工作的时间也延长至18个月，外国学者拥有6个月在德国找工作的权利。

四、法　国

2012年，选举产生的新一届法国政府以促进教育与就业为重点，大力推进科研管理体制的改革，促进协同创新与科研成果转化，加强能源与环保等重点领域的发展，以重振法国工业竞争力，打造创新发展新模式，巩固并提升国家实力。

（一）推进科研管理体制的改革

萨科奇在任期间对法国科研体系进行了重大改革，新建的一些科研管理机构发挥了重要的作用。法国国家科研署在2005～2010年使每个基础研究项目平均获资助的金额增长了52%，公私合作研发项目数量增长了105%；生命科学与健康研发联盟首创跨机构开展专题研究的形式，有效地推动了该领域各机构在制定规划、提供咨询、参加研讨时的协同创新。

2012年5月，奥朗德总统领导的新一届政府上台后，对法国高等教育与研究领域的政策进行了重新定位，展开了全方位的调整与改革。

2012年7月开始，法国教研部宣布召开自下而上、多层次的"全国高等教育与研究大讨论"，旨在重新确定高教和科研的相关政策，并修订《大学自由与责任法》及《科研指导法》。会议提出法国高等教育与研究的三大优先发展目标：①以促进学生尤其是本科生的成功就业为首要目标；②推进科研体系的重组，重新定义法国科研机构的国际战略在经济发展中的作用，以及在社会、卫生、环境方面的影响，重新定位高校、国立科研机构，以及新近成立的国家科研管理机构的目标与职责；③调整高等教育机构的管理模式。12月17日，会议提交最终报告，从预算投入、机构定位、人才保障等方面提出135条具体建议，例如，根据社会发展重大需求制定高教和科研战略，加强公共科研与私营科研之间的合作，增加对实验室的基本支持，确保政府研发投资占国内生产总值的1.15%以上，这些建议将于2013年正式形成法案。

2012年9月，为解决法国公共科研存在的行政程序繁琐、官僚化作风严重等问题，保持国际地位，法国科学院发布报告就法国公共科研体制的改革提出了十大建议：①控制科研机构人员费占国家拨款的60%~70%；②保持法国国家科研署对科研机构的稳定支持与项目资助之间的平衡；③撤销法国国家高等教育与研究评估署，合并国家科学与技术高级理事会、研究与技术高级理事会、全国高等教育与研究委员会，成立研究与高等教育高级理事会；④改善未来投资计划的遴选标准与跟踪管理；⑤完善大学自治管理；⑥改善大学与研究机构在研究人员聘用方式上的不足；⑦简化公共科研机构管理与组织结构；⑧提升科研对青年人的吸引力；⑨建设与学科特点相适应的科研环境与人才培养机制；⑩加强基础研究对创新的贡献。

（二）加强协同创新与科研成果转移转化

2012年10月，法国总理埃罗表示将增加对研究与创新的投资，通过技术研究院加强公私科研部门的合作，促进创新性科技成果向企业有效转移，提高法国产业竞争力，推动经济增长与就业增加。埃罗提出公私合作研发项目的原则包括：集合地区所有创新主体在相关领域的优势，共同推进项目成功，避免单个研发主体的单一创新模式；在开展新项目之前要对当前项目进行有效评估。

同期，法国总理还表示将推动"巴黎-萨克莱超级科技大学计划"，并以其为榜样打造"法国创新新模式"。该计划将集结巴黎与萨克莱地区的大学与科研机构，形成一个拥有逾万名教师、研究员及3万名研究生的超级大学，汇集法国13%的科研力量。法国政府将投入10亿欧元用于机构的不动产建设，并通过校园计划与未来投资计划分别再投入8.5亿与10亿欧元资金。法国旨在通过该计划创造出一种最为有效的协同合作方式，增强该区域的研究活力与吸引力，全面支持周边企业，并通过完善交通、住房等配套设施建设，打造国际科技创新与城市创新的典范。

2012年11月，法国教研部发布"提高科研的经济影响：15项促进公共科研成果转移转化的措施"，旨在应对现在与未来的社会挑战，使研究成为经济增长与国家竞争力发展的杠杆。主要措施包括：建立新的转移转化跟踪评估指标体系，在科研机构聚集地创建转移转化战略指导委员会，简化公共科研机构知识产权管理程序，支持公共科研机构向创新型中小企业进行成果转移转化的举措，由国家科研署支持科研机构与中小企业的联合实验室项目，新建创新经济研究中心。

（三）重点加强能源、环保与空间领域发展

在日本福岛核泄漏事件后，法国作为核能大国积极思考未来能源发展方向。2012年2月，法国战略分析中心发布了《能源2050》报告，对法国2050年采取不同能源政策后的多种情景进行模拟，为法国未来的能源结构和在严峻气候挑战下保持核能开发提出了建议：大力推进能源节约与能效提高方面的研发与创新；继续第四代核电站开发，延长现有核电站寿命；将二氧化碳排放量、贸易平衡与就业机会等因素纳入到能源决策中；通过国际合作，重点关注能源的存储与再循环问题；取消原有的能源优惠价格等。2012年7月，法国成立核领域战略委员会，以加强核工业各部门间的伙伴关系。此举将有助于法国核工业更好地管理现有核电站，同时满足国家对新建核电站的开发需求。

2012年1月，法国发布了"绿色技术发展路线图"，提出87项措施，旨在大力促进法国生态产业的发展，使法国在环境与能源工业的国际竞争中占据重要地位。具体领域包括：水资源及其净化、生态技术人才、工业废物利用、低环境影响住房、可再生能源、海洋能源、生物能源、地热资源、智能电力系统等。

2012年3月，法国教研部发布了《空间战略》，旨在促进拥有高素质劳动力的工业部门的发展，并推动公共实力的提升。该战略提出应促进欧盟依靠欧洲空间局及其成员国的力量投入新的空间技术开发，加快高附加值服务与应用技术的开发，以空间技术需求带动相关工业发展。具体措施包括：开展宇宙学与地球科学、基础物理学方面的科研活动，促进圭亚那发射中心的发展，开发"阿丽亚娜5"系列火箭，发展电子通信与导航技术，开展对地观测与火星探测等。2007～2012年，法国民用空间预算年均增长为16%。

（四）培养与吸引人才

2012年，法国高等教育的投入增加了1.5%，其中投入大学的经费增长了1.2%。5年间，法国大学的运行费增长了24.8%，达到历史高点。而这些费用大部分都用于提高员

工的工资水平、增加学生奖学金比例，从而更好地培养人才与吸引人才。

2012年5月，法国废除了2011年出台的限制留学生在法工作的"盖昂通函"，发布了为留学生申请工作居留提供便利的新通函。新通函针对硕士以上学历留学生，规定相关部门对其申请工作的审批时间不得超过2个月，在学生从事首份工作期间延长居留证时限，为在获文凭之前得到工作的留学生办理居留证。通函将惠及在法的19%的硕士留学毕业生与41%的博士留学生，为法国各研究单元与实验室带来巨大的活力。

（五）支持产业创新

2012年2月，法国发布《战略投资基金2020计划》，将投入50亿欧元对中小企业进行直接投资，以增强法国企业的创新能力与竞争力。该计划由法国信托投资银行负责，将与企业签订8年长期合约，实现长效投资机制。该基金的上一期计划在2012年圆满完成，6年间共投入33亿欧元支持了1130家企业，实现逾170亿欧元的交易额。

2012年11月，法国未来投资计划专员向总理提交的《法国工业竞争力公约》提出，法国工业发展的目标是要实现技术水平升级，通过创新提高产品质量并加强出口。法国将在5年时间内改善科研税收优惠政策，增加对创新型年轻企业的投入；引导公共科研预算向创新倾斜；发展公私合作项目，支持将创新产品商业化的企业；未来投资计划今后将把通用技术、健康经济、能源转型作为工业与技术研发项目的优先领域。

五、英　　国

2012年是英国经济状况逐步好转、对科技的支持逐步增加的一年。在这一年中，英国科技创新活动的目标非常明确，主要是按照英国商业、创新与技能部(BIS)在2011年年底发布的《面向增长的创新与研究战略》所提出的路线和措施，力图通过重点领域的研究与创新活动，推动突破性技术与产品的创新和技术成果转移与扩散，从而促进英国经济的增长。为此，英国采取了一系列促进科技创新的政策与措施。

（一）加大科技经费投入

2012年3月，英国政府发布的2012财年预算中对科研工作的资助总额仍保持在2011～2012财年的资助水平。但随着经济状况的好转和对创新促进经济增长的认识加深，英国加大了对科技的投入。11月，英国财政部长乔治·奥斯本在发布秋季预算时表示：政府将强化对科研活动的资助，同时也将努力促进科学界与企业界的互动，以保证英国经济与创新的全球领先地位。同时指出，政府将继续推动对企业研发税收的优惠，将从2012年秋季开始，在2011～2015每个财年46亿英镑的政府核心科研预算之外新增5亿英镑的科研资金，重点资助8个领域，包括：数据革命与高效节能计划、合成生物学、再生医学、农业科技、储能和电力贮存、先进材料与纳米科技、机器人与自动化系统、卫星及空间技术的商业应用等。

（二）调整产业创新战略

2012年，为了鼓励产业界的创新活动，英国政府的科技领域决策者非常重视对产业创新战略的规划及调整。5月，BIS负责大学与科学事务的副部长戴维·威利茨指出：未来可持续的产业发展战略主要内容包括：①建立创新与技术中心网络，联合企业共同支持新的研究项目；②实施全球最慷慨的研发税收鼓励政策，抵免率最高可达225%；③在新创企业投资或兼职工作的科研人员仍享有个人税收减免；④取消对合作研究组共同申请政府资助的限制；⑤由英国国家科技艺术基金会(NESTA)设立新的创新奖；⑥通过政府采购支持小企业的研发；⑦帮助新创企业进行概念验证与市场试验并获得商业投资；⑧英国政府在未来4年内投入2亿英镑的风险投资；⑨提高公共研究资助项目的申请成功率；⑩投入7000万英镑促进研究与创新集群的发展。

9月，BIS部长文斯·凯布尔进一步就英国的产业战略发表讲话，提出以下战略重点：①建立支持企业创新的金融机制。启动贷款资助计划，帮助银行增加针对新创企业的金融项目；②促进重点行业与政府合作。政府通过税收、监管和自由市场等政策吸引各行业建立与政府的长期战略性合作伙伴关系，重点关注先进制造、航空、汽车和生命科学等行业；③支持发展新兴技术。着重支持能在未来10年为英国创建新产业的新突破性技术，继续建设国家技术与创新中心网络以支持创新商业化；④建立培训工人技能的机制，帮助企业为雇员提供专业培训；⑤以政府采购促进创新链条的发展。未来5年，政府为13个行业提供700亿英镑的政府采购机会，以培养中小企业的创新能力。

（三）促进产学研合作

2012年，英国积极促进产学研合作，着重支持科学研究跨越创新的"死亡之谷"。4月，英国技术战略委员会宣布启动资助总额为1.8亿英镑的"生物医学催化计划"，以帮助创新型中小企业和学术界开发医学领域的创新性实用技术，推动英国在生物医学方面的突破性研究和商业化活动，使医学领域中有前景的创意和研究成果能够跨越创新活动的"死亡之谷"。

5月，BIS宣布启动"英国研究伙伴投资基金"(UKRPIF)资助计划。按照规定，参加UKRPIF项目的大学必须能够从参与合作的企业或慈善机构获得2倍以上的资金匹配。英国政府希望以此来拉动企业对高校研发活动的更多投资，并强化大学的研究基础设施建设。目前，UKRPIF的2亿英镑资助资金已发放给初步获得批准的2轮共计14个合作项目，预计整个计划将带动总计10亿英镑的研发投入。

同时，英国推动建立由产业界领导的新型知识产权中心。2012年7月，英国知识产权办公室(IPO)发布报告，建议英国建立国家级的、主要由产业界资助并领导的、新型非营利性知识产权中心。报告指出，产业界应在该中心扮演核心角色，使该中心成为容纳数字化知识产权交易的市场和促进知识产权创造者、持有者及用户交流互动的场所。

（四）强化人才流动与培养

2012年，随着经济转型的推进，英国日益认识到强化国际人才流动与本国人才培养的重要性。5月，BIS发布由英国高等教育国际小组完成的《关于支持英国学生海外流动的建议》报告，提出了支持英国学生赴海外留学，获取国际学习经验的相关措施与建议。7月，BIS部长文斯·凯布尔发表题为"科学、开放性与国际化"的讲话，指出促进科技人员的国际流动将提升他们的研究能力与水平。同时，英国的高技术产业也需要科学家之间的合作交流。由于英国现行的移民政策阻碍了对海外人才的吸引，英国政府将调整专门针对科研人员的移民法规，并通过强化基础设施投资和国际合作项目建立良好的科研环境，进一步提高英国科研机构对外国科学家的吸引力。

在推进本国人才的培养方面，英国科技界也在积极探讨改进的方法。2012年4月，英国皇家工程院发布的《强化工程教育，推动创新经济》报告就要求推动对科技教育的变革，在教学中包含如何进行创新工作的内容，确保科技领域的学生和职业工程师们能够在英国的创新经济中充分发挥作用。该报告建议大力推广各类已被实践广泛认可有效的教育计划与项目，促使它们成为全英国高等教育机构的主流课程。

（五）强化研究诚信准则

全球经济危机以来，由于政府对科研的资助大幅下降，研究人员的经费竞争压力加大。在这种情况下，英国及欧洲多国的研究不端行为有所增加。为此，2012年7月，英国大学联合会、研究理事会、英格兰高等教育资助委员会联合签署了新的《英国研究诚信协议》，目的是为英国的科研工作提供诚信标准及执行框架，其主要内容包括：在所有研究领域维持高标准诚信；保障研究过程遵循伦理、法律和职业标准；建立诚信文化、管理机制、执行规范，形成良好的科研环境；运用透明、严格、公平的程序来处理研究不端行为；共同合作强化研究诚信评估的严格与开放性。

六、韩　　国

2012年，韩国通过开展科技前景预测研究，提出加快培养和引进科技人才的步伐、促进各创新主体之间的协同创新、制定重点产业的发展规划等一系列战略与政策，不断强化科技在创造就业和国家经济增长中的主导作用。

（一）预测未来科技发展方向

2012年5月，韩国国家科学技术委员会公布了2012～2035年"第四次科学技术预测调查"结果。此次预测分析了未来社会的需求变化和科技发展趋势，预测了8个领域的652项未来技术的发展水平，并提供了相应的政策建议，例如，建议短期内可以实现的未来技术政策重点应放在基础设施建设上，长期才可以实现的未来技术政策重点应放在人才培养和产学研合作上等。预测结果显示，韩国652项未来技术的平均水平相当于全球最高水平的63.4%，高于第二次和第三次科学技术预测的47.1%和52.2%。

（二）加强基础科学与原创技术的研发

为了实现韩国国家科学技术委员会2008年在"加大对基础和原创研究投入的方案"中所提出的目标，韩国近年来不断加大政府科技预算中对基础研究投入的比重，已经从2008年的26%提高到2012年的35%，韩国新当选总统朴槿惠还承诺到2017年将该比重提高至40%。

2012年5月，韩国基础科学研究院正式成立。总统李明博表示，政府将支持该院在2017年前建成世界一流的重离子加速器，创造良好的研究环境以吸引国内外的优秀科学家。该院将在全国设立50个研究中心，招募约3000名研究人员和员工，每个中心将拥有100亿韩元(约合850万美元)的年度预算，由聘期为10年的世界一流科学家领导。

2012年10月，韩国国家科学技术委员会与教育科学技术部、企划财政部、知识经济部等11个部委联合制定并公布了《提高国家研发项目挑战性方案》。具体举措包括：针对各政府部门正在实施的、具有创新跨越性的研发项目每年单独进行招标；在项目遴选时由国内外一流专家组成评审组，并将研究目标的挑战性和难度作为项目评审与遴选的核心指标；在中期评估时，要保障项目责任人承担的事务性负担最小化；在结题评估时，根据研究目标实现与否将项目分为成功和失败两类，对失败的项目进行诚实性认定。在经费配置方面，2013年具有创新跨越性的研发项目经费占各部委研发预算的比重应达到15%，2014年将达到20%，中长期将达到30%～40%。

（三）培养与引进科技人才

据预测，到2020年韩国科技人才缺口将达约9万名。为加强科技后备人才的培养，2012年4月，韩国国家科学技术委员会公布了"振兴理工科五大战略"。该战略提出了"保障理工科人才数量的持续性增长和自我价值实现"的目标，将实施的五大战略包括：①在理工科人才的教育、求职、工作和退休等各个阶段，建设稳定的创意型和交叉型教育与研究环境；②为理工科人才创造有前途的就业岗位；③营造有利于理工科人才发展的职业环境；④充分发挥全球科技人才网络的作用，以增强韩国的科研力量；⑤体现理工科人才在社会经济领域中的作用与责任。该战略还提出了15项具体措施。

在吸引国外高层次科技人才方面，2012年，教育科学技术部启动了"人才回流500"项目，计划在2017年前，为教育科学技术部下属的、新建中的基础科学研究院引进500名国际知名学者和青年科学家。

（四）促进协同创新

2012年4月，韩国教育科学技术部与研发特区支援本部联合启动"基础研究成果后续研发资助项目"，主要针对国际科学商业区内的大学和科研机构的基础研究成果进行技术验证，探索其产业化的可行性，挖掘未来利用可能性高的基础研究成果，并对基础研究成果的研究规划和后续研发进行资助。项目资助对象是产学、产研、产学研合作联盟等，而且必须有国际科学商业区内的企业参与，以提高国际科学商业区对基础研究成果的吸收和应用能力，目标是将国际科学商业区建设成为以科学为基础的、世界一流的创新集群。2012～2017年，该项目的总投入将达到220亿韩元。

2012年5月，韩国国家科学技术委员会公布了"通过国家研发项目促进产学研一体化的战略"。目标是实现产学研合作的制度化，缩短知识产出与知识利用之间的距离，提出将在3个领域实施9项措施：①人才流动领域。利用假期和学术休假形式，充分发挥大学教授到企业交流的作用；充分发挥国立科研机构向中小企业派遣研究人员的作用；通过在大学、国立科研机构内设立中小企业产学研协力中心等形式开展合作研究。②知识流动领域。促进产学研联合研发课题的产业化；加强各部委在技术转移方面的中介职能；引导技术转移专门机构(TLO)的自主化；增强技术产业化项目与市场的联系。③产学研沟通领域。营造产学研间的信任文化；加强产学研间的协作能力。

2012年4月，韩国教育科学技术部公布了从首批申报的42个"产学研联合研究法人"项目中最终遴选的2个项目。该项目旨在促进国立科研机构与大学的基础性与原创性成果的利用和商业化，资助中小企业开发下一代主导产品，引导新兴产业的发展；通过建立国立科研机构、大学、企业合作运营的股份有限公司——产学研联合研究法人，提高整个创新价值链上研发投资的效率。

（五）推动产业发展

2012年4月，韩国国家科学技术委员会通过了由16个相关部门联合制定的"自由贸易协定时代的国家研发战略"。该战略旨在借韩国与美国自由贸易协定生效之机，提升劣势产业的竞争力，推动优势产业抢占市场，特别是重点支持电气电子、汽车、电脑、造船业等韩国支柱产业的开发，以提升其国际竞争力。

为使韩国到2015年成为世界第五大太阳能产业强国，2012年年初，韩国知识经济部表示将建设规模达100兆瓦的太阳能设备，并在未来5年向韩国太阳能项目综合性研发中心投入1500亿韩元(约合8.3亿元人民币)，在短期内创造出内需市场，以提高行业的开工率，未来3年将建设总规模达260兆瓦的太阳光发电设备。

七、俄 罗 斯

2012年，俄罗斯在改革国家科技管理体制和投入机制的同时，在科技、教育、产业发展等领域还出台了一系列的中长期发展战略与规划，为俄罗斯经济从资源依赖型向创新导向型转变提供了有力保障。

（一）制定科技与教育发展战略

2012年，俄罗斯顺利实现总统更迭。5月，俄罗斯总统普京在就职当天签署了13项总统令，其中题为"关于落实国家教育与科学政策的措施"的总统令提出了俄罗斯教育、科学领域的新任务，要求从创新的角度进一步完善教育与科学领域、专业人才培养领域的国家政策，加强中小学教育及高等教育，并增加科研经费，充分体现了俄罗斯政府对教育与科技发展的重视。在科学领域，该总统令提出的具体措施包括：增加对国家科学基金的经费投入，对国内知名大学开展的研发工作加大资助力度。提出的目标包括：2018年之前，将国家科学基金的经费投入增加到250亿卢布；2015年之前，将国内研发支出占GDP的比重提高到1.77%，将高等教育机构在国内研发支出中的份额提高到11.4%；2015年之前，将俄罗斯科技论文数量占全球的比重提高到2.44%。

（二）面向2020年的科技发展规划与计划

2012年12月，俄罗斯政府公布《2013～2020年国家科技发展规划》，从国家层面协调联邦权力执行机构、国家科学院、重点大学、国家科研中心等的科研活动，整合基础研究项目、国家科学基金、联邦专项计划、计划外的措施等方面的国家资源，旨在建设高效、有竞争力的研发体系，保障其在俄罗斯经济技术现代化中的主导作用。该规划提出到2020年将国内研发总支出占GDP的比重提高到3%，将非政府科技预算的研发经费比重提高到57%，将高等教育机构占国内研发支出的份额提高到15%的目标。2013～2020年，政府将为该规划的实施投入1.6033万亿卢布(约合530亿美元)。该框架性规划包括6个分规划：基础科学研究；问题导向型的应用研究，发展前沿技术领域的科技人才储备；完善科研体制；发展跨学科的研发基础设施；国际科技合作；规划的实施保障。

其中，《基础科学研究长期规划(2013~2020)》旨在协调全国与基础研究相关的所有参与方的各类活动，规划的重点任务包括：建设能够保障俄罗斯经济可持续增长、保持其全球科技竞争力的基础研究部门，推动能够在经济现代化优先领域产生科技突破的跨学科研发，培养科研人才和科教人才，使俄罗斯的基础科学与全球科技界接轨。该规划包括以下5个方面的基础研究计划：①国家科学院；②国家研究中心、国家科学中心和知名科研机构；③联邦大学、国家研究型大学等高校；④国家科学基金；⑤根据联邦政府和总统签署的法令所实施的基础研究。2013~2020年，联邦政府将为该规划投入8341亿卢布(约合275亿美元)。作为6个研究计划之一的《2013~2020年国家科学院基础科学研究计划》是《2008~2012年国家科学院基础科学研究计划》的延续，由俄罗斯教育科学部会同俄罗斯科学院、俄罗斯医学科学院、俄罗斯农业科学院、俄罗斯建筑科学院、俄罗斯教育科学院、俄罗斯艺术科学院等6个国家科学院联合制定。该计划确定了每个国家科学院的基础研究方向、各个方向的预期目标、2013~2020年每年的联邦预算拨款方案。2013~2020年，联邦政府预算将为该计划投入6320亿卢布(约合210亿美元)，以保障俄罗斯的基础科学研究获得稳定的资金支持，集中基础科学研究优先领域的资源，并促进研究成果的开放共享。俄罗斯科学院及其地方分院占该计划预算拨款总额的80.6%。

（三）改革科技管理体制和科技投入机制

2012年6月，俄罗斯成立俄罗斯经济现代化和创新发展委员会，以取代原有的俄罗斯经济现代化和技术发展委员会。普京总统亲自担任该委员会的主席，梅德韦杰夫总理担任该委员会主席团的主席。新委员会的职能主要包括：在确定俄罗斯经济现代化和创新发展的主要方向和机制方面向总统提供建议并制定相关政策；协调联邦和地方权力机关、社会联合体、科技组织等机构在经济现代化和创新发展领域的活动；确定经济现代化和创新发展领域国家调控的优先领域、形式和方法；负责协调研发工作的开展和研发成果产业化领域相关项目的实施。

2012年7月，俄罗斯成立总统科学与教育委员会，取代原有的总统科学、技术与教育委员会。普京总统亲自担任该委员会主席。该委员会直接向总统负责，其主要职能包括：针对科技与教育领域的优先发展方向、机制、政策与措施，为总统提供咨询和建议；协调科技与教育领域的中央与地方管理机构、科研机构、大学、资助机构等机构的相关工作，包括跨部门的科研工作与科研基础设施；审议、研究科学与教育发展的相关问题。

（四）制定产业发展规划

2012年12月，俄罗斯总理梅德韦杰夫签署"国家工业发展和提高工业竞争力规划"，计划投入3.5万亿卢布(约合1166亿美元)支持工业发展。该规划包含17个子规划，涉及汽车、农业机械制造、食品、轻工业、交通机械制造、重型机械设备、冶金、化工等行业。该规划的宗旨是建立有竞争力的、可持续的、结构平衡的工业，使其能在融入世界技术市场的基础上实现自我有效发展。该规划还要求研制先进的工业技术，推动国家经济创新，并为国防安全提供有效保障。

12月24日，俄罗斯出台"2013～2025年国家航空工业发展规划"，预计耗资1.7万亿卢布，其中联邦预算拨款1.2万亿卢布。该规划的目标是：到2025年，俄罗斯民用和军用航空产品的国际市场份额达到3.6%和11.9%；其中，民用和军用飞机制造领域的份额达到3.2%和10.9%，民用和军用直升机制造领域的份额达到12%和16.5%，使俄罗斯作为第三大航空设备生产商重回国际市场。

12月28日，俄罗斯公布"2013～2020年国家航天活动规划"，其宗旨是完善俄罗斯航天工业管理体制，提高航天设备的质量和可靠性，推动宇宙空间探索，保障国防安全、发展国家经济和社会民生。2013～2020年，俄罗斯将为航天业的发展投资2.1万亿卢布(约合700亿美元)，用于国际太空站、月球、火星及太阳系其他星体的研究。

八、欧　　盟

2012年，在欧债问题久拖不决并严重影响经济社会发展的情况下，欧盟仍积极推进欧洲研究与创新一体化，谋划新的2014～2020年研发与创新框架计划——"展望2020"的实施，并加强若干重要领域的创新部署。

(一)积极推进区域研究与创新一体化

为完成到2014年实现欧洲研究区(ERA)、形成研究与创新单一市场的目标，2012年7月，欧盟委员会与研究型大学联盟等组织签署了联合声明和谅解备忘录，提出为加快欧洲研究区建设进程在2013年前应采取的措施，包括：通过开放、透明的招聘程序招募高水平研究人员，通过职业门户公布高水平研究人员的职位空缺，继续制定和实施人力资源战略，探索加入泛欧补充养老保险基金的可能性和可行性；制定和实施产学流动计划，为学术界和企业培养卓越的研究人员并提高产学之间的人员流动；促进公共资助研究的开放获取；加强产学合作，通过知识转移专门机构加强知识转移转化等。

12月，作为促进欧洲区域一体化的一项重要举措，欧盟通过建立欧洲单一专利体系的协议。单一专利将通过统一的管理程序向发明人提供保护，由欧洲专利局(EPO)根据欧洲专利公约的规定统一授予，并依照专利权人的要求在25国同时生效。在欧盟27国中，意大利和西班牙由于不满专利申请书限定为三种语言、仲裁法庭设在德英法三国而拒绝加入单一专利体系。单一专利将于2014年开始实施，将和成员国专利及欧洲专利并行，由欧洲专利局集中管理。单一专利体系还包括建立统一的专利诉讼制度，专利仲裁法院拥有处理单一专利侵权和有效性问题的专属管辖权。该体系的实施有望有效消除创新障碍，使欧洲企业，尤其是研究机构和中小型企业大大受益，从而提升欧洲对创新和投资者的吸引力，促进欧盟的整合。

（二）通过"展望2020"计划谋划未来科技创新布局

欧盟目前正在实施的"第七研发与创新框架计划"(FP7)将于2013年结束，围绕"2020战略"和"创新联盟"旗舰计划确定的战略目标，欧盟委员会于2011年11月推出了2014～2020年的研发与创新框架计划——"展望2020"。新计划将涵盖欧盟几乎所有与研发和创新相关的计划，形成统一战略框架，包括"研发与创新框架计划""竞争力与创新框架计划"中与创新相关的内容，以及对欧洲创新与技术研究院(EIT)的资助。计划要求的投资预算是800亿欧元，但面对欧盟当前整体预算吃紧的情况，该计划的最终预算额度仍悬而未决。

"展望2020"计划将卓越的科学基础、领先的产业技术和应对社会挑战三大优先领域作为主线，要求欧盟及成员国必须增加研发创新的公私投资强度，统筹和优化科技资源配置，加强和完善产学研用的密切关系，推进和加速欧盟现代经济社会的持续进步。

为实现促进增长和应对社会所面临挑战的目标，新计划引入了一些新的理念和转变，如简化实施程序，扩大框架计划的参与范围，为从想法到研究成果投入市场的整个过程提供无缝和持续的资助，给予贴近市场的创新活动更多的支持等。2012年10月，欧盟各国就简化"展望2020"的资助规则达成共识，重点是项目直接成本和间接成本的资助额度，即大学等非营利机构负责的所有项目的直接成本资助比例都应为100%；贴近市场和共同资助项目的直接成本资助上限为70%；间接成本应按照统一比例——直接成本的25%予以资助，取代全成本计算法。此外，建议在人员成本中包含对每人每年最多8000欧元的额外资助。

（三）加强重点领域前瞻部署

2012年，围绕"2020战略"的目标，欧盟在若干领域部署了新的研究与创新发展计划，主要包括以下4个方面。

(1)"欧盟关键使能技术(KETs)战略"，督促成员国加强研发创新，积极推动KETs的产业化，完善研发创新价值链，推动技术优势转化为创新的商业化产品与服务，从而促进经济增长和扩大就业。该战略提出，将通过整合资源来促进KETs的研发创新与利用；实施创新导向的公私合作伙伴关系计划；通过凝聚政策支持KETs技术创新；保证欧洲投资银行对KETs技术产业化项目的投资承诺；通过政府援助计划促进KETs投资，以及为KETs未来发展和应用培养人才等。

(2) 可持续生物经济战略与行动计划，目的是确保欧洲智能绿色增长，以加强可持续农渔业、食品安全、工业用可再生生物资源的可持续使用，保障生物多样性并加强环境保护。该计划的重点是：投资研究、创新与技能，市场开发和增强生物经济领域的竞争力，政策协调。

(3) 支持海洋经济可持续增长的"蓝色增长战略"，旨在充分利用欧盟尚未开发的海洋、海域和沿海地区资源，开启欧盟蓝色增长的机遇，促进欧盟的经济增长和扩大就业。该战略重点关注五大新兴产业优先领域：蓝色能源，海水养殖，海洋、沿海旅游，海洋矿物资源，蓝色生物技术。

(4) 交通行业研发与创新的计划，旨在加速利用新的交通方式和解决方案，形成有竞争力和廉价的欧洲交通系统，到2050年使交通行业温室气体排放降低60%，交通意外事故发生率接近零。计划提出交通行业的关键技术和创新领域包括：用于公路、铁路、海运及航运的所有交通运输方式的更加清洁、安全和防噪音运载工具；智能、绿色、低维护需求和高气候适应性的基础设施；可持续的替代燃料技术及其配套基础设施；高效的交通管理系统；一体化的多形式信息与管理服务；无缝链接的物流系统；一体化、创新型的城市交通系统。

参 考 文 献

1　The White House. Government reorganization fact sheet. http://news.sciencemag.org/scienceinsider/2012/01/what-would-wiping-out-the-commerce.html [2012-01-05].

2　EPA. Technology innovation for environmental and economic progress. http://www.epa.gov/envirofinance/EPATechRoadmap.pdf [2012-04-26].

3　The White House. Obama Administration Unveils "Bioeconomy Blueprint" Announces New R&D Investments. http://www.whitehouse.gov/sites/default/files/microsites/ostp/bioeconomy_press_release_0.pdf [2012-04-24].

4　The White House. New commitments support administration's materials genome initiative. http://www.whitehouse.gov/sites/default/files/microsites/ostp/mgi_fact_sheet_05_14_2012_final.pdf [2012-05-14].

5　NIH. NIH launches collaborative program with industry and researchers to spur therapeutic development. http://www.nih.gov/news/health/may2012/od-03.htm [2012-05-03].

6　Office of science and technology policy. President Obama to announce new efforts to support manufacturing innovation, encourage insourcing. http://www.whitehouse.gov/the-press-office/2012/03/09/president-obama-announce-new-efforts-support-manufacturing-innovation-en [2012-03-09].

7　NSF. Obama administration launches $26 million multi-agency competition to strengthen advanced manufacturing clusters across the nation. http://www.nsf.gov/news/news_summ.jsp?cntn_id=124330&org= NSF&from=news [2012-05-16].

8　Office of science and technology policy. Obama administration unveils "big data" initiative. http://www.whitehouse.gov/sites/default/files/microsites/ostp/big_data_press_release_final_2.pdf[2012-03-29].

9　NSTC. The networking and information technology research and development program 2012 strategic plan. http://www.whitehouse.gov/sites/default/files/microsites/ostp/nitrd_strategic_plan.pdf [2012-07-29].

10　综合科学技术会议.平成24年度科学技術戦略推進費の実施方針.http://www8.cao.go.jp/cstp/gaiyo/yusikisha/20120315/siryokokusai-1.pdf [2012-12-1].

11　综合科学技术会议.平成24年度科学技術関係予算案におけるアクションプラン、重点施策.http://www8.cao.go.jp/cstp/gaiyo/yusikisha/20120209/siryoi-1.pdf [2012-12-1].

12　综合科学技术会议.平成25年度科学技術関係予算の重点化の具体的進め方について.http://www8.cao.go.jp/cstp/gaiyo/yusikisha/20120705/siryoino-1.pdf [2012-12-1].

13　文部科学省.成長を牽引する若手研究人材の育成・支援プラン2012. http://www.mext.go.jp/component/a_menu/__icsFiles/afieldfile/2012/04/06/1309115_1.pdf [2012-12-1].

14　综合科学技术会议.科学技術イノベーション促進のための仕組みの改革. http://www8.cao.go.jp/cstp/tyousakai/innovation/7kai/siryo2-1pdf [2012-12-1].

15　Bundesministerium für Bildung und Forschung. Forschungsausgaben steigen auf historischen Rekordwert.http://www.bmbf.de/press/3382.php [2012-12-14].

16　Bundesministerium für Bildung und Forschung. Bundesregierung setzt konsequent auf Bildung und Forschung.http://www.bmbf.de/press/3121.php [2011-7-8].

17　Bundesministerium für Bildung und Forschung. Bundeskabinett beschließt Aktionsplan für die Hightech-Strategie.http://www.bmbf.de/press/3249.php [2012-4-6].

18　Bundesministerium für Wirtschaft und Techologie. Rösler legt neues Innovationskonzept vor.http://www.bmwi.de/BMWi/Redaktion/PDF/I/innovationskonzept,property=pdf,bereich=bmwi,sprache=de,rwb=true.pdf [2012-7-5].

19　Bundesministerium für Bildung und Forschung. Bundesregierung plant Grundgesetzänderung.http://www.bmbf.de/press/3243.php [2012-3-12].

20　Bundesministerium für Bildung und Forschung. Wissenschaft von Bürokratie befreit.http://www.bmbf.de/press/3358.php [2012-10-19].

21　Bundesministerium für Bildung und Forschung. Fünf Wegbereiter für künftigen Wohlstand.http://www.bmbf.de/press/3224.php [2012-1-26].

22　Bundesministerium für Bildung und Forschung. Zukunft Ost ist Chance für ganz Deutschland.http://www.bmbf.de/press/3329.php [2012-8-27].

23　Bundesministerium für Wirtschaft und Techologie. Fachkräfte entscheiden den künftigen Wohlstand Deutschlands.http://www.bmwi.de/BMWi/Navigation/Presse/pressemitteilungen,did=491360.html [2012-6-6].

24　中国驻德国大使馆教育处.德国新法规简化国外文凭认证程序，吸引专业人才.http://www.de-moe. edu.cn/article_read.php?id=12016-20120513-1202 [2012-12-7].

25　MESR. Assises de l'enseignement supérieur et de la recherche : une ambition partagée pour l'avenir de notre pays. http://www.enseignementsup-recherche.gouv.fr/cid60901/assises-de-l-enseignement-superieur-et-de-la-recherche-une-ambition-partagee-pour-l-avenir-de-notre-p ays.html [2013-1-6].

26　Académie des Sciences. Remarques et propositions sur les structures de la recherche publique en France. http://www.academie-sciences.fr/activite/rapport/rads0912.pdf [2012-11-12].

27　Premier ministre. Allocution de Jean-Marc Ayrault sur la compétitivité. http://www.gouvernement.fr/ premier-ministre/discours-du-premier-ministre-a-l-institut-de-recherche-technologique-jules-verne-a- [2012-11-26].

28　Premier ministre. Discours du Premier ministre au VIIe Forum de la Recherche et de l' Innovation. http://www.gouvernement.fr/premier-ministre/discours-de-jean-marc-ayrault-au-vii e-forum-de-paris-capitale-economique [2012-11-15].

29　MESR. Une nouvelle politique de transfert pour la recherche. http://www.enseignementsu p-recherche. gouv.fr/cid66110/une-nouvelle-politique-de-transfert-pour-la-recherche.html [2012-11-26].

30　Centre d'analyses stratégique，énergies 2050. Note de synthèse 263-Février 2012. http://www.strategie. gouv.fr/content/energies-2050-note-de-synthese-263-fevrier-2012 [2012-11-12].

31　MESR. Ambition Ecotech : favoriser le développement de l'économie verte. http://www. economie. gouv.fr/ambition-ecotech-favoriser-developpement-l-economie-verte [2012-2-2].

32　MESR. Présentation de la stratégie spatiale française: soyons fiers de notre politique spatiale. http:// www.enseignementsup-recherche.gouv.fr/cid59719/presentation-de-la-strategie-spatiale-francaise.html [2012-3-28] .

33　MESR. Une nouvelle circulaire fixe le cadre de séjour des jeunes diplômés étrangers en france. http:// www.gouvernement.fr/gouvernement/une-nouvelle-circulaire-fixe-le-cadre-de-sejour-des-jeunes-diplomes-etrangers-en-france [2012-06-26].

34　Premier Ministre. Lancement du programme FSI France Investissement 2020. http://investissement-avenir.g ouvernement.fr/content/lancement-du-programme-fsi-france-investissement-2020 [2012-2-29].

35　Premier Ministre. Remise du rapport sur la compétitivité de l'industrie française. http://www. gouvernement.fr/premier-ministre/remise-du-rapport-sur-la-competitivite-de-l-industrie-francaise [2012-11-26].

36　George Osborne. Speech to the royal society. http://www.hm-treasury.gov.uk/speech_chx_091112.htm

[2012-11-16].

37   UK Department for Business Innovation and Skills. What's the good of government. http://www.bis.gov.
      uk/news/speeches/david-willetts-whats-the-good-of-government-2012 [2012-5-26].

38   UK Department for Business Innovation and Skills. Industrial Strategy - Cable outlines vision for future
      of British industry. http://www.bis.gov.uk [2012-9-16].

39   UK Department for Business Innovation and Skills. £ 100 million fund to boost university and private
      collaboration. http://www.hefce.ac.uk/pubs/year/2012/201212/ [2012-5-16].

40   UK Department for Business Innovation and Skills. Vince Cable delivers speech on UK science,
      openness and internationalisation. http://www.bis.gov.uk/news/speeches/vince-cable-science-openness-
      internationalisation [2012-7-16].

41   RCUK. The Concordat To Support Research Integrity. http://www.universitiesuk.ac.uk/Publications/
      Documents/TheConcordatToSupportResearchIntegrity.pdf [2012-7-16].

42   국가과학기술위원회.제4회 과학기술예측조사 결과 발표.http://www.nstc.go.kr/nstc/civil/report.
      jsp?mode=view&article_no=3670&pager.offset=0&board_no=17 [2012-6-10].

43   한국일보.정부 조직개편, 과욕은 금물이다.http://news.hankooki.com/ArticleView/ArticleView.
      php?url=opinion/201212/h2012122319533076070.htm&ver=v002 [2012-12-30].

44   대통령, 기초과학연구원의 개원 축하 및 격려. http://www.president.go.kr/kr/president/news/news_
      view.php?uno=1904 [2012-6-15].

45   국가과학기술위원회.국가 R&D사업 도전성 강화방안(안).http://www.nstc.go.kr/cmm/fms/
      FileDown.do?atchFileId=FILE_000000000001270&fileSn=0 [2012-11-1].

46   국가과학기술위원회.범부처, 이공계 르네상스 희망 전략 발표.http://www.nstc.go.kr/nstc/civil/
      report.jsp?mode=view&article_no=3594&pager.offset=0&board_no=17 [2012-5-9].

47   교육과학기술부.인재대국 진입으로 선진 일류국가 실현.http://mest.korea.kr/gonews/branch.
      do?act=detailView&dataId=155802367&sectionId=b_sec_2&type=news&currPage=2&flComment=1
      &flReply=0 [2012-3-5].

48   교육과학기술부.과학벨트, 기초연구성과의 후속 R&D 지원 착수.http://mest.korea.kr/gonews/
      branch.do?GONEWSSID=9RlpPWJVtc3CKtktCTlHhFn2Q5ybNKsN9h6FwBtgTn84gF1t8NxB!-
      34776613!1244887090&act=detailView&dataId=155824203&sectionId=b_sec_2&type=news&currPag
      e=1&flComment=1&flReply=0 [2012-5-7].

49   국가과학기술위원회.국가연구개발사업을 통한 산학연 일체화 추진전략(안).http://www.nstc.
      go.kr/agenda/agendaView.do;jsessionid=D6C75EE309CEB3C2849104D100017F11.node_10?agenda_
      numb=78&degree=19&pageIndex=1&searchWrd= [2012-6-12].

50   교육과학기술부.「산학연공동연구법인」연구개발 2개과제 선정.http://www.nrf.re.kr/_prog/
      gboard/board.php?code=d_0401&mode=view&no=156151&parentno=156151 [2012-5-8].

51　국가과학기술위원회.FTA 시대 국가R&D 전략(안). http://www.nstc.go.kr/agenda/agendaView. do?agenda_numb=61&degree=16&pageIndex=5&searchWrd= [2012-5-15].

52　Администрация Президента РФ.Владимир Путин подписал Указ «О мерах по реализации государственной политики в области образования и науки». http://www.kremlin.ru/news/15236 [2012-12-24].

53　Правительства Российской Федерации.Об утверждении государственной программы «Развитие науки и технологий». http://правительство.рф/gov/results/22054 [2012-12-26].

54　Правительства Российской Федерации.Об утверждении Программы фундаментальных научных исследований в Российской Федерации на долгосрочный период (2013-2020 годы). http:// правительство.рф/gov/results/22179 [2012-12-30].

55　Правительства Российской Федерации.Об утверждении Программы фундаментальных научных исследований государственных академий наук на 2013-2020 годы. http://правительство.рф/gov/ results/21805 [2012-12-14].

56　Администрация Президента РФ.Указ о Совете по модернизации экономики и инновационному развитию России. http://www.kremlin.ru/news/15690#sel=77:1,81:22 [2012-6-28].

57　Администрация Президента РФ.Подписан Указ о Совете при Президенте по науке и образованию. http://www.kremlin.ru/acts/16087 [2012-8-9].

58　Администрация Президента РФ.Заседание Совета по науке и образованию. http://www.kremlin.ru/ news/16726 [2012-11-5].

59　Правительства Российской Федерации.Об утверждении государственной программы «Развитие промышленности и повышение ее конкурентоспособности». http://правительство.рф/gov/ results/22181 [2012-12-30].

60　Правительства Российской Федерации.О государственной программе «Развитие авиационной промышленности на 2013-2025 годы». http://правительство.рф/gov/results/22143 [2012-12-29].

61　Правительства Российской Федерации.О государственной программе Российской Федерации «Космическая деятельность России на 2013-2020 годы». http://правительство.рф/gov/results/22252 [2012-12-31].

62　European Commission. Memorandum of understanding between the Euro pean Commission and the League of European Research Universities. http://www.leru.org/files/publications/ERA_Final_MoU_ LERU.pdf [2013-01-09].

63　EPO. Unitary patent. http://www.epo.org/law-practice/unitary/unitary-patent.html [2013-01-06].

64　European Commission. Horizon 2020-The framework programme for research and innovation. http://ec.europa.eu/research/horizon2020/pdf/proposals/communication_from_the_ commission_-_horizon_2020_-_the_framework_programme_for_research_and_innovation.

pdf#view=fit&pagemode=none [2012-12-06].

65 European Commission. A European strategy for key enabling technologies-A bridge to growth and jobs. http://www.kowi.de/Portaldata/2/Resources/fp/2012-com-ket.pdf [2012-07-06].

66 European Commission. Innovating for sustainable growth: a bioeconomy for Europe. http://ec.europa. eu/research/bioeconomy/pdf/201202_innovating_sustainable_growth.pdf [2012-12-06].

67 European Commission. Blue growth: opportunities for marine and maritime sustainable growth. http:// ec.europa.eu/maritimeaffairs/policy/blue_growth/documents/com_2012_494_en.pdf [2012-09-16].

68 European Commission. Research and innovation for Europe's future mobility. http://eur-lex.europa.eu/ LexUriServ/LexUriServ.do?uri=SWD:2012:0260:FIN:EN:PDF [2012-10-06].

Progress of S&T and Innovation Strategies of World's Major Countries and Organization in 2012

Hu Zhihui, Li Hong, Zhang Qiuju, Ge Chunlei, Chen Xiaoyi, Ren Zhen, Wang Jianfang

In 2012, major developed countries and organization including USA, Japan, Germany, France, UK, South Korea, Russia, and European Union, regarded the Science and Technology Innovation as the boost of economy. These countries not only focused on strengthening the strategic deployment of S&T, increasing the investments, and enharcing the cultivation of talents, but also adjusted the key fields of S&T, and promoted the collaborative innovation, so as to get out of the shadow of economic crisis as soon as possible and occupy the commanding heights of global competition.

第七章

中国科学发展概况

Brief Accounts of Science Developments in China

7.1 2012年度科技部基础研究
主要工作进展

陈文君 周文能 沈建磊 傅小锋

(科技部基础研究司)

2012年，科技部基础研究司深入贯彻落实党的科技路线方针政策，紧密围绕科技部科技工作大局，努力加强宏观管理、规划政策制定和战略研究，积极推动基础研究计划管理改革，稳步推进各项业务工作，推动项目、基地、人才有机结合，圆满完成了各项任务。

一、加强政策研究和统筹规划，推动全国
基础研究工作再上新台阶

1. 制定并发布基础研究"十二五"专项规划

科技部会同国家自然科学基金委员会等部门制定完成《国家基础研究发展"十二五"专项规划》，于2012年2月正式发布；组织有关专家编制完成"纳米研究""量子调控研究""发育与生殖研究""蛋白质研究""干细胞研究""全球变化研究"等6个国家重大科学研究计划和"国家磁约束核聚变能发展研究专项""国家科技基础性工作专项"共8个"十二五"专项规划，于2012年5月正式发布。配合国家发展和改革委员会组织编制了《国家重大科技基础设施建设中长期规划(2012—2030年)》。

2. 大力推进科教结合，探索体制机制改革创新

为推进科学研究和高等教育相结合的知识创新体系建设，促进科教紧密结合、协同创新，支撑经济社会发展，科技部与教育部、江苏省就共同培育和促进江苏的纳米

技术、生物医药、通信网络等3个先导性新兴产业发展开展合作，探索科技、教育与经济紧密结合的新模式。两部一省于2012年1月10日共同签署《推动科技教育与经济紧密结合支撑江苏省新兴产业培育和发展的协议》，于3月18日召开领导小组第一次会议。万钢部长、罗志军书记、李学勇省长等领导同志分别出席上述活动。

科技部与教育部加强科教协同，深入推动教育、科技与经济社会发展紧密结合，从提升高校原始创新能力、发挥高校在技术创新和区域创新中的作用、推动高校科技成果转化和技术转移等6个方面开展合作，于2012年7月26日签署《科技部教育部关于加强协同创新，提升高校科技创新能力合作协议》。科技部万钢部长、王志刚书记和教育部袁贵仁部长等领导同志出席会议。

同时，科技部设立"加强科教结合，推进国家创新体系建设重大问题研究"课题，加快推进科教结合方面的体制机制研究。

3. 积极开展调研和战略研究，谋划基础研究长远发展

①完成部党组部署的2011年科技工作重大专题调研第七专题"增加基础研究投入的机制研究"和2010年科技工作重大专题调研第五专题"我国基础研究发展重大问题研究"的调研报告；②完成部党组部署的"推进科技与教育相结合的改革调研""推进学科交叉融合和均衡发展情况调研""提高基础研究类科研机构原始创新能力有关情况调研"3个调研报告；③会同相关司局开展"基础研究内容范畴"的调研，并完成基础研究投入和统计问题的调研报告；④就科技界当前"论文导向"现象开展调研并形成调研报告；⑤组织完成《中国科学技术发展报告(2011年)》《国家科技计划年度报告(2012)》《国家科技计划典型案例》中基础研究部分的编写工作；⑥组织编制《"十二五"以来地方基础研究工作调研报告汇编》；⑦组织973计划专家围绕非常规油气、大型飞机基础研究、深海科学研究、新一代电网、重型燃气轮机基础研究、煤高效转化、光的衍射极限等10多个热点方向开展调研，形成战略研究报告，制定发展路线图。

4. 大力推动地方基础研究

科技部基础研究司于2012年5月3日在安徽组织召开"2012年部分省市基础研究工作研讨会"；于10月25～26日在广西组织召开"2012年地方基础研究工作会议"。这些会议进一步加强了科技部基础研究司与地方的工作交流，总结了"十二五"成绩和各地好的做法，研究了促进地方基础研究工作的新思路。

5. 促进全国基础研究从量的扩张向质的提高转变

我国基础研究整体实力的显著增强，对国家经济社会发展发挥了基础支撑和前瞻引领作用。2011年，我国科学家发表的国际科学论文达到了16.81万篇，继续稳居世界

第二；总被引用数居世界第六，高频被引论文数量居世界第五，国际热点论文数量居世界第四；我国发明专利申请量跃居世界第一位；我国从事基础研究的全时人员当量超过17.4万人/年。我国科学家越来越多地参与国际热核聚变实验堆(ITER)、大型强子对撞机(LHC)、平方公里阵列射电望远镜(SKA)等重大国际科学研究计划，在国际学术组织和国际知名科技期刊担任重要职务的人数明显增加，国际科学影响力不断提升。

近两年通过973计划和国家重大科学研究计划的支持，我国基础研究重点领域和重要科学前沿陆续取得一批具有重要影响的创新成果。我国大亚湾中微子实验发现新的中微子振荡模式并测得其振荡几率，有助于深入揭示宇宙反物质消失之谜，在国际物理学界引起广泛关注；我国科学家在国际上首次成功实现"小鼠成纤维细胞转化为功能性肝细胞样细胞"，为再生医学提供了新策略；"利用强激光成功模拟太阳耀斑的环顶X射线源和重联喷流"成果证明了强激光实验室对天文现象进行实验模拟研究的可行性，标志着我国大型强激光和激光核聚变研究跨上一个新台阶；在超高速超大容量超长距离光传输方面，我国完成单通道1.031太比特/秒普通标准单模光纤12 160千米的传输系统实验，创造了新的世界纪录；通过长期监测首次发现我国东北温带针阔混交林区有野生东北虎、远东豹定居种群等，这表明该地区拥有支撑东北虎、远东豹生存和种群恢复的潜力，对于濒危物种的保护和特殊物种生境的恢复具有重要意义；我国科学家通过研究揭示两种天然产物靶向特异蛋白治疗白血病的机制；我国科学家成功利用核移植技术建立孤雄囊胚，并从中分离建立单倍体胚胎干细胞系，证实单倍体孤雄干细胞具有可替代精子和快速传递基因修饰的能力。

二、以贯彻落实全国科技创新大会和中央六号文件精神为契机，扎实推进各项业务工作深入开展

1.顺利完成973计划(含重大科学研究计划，下同)项目评审立项和管理工作

继续加强面向国家战略需求的基础研究部署，完成973计划95个项目和重大科学研究计划67个项目的立项工作。完成2011年立项的105个973计划项目和64个重大科学研究计划项目的中期评估工作，对项目的研究计划、研究方案、研究队伍及经费进行相应调整和优化，实现项目的动态管理。完成2008年立项项目的结题验收工作。首次设立"青年科学家专题"，专门支持35岁以下青年科学家围绕国家需求和科学前沿组织项目，共立项支持19个项目近100位青年学者。

面向国家重大需求，针对国际竞争激烈的相关领域和前沿方向，强化科学目标导向，完成"水稻分子育种设计""细胞多能性和人类重大疾病的猴模型研究"重大科学目标导向项目的立项工作；组织"超强激光驱动的粒子加速""硅基兼容的石墨

烯类材料及器件研究""光的衍射极限""冰冻圈变化、影响及适应研究""半导体相变存储器""减数分裂"等重大科学目标导向项目的实施路线图研讨与论证;组织"人类蛋白质组计划"重点专项方案的编写与修改工作。

2. 加快推动重点实验室工作

①加强宏观战略研究和设计,完善国家(重点)实验室体系布局;②成功召开新建院校国家重点实验室工作交流会;③积极推动企业国家重点实验室享受税惠政策;④完成9个军民共建国家重点实验室和3个企业国家重点实验室建设计划可行性论证工作,并正式批准建设;⑤推进港澳地区国家重点实验室伙伴实验室新建遴选工作,与香港创新科技署和澳门科技发展基金建立了良好的沟通机制;⑥探索并推进国家重点实验室联盟工作,分别召开医药领域企业国家重点实验室联盟会和地质科学领域院校国家重点实验室联盟会;⑦完成1个院校国家重点实验室、2个军民共建国家重点实验室和17个企业国家重点实验室的建设验收工作;⑧完成2012年信息领域31个院校国家重点实验室的评估,组织对2010年地学和数理领域限期整改的3个院校国家重点实验室进行了现场核查。

3. 扎实推进人才工作

牵头负责完成第八批"千人计划"重点实验室和重点学科平台合并评审组织工作(申报长期项目有182人、短期项目有224人),向中共中央组织部推荐长期项目人选100人、短期项目人选85人。经中共中央组织部终评,重点实验室平台长期项目获批18人,短期项目获批17人。另外,积极配合教育部完成第九批"千人计划"重点实验室和重点学科平台的初评工作。

结合973计划、重大科学研究计划、国家磁约束核聚变能发展研究专项、国家重点实验室等业务工作,积极开展"创新人才推进计划"组织推荐工作,经专家组综合评审,推荐15个"中青年科技领军人才"和11个"重点领域创新团队"。

4. 做好科技基础性工作专项工作

完成科技基础性工作专项2012年立项的40个项目的任务书签订工作;完成2006年立项的30个项目和2007年立项的26个一般项目的验收工作;完成2013年的需求征集、指南发布、项目申报、项目初评和复评,批准44个项目纳入储备库,提出2013年建议立项项目清单。

5. 做好磁约束核聚变能发展研究专项工作

完成国家磁约束核聚变能发展研究专项2013年的需求征集、指南发布、项目立项评审工作，完成14个项目的立项工作；启动实施2012年立项的6个项目，对2010年立项的13个项目进行了中期评估，完成2008年5个采购包预研项目的验收，完成2009年立项的9个项目的课题验收工作；参加ITER组织第十届、第十一届理事会会议，更换ITER组织理事会科技咨询委员会中方成员，积极推进ITER采购包安排协议的签署和中方任务的落实。

6. 继续推动基础研究重要领域的国际合作

积极推动我国加入SKA建设准备阶段工作，先后两次组织召开协调会；组织专家对依托于SKA的合作研究项目进行论证并通过973计划立项支持；组织成立SKA部际协调小组和中国专家委员会并召开相关会议。

对我国与欧洲核子研究中心(CERN)合作情况进行调研，成立中国与CERN合作委员会、国内协调工作委员会，并与CERN开展会谈；组织专家论证我国和CERN开展大科学装置的合作研究项目并通过973计划立项支持。

三、加强综合协调和顶层设计，深入推进科技计划管理改革与创新

1. 加强顶层设计，推动科学化管理

强化战略研究和科学目标导向。在国家重大战略需求和科学目标的结合上下工夫，做好973计划顶层设计，加快推进"深海大洋""大飞机""合成生物学"和"空间科学"等专题项目的论证工作。加强现有973计划重大项目的目标化设计与管理；围绕重大科学目标加强对A类项目的部署和管理，制定A类项目中期评估办法。

加强计划间协调与衔接。将863计划、支撑计划和科技重大专项执行过程中发现且需要解决的重大科学问题，作为973计划制定指南的重要参考和依据；将具备转化条件的973计划研究成果向863计划推荐，推动科技计划上下游的衔接；把计划间有效衔接的措施落实到管理环节中，继续共同发布纳米研究国家重大科学研究计划与863计划2012年、2013年项目申报指南。

2. 积极探索和推进973计划管理改革与创新

①调整和优化评审程序，减轻顾问组专家和申请人负担，保证顾问组专家将更多精力用于战略研究，加强同行评议，进一步提高项目评审的科学性、专业性和公正性；②设立"青年科学家专题"，选择部分领域进行试点，支持35岁以下青年科学家围绕国家需求和世界科学前沿组织研究项目；③坚持公平公开公正，不断完善科技计

划管理，研究并制定973计划实施细则，继续推进网络视频评审工作，促进评审专家多元化，全文反馈专家意见，现场公布评审结果，严格过程管理，对违规行为坚决查处；④积极支持港澳科学家承担973计划项目，2012年，香港大学、香港中文大学、香港科技大学和澳门科技大学等积极组织申报5个项目，其中3个项目通过综合咨询，在香港学术界产生了很好的反响。

3.不断强化实验室建设工作的主动性和针对性，提升工作的显示度

围绕贯彻落实中央一号文件、加强重点学科领域部署、落实部部共建等国家重大需求，研究提出"十二五"期间院校国家重点实验室建设目标和布局重点；围绕战略性新兴产业及重要产业方向，认真分析现有实验室布局情况并梳理国家战略性新兴产业发展目录，研究提出新建第三批企业国家重点实验室的工作方案；梳理近年来各地方对省部共建国家重点实验室培育基地建设的需求情况，协同地方科技主管部门研讨省部共建国家重点实验室培育基地发展的新思路。

4.不断扩展工作思路，就重点实验室管理推出多项新措施

结合知识创新、技术创新、国防科技创新、区域创新、港澳与内地合作的需求等要求，提出国家(重点)实验室体系概念，包括院校国家重点实验室、试点国家实验室、企业国家重点实验室、军民共建国家重点实验室、省部共建国家重点实验室培育基地、港澳国家重点实验室伙伴实验室在内的六大类共498个实验室，初步明确各类实验室的定位、建设与管理机制。

发布《依托企业建设国家重点实验室管理暂行办法》，进一步明确企业国家重点实验室的发展目标和定位，规范此类实验室的建设与运行管理。

深化对国家(重点)实验室体系的日常管理，完善年度报告制度；对院校国家重点实验室和试点国家实验室年报系统进行升级；新建企业国家重点实验室和省部共建国家重点实验室培育基地的网上管理系统，首次实现这两类实验室信息的实时填报和统计分析；香港国家重点实验室伙伴实验室也开始提交纸质版年报。

认真开展国家重点实验室评估考核绩效管理试点工作。设定与分解绩效考核指标，启动《国家重点实验室评估规则》修订工作，完善日常检查和预警机制，加强学风道德建设，进一步强化对国际化、对外开放和共享情况的评估，研究设立投入产出比等方面的考核指标。切实落实科技部关于建立科技报告制度的精神，2012年首次发布国家重点实验室评估报告。

Major Progress in Basic Research of Ministry of Science and Technology in 2012

Chen Wenjun, Zhou Wenneng, Shen Jianlei, Fu Xiaofeng

This paper summarizes the progress in basic research of Ministry of Science and Technology in 2012: carried out policy research for the development of basic research and several important output were achieved, including the National Basic Research 12nd Five-Year Development Programme; vigorously promoted major research programme administration reform and innovation; strengthened its comprehensive coordination and top-layer design with ministries concerned; carried out 973 Programme and National Major Scientific Research Programme to further strengthen the basic research for national strategic need; promoted construction of state key laboratory, introduction of talents and international cooperation in important large scientific infrastructure such as SKA and CERN.

7.2 2012年度国家最高科学技术奖概况

国家科学技术奖励工作办公室

郑哲敏

中共中央、国务院于2013年1月18日在北京隆重召开国家科学技术奖励大会，授予中国科学院、中国工程院院士郑哲敏和中国工程院院士王小谟2012年度国家最高科学技术奖。现将两位获奖人的科技成就简要介绍如下。

郑哲敏，男，1924年10月出生于山东省济南市。1947年毕业于清华大学机械工程系。1948～1952年在美国加州理工学院机械工程系学习，先后获得硕士、博士学位。1955年回国后在中国科学院力学研究所工作至今，历任室主任、副所长、所长等职，现任该所学术委员会名誉主任。1980年当选中国科学院院士，1993年当选美国工程院外籍院士，1994年当选中国工程院院士。

郑哲敏院士是国际著名力学家，中国爆炸力学的奠基人和开拓者之一，中国力学学科建设与发展的组织者和领导者之一。

郑哲敏院士阐明了爆炸成形的机制和模型律，解决了火箭重要部件的加工难题，发展了一门新的力学分支学科——爆炸力学。他长期主持力学学科发展规划的制定，倡导建立了多个新的力学分支学科，做出了重要的学术贡献。

在地下核爆炸效应的研究中，郑哲敏院士与合作者一起提出了流体弹塑性模型。该模型将爆炸及冲击荷载作用下介质的流体、固体特性及运动规律用统一的方程表述，堪称爆炸力学的学科标志，可准确预测地下核试验压力衰减规律，为我国首次地下核爆当量预报做出了贡献。

在穿破甲研究方面，郑哲敏院士带领团队开创性地提出了射流开坑、准定常侵彻、靶板强度作用的相关理论；得到了穿甲相似律和比国际流行的Tate公式更为有效的穿甲模型；建立了破甲弹高速流拉断的理论；建立了金属装甲破甲机制模型和破甲相似律，获得了比国际公认的Eichelberger公式更符合实际的侵彻公式。这些工作为我国相关武器的设计与效应评估奠定了坚实的力学基础。

基于流体弹塑性理论，郑哲敏院士还开辟了爆炸加工、瓦斯突出、爆炸处理水下软基等关键技术领域，解决了重大工程建设中的核心难题，有关成果得到了广泛的应用。此外，在材料力学的研究中，他提出的硬度表征标度理论，在国际上有重要影响，并以他与合作者的姓氏命名为C-C方法。

作为中国力学界在国际上的代表，他积极参加和组织国际交流，促进国际合作，显著提高了中国力学在国际上的地位。

郑哲敏院士心系祖国，始终以国家需求为己任，呕心沥血，严谨创新，团结奋进，平易近人，培养了大批力学领域的杰出人才。他现在仍致力于自己钟爱的科研工作，一如既往地关心着力学学科和国家相关重大工程技术的发展。

王小谟，男，1938年11月出生于上海市。1961年毕业于北京工业学院(现北京理工大学)。曾任电子工业部38所所长、信息产业部电子科学研究院常务副院长等职，现为中国电子科技集团公司电子科学研究院名誉院长。1995年当选中国工程院院士。

王小谟院士是我国著名雷达专家，现代预警机事业的开拓者和奠基人。

多年来，王小谟院士致力于雷达技术研究与工程应用。20世纪60年代，他瞄准国际雷达技术前沿领域，主持研制成功我国第一部三坐标雷达，达到国际先进水平。20世纪80年代，他主持开展低空雷

王小谟

达技术攻关，研制成功我国第一部中低空兼顾雷达，并在国际雷达装备同台竞技中为国产雷达赢得了世界声誉。

预警机是信息化战争的核心装备。1990年海湾战争后，我国决定通过对外合作解决预警机装备急需。王小谟院士担任中方总设计师，主持系统总体设计，在世界上首次提出基于二维有源相控阵体制的三面阵背负罩新型预警机工程方案。同时，带领和组织国内研发团队同步开展研制工作，掌握预警机设计方法和主要关键技术，锻炼和培养技术队伍，为我国自行研制预警机奠定了坚实基础。

国产预警机正式立项后，王小谟院士主动推荐优秀年轻专家担任总设计师，自己担任总顾问，倾心指导年轻的总设计师们确定总体技术方案，开展技术攻关、系统集成和试验试飞方案等重大工程研制事项，为我国首型预警机的研制成功做出了重要贡献。

针对我国国情，王小谟院士率先提出开展轻型预警机的预先研究，并主持制定了技术方案，为国家决策研制轻型预警机创造了条件。他还提出利用国产飞机实现预警机出口的设想，并担任原型机总设计师，主持完成了原型样机设计与制造，推动实现了我国预警机装备出口。他作为课题负责人，主持完成了数字阵列雷达预警机地面样机技术攻关，为研制新型预警机奠定了基础。

王小谟院士学术造诣深厚，甘为人梯，重视对年轻人的培养。他先后培养出18位我国预警机系统或雷达系统总设计师。目前他仍坚持工作在科研一线，谋划和推动我国预警机事业发展。

Summary of the 2012 National Top Science and Technology Award

National Office for Science and Technology Awards, Ministry of Science and

Technology of China

The 2012 National Top Science and Technology Award of China was awarded to two distinguished Chinese academicians, professor Zheng Zhemin and Wang Xiaomo, for their outstanding achievements in their respective fields. Prof. Zheng, a world renowned mechanics scientist, has made an outstanding contribution to explosion mechanics and its applications in China. As a renowned expert in radar, Prof. Wang has headed the design, manufacture and construction of the modern Airborne Warning and Control System of China.

7.3 2011年度国家自然科学奖情况综述

张婉宁

(国家科学技术奖励工作办公室)

根据2012年1月27日《国务院关于2011年度国家科学技术奖励的决定》，2011年度国家自然科学奖共授予36个项目(一等奖空缺)。具体获奖项目及其完成人情况如表1所示[1]。

表1 2011年度国家自然科学奖获奖项目目录

序号	编号	项目名称	主要完成人	推荐单位
二等奖				
1	Z-101-2-01	流体力学与量子力学方程组的若干研究	张　平(中国科学院数学与系统科学研究院) 江　松(北京应用物理与计算数学研究所)	中国科学院
2	Z-102-2-01	薄膜/纳米结构的控制生长和量子操纵	贾金锋(中国科学院物理研究所) 马旭村(中国科学院物理研究所) 陈　曦(清华大学) 赵忠贤(中国科学院物理研究所) 薛其坤(中国科学院物理研究所)	中国科学院
3	Z-102-2-02	轻元素新纳米结构的构筑、调控及其物理特性研究	王恩哥(中国科学院物理研究所) 白雪冬(中国科学院物理研究所) 于　杰(中国科学院物理研究所) 马旭村(中国科学院物理研究所) 刘　双(中国科学院物理研究所)	北京市
4	Z-102-2-03	电荷转移分子体系光学非线性及超快全光开关实现	龚旗煌(北京大学) 胡小永(北京大学) 王树峰(北京大学) 杨　宏(北京大学)	中国物理学会
5	Z-102-2-04	引力体系动力学和热力学性质及其内在联系的研究	蔡荣根(中国科学院理论物理研究所) 王　斌(复旦大学) 张元仲(中国科学院理论物理研究所)	中国科学院
6	Z-103-2-01	稀土纳米功能材料的可控合成、组装及构效关系研究	严纯华(北京大学) 张亚文(北京大学) 孙聆东(北京大学) 高　松(北京大学)	教育部
7	Z-103-2-02	超临界流体、离子液体及其混合体系相行为与分子间相互作用研究	韩布兴(中国科学院化学研究所) 刘志敏(中国科学院化学研究所) 张建玲(中国科学院化学研究所) 姜　涛(中国科学院化学研究所) 闫海科(中国科学院化学研究所)	中国科学院

续表

			二等奖	
序号	编号	项目名称	主要完成人	推荐单位
8	Z-103-2-03	几类无机材料的氢、锂、镁储存与电池性能研究	陈 军(南开大学) 李 玮(南开大学) 陶占良(南开大学) 程方益(南开大学) 马 华(南开大学)	天津市
9	Z-103-2-04	大分子自组装的新路线及其运用	江 明(复旦大学) 陈道勇(复旦大学) 姚 萍(复旦大学)	上海市
10	Z-103-2-05	催化材料的紫外拉曼光谱研究	李 灿(中国科学院大连化学物理研究所) 冯兆池(中国科学院大连化学物理研究所) 张 静(中国科学院大连化学物理研究所) 范峰滔(中国科学院大连化学物理研究所) 杨启华(中国科学院大连化学物理研究所)	辽宁省
11	Z-103-2-06	纳米尺度和分子水平上生物信息获取的新原理与新方法	王柯敏(湖南大学) 何晓晓(湖南大学) 羊小海(湖南大学) 杨荣华(湖南大学) 唐志文(湖南大学)	湖南省
12	Z-104-2-01	中国东部燕山期花岗岩成因与地球动力学	吴福元(中国科学院地质与地球物理研究所、吉林大学) 李献华(中国科学院广州地球化学研究所) 杨进辉(中国科学院地质与地球物理研究所)	中国科学院
13	Z-104-2-02	华北及邻区深部岩石圈的减薄与增生	徐义刚(中国科学院广州地球化学研究所) 郑建平(中国地质大学(武汉)) 范蔚茗(中国科学院广州地球化学研究所) 许继峰(中国科学院广州地球化学研究所) 郭 锋(中国科学院广州地球化学研究所)	广东省
14	Z-104-2-03	青藏高原地体拼合、碰撞造山及隆升机制	杨经绥(中国地质科学院地质研究所) 许志琴(中国地质科学院地质研究所) 李海兵(中国地质科学院地质研究所) 张建新(中国地质科学院地质研究所) 吴才来(中国地质科学院地质研究所)	国土资源部
15	Z-104-2-04	晚中新世以来青藏高原东北部隆升与环境变化	方小敏(兰州大学) 李吉均(兰州大学) 潘保田(兰州大学) 马玉贞(兰州大学) 宋春晖(兰州大学)	教育部
16	Z-104-2-05	典型持久性有毒污染物的分析方法与生成转化机制研究	江桂斌(中国科学院生态环境研究中心) 郑明辉(中国科学院生态环境研究中心) 刘景富(中国科学院生态环境研究中心) 蔡亚岐(中国科学院生态环境研究中心) 蔡宗苇(香港浸会大学)	中国科学院

续表

		二等奖		
序号	编号	项目名称	主要完成人	推荐单位
17	Z-104-2-06	典型污染物环境化学行为、毒理效应及生态风险早期诊断方法	王晓蓉(南京大学) 陈景文(大连理工大学) 尹大强(南京大学) 郜洪文(同济大学) 朱东强(南京大学)	教育部
18	Z-105-2-01	受体酪氨酸激酶介导的信号通路在突触发育和可塑性中的作用	叶玉如(香港科技大学)	香港特别行政区
19	Z-105-2-02	多倍体银鲫独特的单性和有性双重生殖方式的遗传基础研究	桂建芳(中国科学院水生生物研究所) 周　莉(中国科学院水生生物研究所) 杨　林(中国科学院水生生物研究所) 刘静霞(中国科学院水生生物研究所) 朱华平(中国科学院水生生物研究所)	中国科学院
20	Z-105-2-03	棉纤维细胞伸长机制研究	朱玉贤(北京大学) 秦咏梅(北京大学) 姬生健(北京大学) 施永辉(北京大学) 李鸿彬(北京大学)	中国科学技术协会
21	Z-105-2-04	植物分子系统发育与适应性进化的模式与机制研究	施苏华(中山大学) 吴仲义(中山大学) 唐　恬(中山大学) 周仁超(中山大学) 曾　凯(中山大学)	教育部
22	Z-105-2-05	《中华人民共和国植被图(1:100万)》的编研及其数字化	侯学煜(中国科学院植物研究所) 张新时(中国科学院植物研究所) 李　博(内蒙古大学) 孙世洲(中国科学院植物研究所) 何妙光(中国科学院植物研究所)	中国科学院
23	Z-106-2-01	新发传染病的分子病理学和免疫学发病机制研究	顾　江(北京大学) 丁明孝(北京大学) 王月丹(北京大学) 高子芬(北京大学) 宫恩聪(北京大学)	教育部
24	Z-106-2-02	缺血性脑卒中神经保护新靶点的研究	高天明(南方医科大学) 张光毅(徐州医学院) 李晓明(南方医科大学) 裴冬生(徐州医学院) 关秋华(徐州医学院)	广东省
25	Z-107-2-01	基于非测距的无线网络定位理论与方法研究	刘云浩(香港科技大学) 倪明选(香港科技大学) 李　默(香港科技大学) 杨　铮(香港科技大学)	教育部

续表

二等奖				
序号	编号	项目名称	主要完成人	推荐单位
26	Z-107-2-02	计算机网络资源管理的随机模型与性能优化	林 闯(清华大学) 李 波(香港科技大学) 任丰原(清华大学) 尹 浩(清华大学) 蒋屹新(清华大学)	工业和信息化部
27	Z-107-2-03	极化电磁散射传输与空间微波遥感对地观测信息理论	金亚秋(复旦大学) 徐 丰(复旦大学) 法文哲(复旦大学)	教育部
28	Z-107-2-04	近红外光激发下高阶多光子上转换过程及其强紫外上转换光发射的研究	秦伟平(中国科学院长春光学精密机械与物理研究所、吉林大学) 宋宏伟(中国科学院长春光学精密机械与物理研究所、吉林大学) 秦冠仕(中国科学院长春光学精密机械与物理研究所、吉林大学) 赵 丹(中国科学院长春光学精密机械与物理研究所、吉林大学) 吕少哲(中国科学院长春光学精密机械与物理研究所)	吉林省
29	Z-108-2-01	介孔基复合材料设计合成、非均相催化性能与应用探索	施剑林(中国科学院上海硅酸盐研究所) 陈航榕(中国科学院上海硅酸盐研究所) 高秋明(中国科学院上海硅酸盐研究所) 张文华(中国科学院上海硅酸盐研究所) 严东生(中国科学院上海硅酸盐研究所)	中国科学技术协会
30	Z-108-2-02	硬度的微观理论及新型亚稳相设计	田永君(燕山大学) 王慧田(南京大学) 高发明(燕山大学) 何巨龙(燕山大学) 孙 建(南京大学)	教育部
31	Z-108-2-03	生物矿化纤维的分级组装机理研究	崔福斋(清华大学) 王秀梅(清华大学) 李恒德(清华大学) 蔡 强(清华大学) 孔祥东(清华大学)	工业和信息化部
32	Z-108-2-04	亚稳纳米材料生长的基础研究	杨国伟(中山大学) 王成新(中山大学) 欧阳钢(中山大学) 杨玉华(中山大学) 王 冰(中山大学)	广东省
33	Z-109-2-01	双剪统一强度理论及其应用	俞茂宏(西安交通大学) 李跃明(西安交通大学) 马国伟(西安交通大学) 张永强(西安交通大学) 范 文(西安交通大学)	陕西省

续表

		二等奖		
序号	编号	项目名称	主要完成人	推荐单位
34	Z-109-2-02	微纳尺度传热的尺度效应及其物理机制	过增元(清华大学) 李志信(清华大学) 梁新刚(清华大学) 张 兴(清华大学)	教育部
35	Z-109-2-03	基于行为的城市交通流时空分布规律与数值计算	高自友(北京交通大学) 黄海军(北京航空航天大学) 杨 海(香港科技大学) 林兴强(香港理工大学) 毛保华(北京交通大学)	教育部
36	Z-109-2-04	提高光催化环境污染控制过程能量效率的方法及应用基础研究	全 燮(大连理工大学) 朱永法(清华大学) 李新勇(大连理工大学) 姚文清(清华大学) 于洪涛(大连理工大学)	教育部

注：按照现行国家科学技术奖学科分类代码，101代表数学与力学学科组、102代表物理与天文学学科组、103代表化学学科组、104代表地球科学学科组、105代表生物学学科组、106代表基础医学学科组、107代表信息科学学科组、108代表材料科学学科组、109代表工程技术科学学科组

2011年，全国共推荐国家自然科学奖项目130项，共评选出自然科学奖二等奖获奖项目36项，获奖率为27.69%。根据近5年的数据统计，各学科获奖率有所不同，化学学科由于每年推荐的相对数量较多，获奖数量在各学科中名列前茅(表2)。

表2 国家自然科学奖2007~2011年获奖项目学科分布情况表

	数学与力学	物理与天文学	化学	地球科学	生物学	基础医学	信息科学	材料科学	工程技术科学
2007年	4	4	6	5	6	3	4	2	5
2008年	4	3	4	5	5	3	5	2	3
2009年	3	4	5	3	2	2	4	2	3
2010年	3	5	6	5	2	2	3	1	3
2011年	1	4	6	5	5	2	4	4	4
总计	15	20	27	23	20	12	20	11	18
获奖比例/%	9.03	12.05	16.27	13.86	12.05	7.23	12.05	6.63	10.84

对2011年获奖项目特点的分析，可以在一定程度上反映我国基础研究的发展现状。

1. 获奖项目均受到过国家科技计划或国家自然科学基金的支持

2011年的36个自然科学奖获奖项目中，有34项获得过自然科学基金的支持，21项获得国家重点基础研究发展计划(973计划)的支持，2项获得过香港地区基金的支持。这

些项目在基础研究、前沿技术研究等方面取得了突出成果，在鼓励团队合作、原始创新等方面取得了重要进展。

2. 应用基础研究硕果涌现

值得一提的是，2011年自然科学奖获奖项目中，不仅有如数学、物理、化学、天文学等基础研究领域的原始创新成果，而且还涌现出一些应用基础研究领域的重大进展，这些成果在人类健康、生态环境、能源等方面具有重要意义。例如，获奖项目"典型持久性有毒污染物的分析方法与生成转化机制研究"紧密结合持久性有毒污染物(PTS)研究的国际前沿和我国环境安全的国家目标，发展了基于新材料和新原理的环境样品前处理和PTS检测新技术，发现了二恶英生成与转化的新机制，提出的造纸和氯苯类生产过程二恶英排放因子被联合国环境规划署用于全球二恶英调查指南，在二恶英类污染源甄别方面的原创性工作奠定了我国二恶英污染控制的基础，为我国制定有关PTS的控制法规和参与国际PTS谈判等国家目标的实现提供了重要依据。

3. 中青年科技人员和海外留学归国人员进一步发挥重要作用

2011年，国家自然科学奖获奖项目第一完成人中45岁以下的完成人占13.89%，主要完成人中45岁以下的为45.9%。海外归国人员在获奖项目完成人中也占有重要比例。在36位第一完成人中，具有海外留学经历的高达69.44%，比2010年提高近13个百分点。中青年科技人员和海外归国人员的大量涌现，无疑为我国基础研究注入了新的活力，在强化国际科技合作、探索国际前沿基础研究领域等方面带来积极的作用。

4. 女性科技人员成为2011年度获奖人的亮点

2011年，有30位女性科技工作者获得奖励，其中3个项目的第一完成人为女性。她们来自生物学、地球科学等领域。例如，获奖项目"受体酪氨酸激酶介导的信号通路在突触发育和可塑性中的作用"的唯一完成人叶玉如教授已经是第二次获得国家自然科学奖的殊荣。

国家自然科学奖获奖项目体现了我国在基础研究领域取得的重要进展，从研究领域、项目水平、现实意义等各个方面都引起全社会的广泛关注，基础研究的战略意义和重要作用获得广泛共识。但我们也要清醒地认识到，自然科学奖一等奖第九次空缺表明我国的基础研究水平与国际一流水平相比还有一定的差距，重大原始性创新成果的涌现仍需广大科研工作者付出更踏实、更严谨的工作，需要科学界及民众更多的宽容和耐心。

参 考 文 献

1. 国家科学技术奖励工作办公室. 2011年度国家自然科学奖获奖项目目录.国家科学技术奖励公报，2011，10-15.

Summary of the 2011 National Natural Science Award

Zhang Wanning

The 2011 National Natural Science Award of China has been conferred on 36 projects. These projects are rewarded as Second Prize. The average age of winners is getting younger. Most projects were supported by National Scientific Plan or National Natural Science Fund.

7.4 2012年度国家自然科学基金资助情况

国家自然科学基金委员会计划局项目处

国家自然科学基金委员会(简称基金委)根据科学基金在国家创新体系中的战略定位，为提高科学基金资助的整体效益，遵循不同科技活动的特点和不同层次科技人才成长规律，确立了研究项目、人才项目和环境条件项目3个资助系列，其定位各有侧重，相辅相成，共同构成了国家自然科学基金资助格局。

2012年是国家"十二五"规划执行的第二年，在过去的一年里，基金委认真贯彻《国家中长期科学和技术发展规划纲要(2006—2020年)》和科学基金"十二五"发展规划，准确把握"支持基础研究、坚持自由探索、发挥导向作用"的战略定位，认真落实"尊重科学、发扬民主、提倡竞争、促进合作、激励创新、引领未来"的工作方针，始终坚持"依靠专家、发扬民主、择优支持、公正合理"的评审原则，突出"更加侧重基础、更加侧重前沿、更加侧重人才"的战略导向，统筹安排资助计划，为推动基础研究繁荣发展、提升自主创新能力进行了不懈努力。

2012年基金委共受理了全国2178个依托单位提出的各类申请17.69万余项，比上年增长15.09%。其中集中接收期间收到各类项目申请170 877项，因逾期申请、申请材料或手续不全等原因不予接收的项目申请85项，实际接收申请170 792项，比2011年同期增加了23 089项，增长15.63%，增长量和增长幅度均比2011年同期的32 524项、

28.24%有所下降。其中面上项目申请同比增长13.13%；青年科学基金项目申请同比增长10.53%；地区科学基金项目申请同比增长32.07%；重大国际(地区)合作研究项目申请同比增长32.87%。重点项目、科学仪器基础研究专款项目、国家杰出青年科学基金等类型项目申请量与去年相比均略有减少，2012年首次接收优秀青年科学基金项目申请3587项，2011年设立的国家重大科研仪器设备研制专项受到广泛关注，2012年受理自由申请类国家重大科研仪器设备研制专项项目申请314项。有关统计数据见表1。

表1　2012年度国家自然科学基金项目申请情况(按项目类别统计)

项目类别	2011年申请项数/项	2012年申请项数/项	增长率/%
面上项目	76 062	86 046	13.13
重点项目	2 930	2 766	−5.60
重大研究计划	582	692	18.90
国家杰出青年科学基金	2 021	1 942	−3.91
青年科学基金项目	54 091	59 786	10.53
地区科学基金项目	8 524	11 258	32.07
海外及港澳学者合作研究基金	457	442	−3.28
国家基础科学人才培养基金	121	139	14.88
重大国际(地区)合作研究项目	362	481	32.87
联合基金项目	1 078	2 055	90.63
国家重大科研仪器设备研制专项(自由申请项目)	—	314	
优秀青年科学基金项目	—	3 587	
数学天元基金	801	736	−8.11
科学仪器基础研究专款	674	462	−31.45
重点学术期刊	—	86	100.00
总计	147 703	170 792	15.63

经初步审查，不予受理项目申请5141项，占申请总数的3.0%。在规定期限内，共收到正式提交的复审申请709项。经审核，受理复审申请627项，由于手续不全等原因不予受理复审申请82项。复审结果认为原不予受理决定符合事实、予以维持的560项，认为原不予受理决定有误、重新进行评审的67项，占全部不予受理项目的1.3%。因此，2012年申请项目集中接收期间共受理各类项目申请165 718项。

2012年基金委按照《国家自然科学基金条例》和相关类型项目管理办法的规定，科学遴选、择优资助了全国1423个依托单位的各类型项目38 361项，金额约236.4亿元，为支持创新研究和人才培养、推进国家创新体系建设发挥了重要作用。有关统计数据见表2。

表2　2012年度各类项目资助情况

项目类别		项数/项	批准经费/万元
面上项目		16 891	1 248 000
重点项目		538	156 700
重大项目		18	32 200
重大研究计划		335	71 023
国际(地区)合作研究项目		252	49 050.2
国家基础科学人才培养基金		91	24 510
青年科学基金		14 022	337 500
优秀青年科学基金		400	40 000
国家杰出青年科学基金		200	38 980
创新研究群体	新批项目	30	17 640
	延续资助项目	33	19 260
地区科学基金		2 472	120 000
海外及港澳学者合作研究基金	2年期项目	117	2 340
	4年期延续资助项目	20	4 000
外国青年学者研究基金		102	1 890
国家重大科研仪器设备研制专项	自由申请项目	27	20 000
	部门推荐项目	11	88 700
科学仪器基础研究专款		50	15 000
联合基金项目		473	47 787
优秀重点实验室研究专项		8	2 400
重点学术期刊专项基金		33	740
科普项目		21	500
青少年科技活动		25	500
主任基金等其他项目		1 250	18 387
国际(地区)合作交流项目		942	6 872.5
总计		38 361	2 363 979.7

2013年基金委将根据"十二五"规划的总体部署，继续坚持"三个更加侧重"战

略导向，进一步优化资助模式，完善资助格局，实施原始创新战略、创新人才战略、开放合作战略、创新环境战略和卓越管理战略，形成更具活力、更富效率、更加开放的中国特色科学基金制，推动学科均衡协调可持续发展，推动高水平基础研究队伍建设，促进我国基础研究整体水平不断提升，为科技引领经济社会可持续发展、加快建设创新型国家奠定坚实的科学基础。

Projects Granted by National Natural Science Fund in 2012

Bureau of Planning, National Natural Science Foundation of China

This article gives an overview of projects supported by National Natural Science Fund in 2012.The total amount of funding is about 23.6 billion Yuan, and funding statistics for various kinds of projects are listed.

7.5　中国科学五年产出评估

——基于WOS数据库论文的统计分析(2007～2011年)

杨立英　岳　婷　丁洁兰　金碧辉

（中国科学院国家科学图书馆）

在当今世界经济全球化和科学技术一体化的发展潮流中，中国作为新兴经济体中最具代表性的国家，不仅经济总量快速增长，科学技术水平也取得了飞速发展，在全球科技舞台上的影响力与日俱增。如何揭示中国科技的发展态势，客观评价中国目前所处的发展阶段，正确认识中国在前进中表现出来的优势和差距，既是科研管理人员关注的焦点，也是科技政策研究者希望解答的问题。

科技产出既可以直接反映科技活动的成效，又可以间接映射科技投入的强度，是利用定量分析方法评价科学发展态势的主要数据源。科学论文作为科学研究活动的主要产出形式，可以在一定程度上描述和揭示科学研究的发展水平和发展态势。

30多年来，中国科技产出的数量呈指数增长。以国内科技界耳熟能详的WOS(Web of Science)论文为例：1978年被汤森路透集团 (Thomson Reuters)的WOS数据库收录的中国论文仅有204篇，与科技强国相比，可以说几乎是近于"零"的起步，而当年英国和德国(两德合计)的论文记录分别为3.7万余篇和3.3万余篇，法国和日本的论文记录均为2.2万余篇。在30多年的发展历程中，中国科学每年都在刷新被WOS数据库收录的论文记录，超越上述一个又一个国家。

本文以科学论文产出为视角，将中国放在世界科技舞台的大背景下，利用文献计量方法，对WOS论文数据①进行深度分析，以期为了解2007～2011年中国科学的发展态势提供可资参考的依据。

一、论文产出数量分析

继2006年开始，中国已连续7年"坐上WOS论文数量世界第二把交椅"[1]。2011年中国论文数量突破了15万篇大关，占当年世界份额的12.7%。此外，2007～2011年中国WOS论文数量的年均增速达到了14.8%，发文量居TOP20国家之首。

论文作为科研成果的主要载体，其数量可以在一定程度上反映一个国家科学研究的规模。2011年，中国共发表WOS论文156 574篇，位列世界论文排行榜的第二位，论文产出规模仅次于美国。虽然两国之间的论文数量仍有难以逾越的差距，中国论文数量不及美国的一半；但与其他老牌科技强国相比，中国已经遥遥领先，例如，2011年中国WOS论文数量相当于英国、德国的近1.7倍，日本的2倍。

从论文数量的增长来看，2007～2011年，中国WOS论文数量稳步增长，由2007年的90 258篇增加到2011年的156 574篇。比较各国在2007～2011年的增长率可以看出，科技强国与新兴科技国家呈现出不同的发展特征：美国、英国、德国、日本、法国等保持了相对稳定的研究规模，论文增速较为缓慢，年均增长率基本都在5%以下；而中国、韩国等科技新兴国家的产出规模处于急速扩张期，论文增长率都接近或超过了10%。其中，中国的表现尤为突出，论文增长率高达14.76%，列TOP20国家的首位。此外，由于中国论文的高速增长，中国占世界论文的份额由9.29%上升为12.73%(表1，图1)。

总体而言，WOS论文数量统计揭示出：中国已连续多年保持了迅猛的WOS论文增速，科研产出能力持续加强，并且达到了相当的体量，反映出中国科研规模正处于上升通道。

表1　2007～2011年WOS论文TOP20国家/地区*　(单位：篇)

国家/地区	2007年	2008年	2009年	2010年	2011年	增长率**/%	2007年世界排名	2011年世界排名
世界	971 298	1 150 025	1 174 440	1 155 708	1 229 503	6.07	—	—
美国	300 559	337 439	334 967	330 647	344 280	3.45	1	1

①本文WOS数据库统计文献类型为article、review、note，统计口径为全作者方式，中国数据包括中国内地及香港、澳门，数据下载时间为2012年12月10日。

国家/地区	2007年	2008年	2009年	2010年	2011年	增长率**/%	2007年世界排名	2011年世界排名
中国	90 258	113 270	127 647	134 852	156 574	14.76	2	2
英国	81 244	90 178	90 300	89 881	93 449	3.56	3	3
德国	76 005	86 662	88 526	87 004	91 886	4.86	4	4
日本	73 906	79 758	78 910	72 607	75 757	0.62	5	5
法国	53 697	63 790	64 331	62 382	64 903	4.85	6	6
加拿大	46 452	53 079	54 718	53 581	55 591	4.59	7	7
意大利	43 763	50 244	51 232	50 680	52 477	4.64	8	8
西班牙	34 045	41 767	43 608	43 702	47 988	8.96	9	9
印度	29 878	39 039	40 452	40 706	45 172	10.89	10	10
韩国	27 373	35 558	38 431	39 473	44 294	12.79	12	11
澳大利亚	29 602	36 760	38 264	38 789	42 256	9.31	11	12
巴西	19 597	30 482	31 994	31 287	33 842	14.63	15	13
荷兰	24 687	28 342	29 977	30 553	32 379	7.02	14	14
俄罗斯	25 979	27 690	29 863	26 382	27 792	1.70	13	15
中国台湾	18 759	22 677	24 375	23 711	26 431	8.95	16	16
瑞士	18 338	21 019	21 702	21 979	23 818	6.76	17	17
土耳其	15 979	20 704	21 850	21 826	22 839	9.34	19	18
瑞典	17 551	19 178	19 570	19 788	20 352	3.77	18	19
波兰	13 708	19 535	19 275	19 193	20 238	10.23	20	20

* TOP20国家/地区按2011年论文数量确定

** 增长率指复合年均增长率。第n年相对于第m年的复合年均增长率(CAGR)计算公式为：$CAGR=[(X_n/X_m)^{1/(n-m)} - 1)] \times 100\%$（其中，$X_n$ 为第n年(末年)的数值，X_m 为第m年(起始年)的数值）

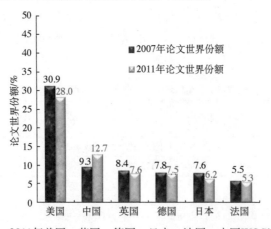

图1　2007年、2011年美国、英国、德国、日本、法国、中国WOS论文的世界份额

二、学术影响力分析

2007~2011年，中国WOS论文的学术影响力不断扩大，即年引文的世界份额由3.3%增加到5.0%，但与美国(46.5%)、英国(11.1%)等科技发达国家相比，仍存在阶段性差距；此外，与中国WOS论文数量的世界份额(12.7%)相比，影响力指标的发展水平明显滞后。

从揭示科学总体发展水平的角度看，论文数量是基础指标之一。除了数量之外，"质"也是反映科研工作基本发展态势的重要维度。论文被引用数是测度研究成果被同行关注的主要指标，能够揭示研究成果发表之后的影响力水平，进而间接反映研究成果的质量。

本文所使用的引文指标为"即年引文指标"。国家的"即年引文指标"指该国在某年的WOS数据库中被引用的总频次。例如，中国2011年的"即年引文指标"指2011年WOS数据库对中国论文的总引用频次。"即年引文指标"可以反映出国家在某年份的学术影响力水平。

表2的数据揭示，中国在论文产出取得突破的同时，学术影响力也在不断扩张：2007~2011年，中国的即年引文由2007年的66万次上升到2011年的162.22万次，占世界引文总量的份额从3.3%提升到5.0%；与此同时，中国在引文排行榜的位置也前进了3位，2011年名列第7。

表2 2007~2011年WOS即年引文TOP20国家/地区* （单位：篇）

国家/地区	2007年	2008年	2009年	2010年	2011年	2007年世界排名	2011年世界排名
世界	23 014 981	27 515 251	29 301 169	30 161 236	32 206 031	—	—
美国	11 272 241	13 291 928	13 897 463	14 219 135	14 963 924	1	1
英国	2 518 336	3 017 746	3 232 260	3 342 690	3 573 231	2	2
德国	2 027 959	2 422 395	2 610 175	2 697 398	2 898 713	3	3
日本	1 682 590	1 951 151	2 045 658	2 053 912	2 154 754	4	4
法国	1 412 828	1 705 444	1 821 048	1 886 887	2 014 351	5	5
加拿大	1 304 515	1 568 382	1 694 185	1 749 489	1 877 105	6	6
中国	659 987	911 918	1 143 969	1 330 215	1 622 186	10	7
意大利	934 606	1 150 789	1 247 404	1 301 375	1 407 516	7	8
荷兰	776 767	944 769	1 020 863	1 072 282	1 171 804	8	9
澳大利亚	710 071	879 252	966 507	1 028 791	1 130 688	9	10

续表

国家/地区	2007年	2008年	2009年	2010年	2011年	2007年世界排名	2011年世界排名
西班牙	600 405	759 399	850 477	904 983	1 011 911	11	11
瑞士	593 680	716 362	773 607	815 659	889 664	12	12
瑞典	572 492	676 104	714 119	733 086	778 438	13	13
韩国	277 595	367 089	432 281	475 794	554 433	18	14
印度	292 195	382 949	439 567	482 321	553 619	17	15
比利时	350 457	430 663	471 399	495 685	544 843	14	16
丹麦	311 944	376 065	404 052	423 213	459 879	15	17
以色列	306 091	366 930	384 712	395 165	417 748	16	18
巴西	211 285	284 165	326 405	354 069	396 138	22	19
中国台湾	199 440	256 191	298 190	321 153	368 102	23	20

＊TOP20国家按2011年即年引文数量确定

从历史发展的视角看，中国相对于自身取得了长足进步，无论是占世界份额还是世界排名均不断提升。但与主要科技发达国家相比，中国仍存在较大差距：2011年中国引文的世界份额为5.0%，与法国(6.3%)和日本(6.7%)较为接近，却以较大的劣势落后于美国和英国，仅为美国的1/10，英国的1/2(表2，图2)。

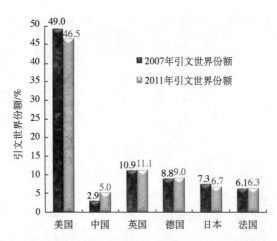

图2　2007年、2011年美国、英国、德国、日本、法国、中国WOS引文的世界份额

与本国论文研究规模相比，中国成果的学术影响力尚显不足。例如，2011年，中国论文的世界份额达到了12.7%，列世界第2位；而同期的引文份额仅为5.0%，列世界第7位。

上述数据表明，2007～2011年，中国论文的学术影响力整体处于进步之中，对世界科学研究的影响力有所加强。但无论是与科技发达国家相比，还是与本国论文量的增长相比，中国学术影响力仍需进一步提升。

三、学科分布格局分析

2007～2011年，中国各学科的论文数量增长迅速：2011年，虽然中国WOS论文总量不及美国的一半(45.5%)，但是材料科学、化学两个学科的论文量超过美国，居世界之首；在生命科学领域，中国与自身相比取得了长足进步，各分支学科WOS论文增速均超过80%，但与其他学科占世界份额相比，呈现出显著弱势的特征，而美国在同期表现为生命科学引领的特征。

对中国WOS论文数量和影响力的分析表明：无论是研究规模还是影响力水平，中国均表现出整体推进的态势。在学科层面上，中国现阶段各学科产出水平如何？整体的学科分布呈现出什么样的特征？国家的整体学科分布格局是由各个学科的发展态势所决定的，因此，本节以汤森路透集团的基本科学指标库(ESI)19个学科作为学科划分依据，以世界头号科技强国美国作为国际比较的样本国家，描述并揭示中国各学科发展水平；并从各学科的发展态势出发，比较中国与美国学科分布格局的差异。表3列出了2007年、2011年中国、美国19个学科论文数量及增长率，图3显示的是2007年、2011年两国各学科论文数量占世界的份额。

表3 2007年、2011年中国、美国19个学科的WOS论文数量及增长率 (单位：篇)

学科	领域	中国			美国		
		2007年	2011年	增长率/%	2007年	2011年	增长率/%
数学	数学	3 825	5 908	54.46	6 941	8 142	17.30
材料	工程技术	11 064	15 288	38.18	7 391	8 659	17.16
工程	工程技术	9 351	18 780	100.83	20 217	22 192	9.77
计算机	工程技术	1 950	4 459	128.67	6 187	6 859	10.86
化学	物质科学	21 305	32 348	51.83	21 092	24 759	17.39
物理	物质科学	14 554	19 789	35.97	21 150	22 114	4.56
环境	资源环境	2 223	4 475	101.30	9 030	10 361	14.74
地学	资源环境	3 016	4 842	60.54	9 243	10 604	14.72
空间	资源环境	671	1 295	93.00	5 398	6 100	13.00
农业	生命科学	1 167	2 948	152.61	4 364	4 666	6.92
动植物	生命科学	3 394	5 662	66.82	15 222	15 061	−1.06

学科	领域	中国			美国		
		2007年	2011年	增长率/%	2007年	2011年	增长率/%
药学	生命科学	1 543	2 867	85.81	5 340	6 217	16.42
微生物	生命科学	1 031	2 248	118.04	5 573	6 202	11.29
生化	生命科学	3 567	6 782	90.13	18 968	19 442	2.50
临床医学	生命科学	6 617	17 448	163.68	73 512	89 539	21.80
分子生物学	生命科学	1 547	3 549	129.41	12 684	13 369	5.40
神经科学	生命科学	942	2 375	152.12	12 479	13 934	11.66
免疫	生命科学	508	1 011	99.02	5 407	5 723	5.84
精神病学	生命科学	382	694	81.68	12 614	14 576	15.55

分析2011年中国各学科的论文数量可以看出，中国多个学科已达到相当体量：虽然WOS论文总量仅相当于美国的45.5%，但中国材料科学、化学的论文量超过了美国，物理学的论文量也与美国相当接近。中国在上述学科的研究已具备了相当的规模(表3)。

从论文数量的增幅看，2007～2011年，中国各个学科的论文数量均有不同程度的增长。其中，生命科学领域相关学科的研究规模扩张迅速：除动植物学科外，其余学科的论文增长率都超过了80%。在生命科学的诸分支学科中，临床医学表现得最为突出，论文数量由2007年的6 617篇上升到2011年的17 448篇，增长率高达163.7%(表3)。

各学科论文数量揭示了不同学科的产出水平，而各学科论文占相应学科的世界份额可以在一定程度上描述国家的学科分布格局。以2011年的数据为例，中国和美国的学科分布格局各异。图3中，中国的材料科学、化学等学科的世界份额明显高于生命科学相关学科，前者的份额为15%～20%，后者份额基本为2%～12%。其中，中国材料科学的论文数量为15 288篇，占世界该学科论文总量的26.22%，是中国产出强度(世界份额)最大的学科；而精神病学仅发表论文694篇，世界份额为2.24%。整体而言，虽然与自身的研究基础相比，中国生命科学领域相关学科取得了长足进步，但与本国其他学科的产出强度相比，生命科学各学科的表现依旧较弱。2011年，美国科学呈现出显著的生命科学弱势、物质科学强势的特征。美国则几乎与中国相反，分子生物学、免疫学等生命科学学科的研究成果丰富，占世界该学科的论文份额都超过了40%，而化学、物理等物质科学学科的份额在20%左右，可见，生命科学各学科是美国的优势学科(表3，图3)。

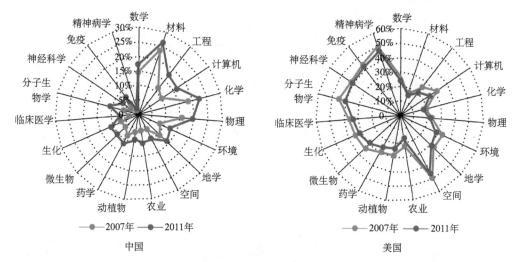

图3　2007年、2011年中国、美国19个学科的WOS论文的世界份额

四、《科学》《自然》论文分析①

与2007年相比，2011年中国在《科学》《自然》发表论文的数量从50篇增加至99篇，取得了5年翻一番的快速增长；但与主要科技发达国家相比，2011年中国的发文量仅相当于美国的8%，数量与荷兰相当；从产出强度看，中国两刊论文的贡献率和产出率远远不及科技发达国家。

前面的分析表明，中国论文产出及其学术影响均表现出整体向前推进的发展态势，若干学科的WOS论文数量已居世界首位。那么在体现国家核心竞争力的高水平科研论文方面，中国的表现如何？本节将聚焦于《科学》和《自然》论文的统计分析。

从发表论文的数量看，与自身相比，2011年相对于2007年，中国在《科学》《自然》发表论文的数量从50篇增加至99篇，取得了5年翻一番的快速增长。但与其他科技发达国家相比，差距明显。例如，中国2011年的99篇的发文量仅与荷兰齐肩，而同期美国的发文量为1238篇。

从占世界的份额(贡献率)来看，中国与科技发达国家相去甚远，2011年中国在两种期刊上发表论文的世界份额为5.78%，与荷兰(5.84%)基本相当。而美国同期的份额为72%，英国、德国等主要科技国家均在10%以上。与自身纵向比较，2007～2011年，中国两刊论文的贡献率始终保持平稳增长(表4)。

---

① 《科学》和《自然》在全世界科学共同体中享有很高学术声望。两刊的发文范围均涵盖了自然科学的各个领域，许多重大科学发现和研究突破都曾在两刊首发。基于以上原因，我们选择这两种期刊的论文作为基础数据，来评估中国重要成果的产出水平。

表4　2007～2011年《科学》《自然》发文数量TOP10国家+金砖四国*　（单位：篇）

国家/地区	2007年			2008年			2009年			2010年			2011年		
	数量	A**/%	B/%	数量	A/%	B/%	数量	A/%	B/%	数量	A/%	B/%	数量	A/%	B/%
世界	1 729	—	—	1 769	—	—	1 763	—	—	1 724	—	—	1 713	—	—
美国	1 200	69.40	0.40	1 265	71.51	0.37	1 264	71.70	0.38	1 236	71.69	0.37	1 238	72.27	0.36
英国	336	19.43	0.41	332	18.77	0.37	306	17.36	0.34	350	20.30	0.39	322	18.80	0.34
德国	253	14.63	0.33	248	14.02	0.29	248	14.07	0.28	268	15.55	0.31	292	17.05	0.32
日本	149	8.62	0.20	129	7.29	0.16	155	8.79	0.20	159	9.22	0.22	158	9.22	0.21
加拿大	116	6.71	0.25	114	6.44	0.21	123	6.98	0.22	143	8.29	0.27	141	8.23	0.25
法国	152	8.79	0.28	171	9.67	0.27	158	8.96	0.25	185	10.73	0.30	194	11.33	0.30
瑞士	83	4.80	0.45	104	5.88	0.49	111	6.30	0.51	117	6.79	0.53	121	7.06	0.51
荷兰	72	4.16	0.29	78	4.41	0.28	73	4.14	0.24	92	5.34	0.30	100	5.84	0.31
中国	50	2.89	0.06	58	3.28	0.05	78	4.42	0.06	101	5.86	0.07	99	5.78	0.06
澳大利亚	83	4.80	0.28	73	4.13	0.20	75	4.25	0.20	87	5.05	0.22	97	5.66	0.23
巴西	12	0.69	0.06	17	0.96	0.06	18	1.02	0.06	13	0.75	0.04	21	1.23	0.06
俄罗斯	29	1.68	0.11	24	1.36	0.09	29	1.64	0.10	22	1.28	0.08	18	1.05	0.06
印度	8	0.46	0.03	9	0.51	0.02	13	0.74	0.03	8	0.46	0.02	13	0.76	0.03

* TOP10国家+金砖四国按2011年发文数量排序

＊＊A指国家发文量占《科学》《自然》总发文量的比例；B指国家发文量占本国全部论文的比例

　　对两刊论文占本国论文的份额进行分析可以看出，2007～2011年，中国在两刊发表的论文占本国论文的份额基本保持在0.06%左右，前面的分析提到，2007～2011年中国WOS论文仍处于迅速增长阶段，在论文数量不断增加的情况下，两刊论文产出率基本能维持稳定，表明中国在研究规模整体扩大的基础上，高影响力论文的产出水平也在不断提升。当然，表4的数据揭示出，美国、英国、德国等主要科技国家的两刊论文基本都占本国论文总量的0.3%～0.5%，可见，在横向国际比较中，中国的两刊论文产出率尚处于较低位置，有待进一步提高(表1，表4)。

五、自主研究与国际合作分析①

　　2011年，中国有75.5%的WOS论文来自于本国自主研究，同期中国国际合作论文的份额为24.5%；从发展态势看，国际合作在中国科研工作中表现出地位不断上升的特征；从合作对象看，美国、日本、英国是中国最主要的合作国；从篇均影响力看，中法合作论文的影响力最高。

　　①在文献计量研究中，可以通过作者署名的国别统计来分析国际合作和自主研究。本文国际合作论文指论文作者涉及两个或两个以上国家/地区，自主研究论文指论文作者来自一个国家。

国际合作和自主研究是科学研究的两种基本模式。世界各国既需要不断增强自主研究能力来提高本国的科技竞争力，也需要通过国际合作来实现资源互补和能力提升。通过对既定国家国际合作和自主研究的统计，可以揭示出国家科研工作的组织模式和学术交流的特征。

表5的数据表明，由于中国论文总量的快速膨胀，2007~2011年，中国WOS论文无论是国际合作论文还是自主研究论文的绝对量均直线上升。但从合作强度看，中国的自主研究强度(自主研究论文量占全部论文量份额)均在75%以上，同期的国际合作强度(国际合作论文量占全部论文量份额)在25%左右。由此可见，自主研究是中国学术研究的主要模式(表5)。

表5 2007~2011年中国自主研究和国际合作论文数量及份额

	2007年		2008年		2009年		2010年		2011年	
	数量/篇	份额/%	数量/篇	份额/%	数量/篇	份额/%	数量/篇	份额/%	数量/篇	份额/%
总计	90 258	—	113 270	—	127 647	—	134 852	—	156 574	—
自主研究	69 921	77.47	89 126	78.68	99 359	77.84	101 991	75.63	118 213	75.50
国际合作	20 337	22.53	24 144	21.32	28 288	22.16	32 861	24.37	38 361	24.50

注：份额指占中国全部论文的比例

分析中国国际合作的对象发现，2007~2011年，中美间的合作逐渐加强：合作论文数量从8001篇增加到17 167篇。其中，2011年中美合作占到了中国全部国际合作的44.75%，说明美国是中国最主要的合作伙伴。日本是中国的第二大合作伙伴。2011年，中日合作论文数为3924篇，仅次于中美合作论文量。尽管在2007~2011年，中日合作论文数占中国全部国际合作的份额呈小幅下降趋势，但中国2011年的国际合作论文仍有相当份额(10.23%)来自日本。除日本之外，英国也是中国重要的国际合作对象之一。韩国和新加坡是与中国合作较多的亚洲国家(表6)。

表6 2007~2011年中国与TOP10国家/地区的合作论文数量及份额*

国家/地区	2007年		2008年		2009年		2010年		2011年	
	数量/篇	份额**/%	数量/篇	份额/%	数量/篇	份额/%	数量/篇	份额/%	数量/篇	份额/%
国际合作	20 337	—	24 144	—	28 288	—	32 861	—	38 361	—
美国	8 001	39.34	9 740	40.34	11 879	41.99	14 349	43.67	17 167	44.75
日本	2 698	13.27	2 939	12.17	3 196	11.30	3 427	10.43	3 924	10.23
英国	1 942	9.55	2 316	9.59	2 664	9.42	3 131	9.53	3 696	9.63

续表

国家/地区	2007年		2008年		2009年		2010年		2011年	
	数量/篇	份额**/%	数量/篇	份额/%	数量/篇	份额/%	数量/篇	份额/%	数量/篇	份额/%
澳大利亚	1 511	7.43	1 840	7.62	2 143	7.58	2 459	7.48	3 083	8.04
加拿大	1 547	7.61	1 900	7.87	2 295	8.11	2 506	7.63	2 931	7.64
德国	1 695	8.33	1 860	7.70	2 203	7.79	2 566	7.81	2 874	7.49
法国	1 059	5.21	1 207	5.00	1 377	4.87	1 703	5.18	1 910	4.98
韩国	992	4.88	1 198	4.96	1 243	4.39	1 540	4.69	1 800	4.69
新加坡	952	4.68	1 139	4.72	1 265	4.47	1 594	4.85	1 651	4.30
中国台湾	649	3.19	880	3.64	933	3.30	1 082	3.29	1 361	3.55

*TOP10国家/地区按2011年合作论文数量排序
**份额指占中国全部国际合作论文的比例

　　图4列出了2010年[①]中国与TOP10国家/地区合作论文的篇均引文，从中可以揭示出中国与不同国家/地区合作论文的影响力。中国与法国合作论文的篇均引文最高，达到了14.55，两国合作论文的影响力最高；中国与德国合作论文的篇均引文也高达12.84，仅次于法国。中国与主要的合作伙伴美国、日本合作论文的篇均引文分别为8.94和7.79，位列TOP10国家/地区的下游。

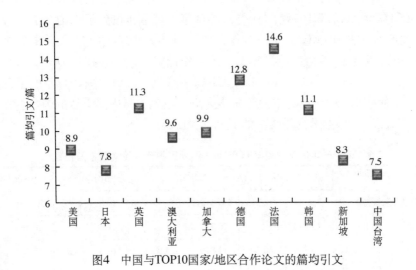

图4　中国与TOP10国家/地区合作论文的篇均引文

---

① 选择2010年的篇均引文是考虑到引文需要一定的时间窗积累才能达到峰值，故未选择2011年引文。

六、结　语

基于上述文献计量分析，我们可以看出中国已成为世界科学舞台上的重要新兴力量，并凸显出与发展阶段相吻合的文献计量特征：从研究规模看，WOS论文数量呈指数增长，具备了相当的研究体量；从研究质量的角度看，学术影响力的发展水平显著滞后于研究规模的扩张；从发表高影响力论文的数量看，以国际顶尖综合性学术期刊《科学》《自然》为例，中国在两刊上发表的论文数量与科技发达国家存在阶段性差距。论文数量增加固然是科学崛起的基础，但社会资源供应的有限性决定了数量增长不可能是无极限的，而科研成果质量提升才是科学进步的重要标志。因此，中国科学要实现由"产出大国"向"产出强国"的转型还需依赖高水平原创性成果的牵引。

学科层面的统计分析表明：虽然中国WOS论文总量不及世界头号科技强国美国的一半(45.4%)，但在若干学科，如材料科学、化学和物理学领域发表了数量超过或接近美国的WOS论文，说明经过多年的科技积累和科技人员长期的不懈努力，中国已有部分学科具备了相当的研究规模，为未来上述学科的腾飞奠定了良好的发展基础。然而，在生命科学领域，这一21世纪最具发展前景、目前已成为世界主要国家科技竞争制高点的领域，中国现阶段呈现出显著的弱势特征：尽管2007～2011年该领域已经取得了长足的进步，但是与本国材料科学和化学学科相比，其发展水平亟待提高。

此外，文献计量数据还揭示出：中国近年来积极开展了广泛的国际合作，国际合作模式在科研活动中的地位不断上升。2007～2011年，无论是国际合作WOS论文的绝对量还是合作论文占本国份额，均呈现出不断增加的发展特征，说明国际合作正日益受到中国科研人员的重视。此外，在中国的全部国际合作论文中，中美合作论文所占份额从2007年的39.3%上升为2011年的44.8%。与此同时，中国与其他国家的合作论文份额或保持稳定，或略有下降。这在一定程度上反映出中国愈发重视与美国的合作关系，中美合作日渐成为中国国际合作的主旋律。

综上所述，中国科学的进步与差距相伴而行。进步固然能够增强人们的信心，然而，差距更能使人进行冷静的理性思考。相对于进步而言，差距更是未来中国科学发展的着力点。一个国家科学水平能否实现质的飞跃，很大程度上取决于该国的科学底蕴、科学传统、科学研究基础、科研环境等要素，取决于在多要素作用之下重要科研成果的产出能力，取决于那些已经具有相当研究规模的学科是否能够实现腾飞，取决于那些弱势学科如生命科学是否能够求得突破。差距问题将是今后中国科学家和科技决策者长期求解的问题。

制定中国的科技发展战略需要对现实加以全面把握，对未来进行准确定位。对中国科学的未来可以有不同的憧憬，但是有一点是肯定的：未来其实就是每一个今天的累积和叠加。希望我们对今天中国科学产出的分析能够为制定我国长期的科技发展战略和学科发展政策尽一点微薄之力。

参 考 文 献

1 杨立英，周秋菊，岳婷，金碧辉. 中国科学：对差距的理性思考——2009年WOS论文统计分析.科学观察，2010,5(1)：16-44.

The Evaluation of Academic Production in China

—Based on WOS Database (2007-2011)

Yang Liying, Yue Ting, Ding Jielan, Jin Bihui

This paper analyzes the WOS papers of China from the perspectives of the scientific output, academic impact, disciplinary structure, high impact papers, and international collaboration by using bibliometrics method. The statistics results show that: (1) The WOS papers of China increase exponentially, which means china has formed a relatively large scale of scientific research. (2)The increment speed of academic impact of China is slower than that of the number of papers. (3)The disciplinary structure of China skews in Physics, Chemistry, Mathematics and Engineering, while life science lags behind other disciplinaries. (4) There is a big gap in papers counts of *Science* and *Nature* between China and developed countries. (5) China is developing a wide range of international collaboration in recent years, and the importance of international collaboration in research activity is rising.

第八章

科学家建议
Scientists' Suggestions

8.1　基础研究与战略性新兴产业发展

中国科学院学部咨询组

2008年全球金融危机爆发后，世界各国纷纷调整科技发展规划，选择发展自己有优势的新兴产业。为应对金融危机，党中央、国务院审时度势，果断决策，及时出台一系列保增长、扩内需、调结构的政策措施，推出了促进经济平稳较快增长的一揽子计划，并于2010年9月出台了《国务院关于加快培育和发展战略性新兴产业的决定》。

历史经验表明，科技产业兴起往往依赖产业导向的基础研究的突破。为深入分析相关问题，中国科学院学部在2009年4月设立了"基础研究与新兴产业发展"重大咨询项目，组织30多位院士专家，在充分调研的基础上，完成了《基础研究与战略性新兴产业发展》咨询报告。

一、日本、美国高科技产业发展的经验教训：正确选择关键核心技术

科技产业兴起依赖产业导向的基础研究突破。例如，多年致力于半导体应用的探索使美国贝尔实验室于1947年发明了点触式晶体管，开启了半导体产业；美国德州仪器公司对于器件微型化的不懈追求促成了基尔比在1958年发明了第一块集成电路，开启了IT产业时代。我国基础研究长期薄弱，对产业发展贡献甚少，只有加大对具有产业背景的基础研究的支持，才能保证我国战略性新兴产业具有原创活力及持续发展的前景。改革开放30年来，我国依靠巨大的国内市场、低廉的劳动力成本和相对宽松的出口环境，成为名副其实的制造业大国。随着2008年金融危机、2010年欧债危机、2011年美国标普降级，国际市场萎缩，这些优势将逐渐削弱。我国现阶段面临的问题与日本的发展历程惊人相似，其经验和教训尤其值得借鉴。

1. 日本半导体产业成功和信息产业惨败的启示

第二次世界大战后，日本以"贸易立国"，从事加工贸易，进口原材料和能源，出口制成品和设备，培育了钢铁、汽车、造船等支柱产业，迅速提高了国力。20世纪70年代第一次石油危机爆发，使这种资源型经济弊端毕露，促使日本在80年代转向资源节约型经济，以"技术立国"发展知识密集型产业，在汽车、石化、重型机械、电子产业形成了国际竞争优势，其中尤以半导体产业独占世界鳌头。

日本半导体产业从跟踪、模拟起家，自晶体管问世，大量引进欧美技术，依靠民用产品(如计算器、收音机、电视机等)进入技术和市场的储备阶段。1976～1979年，面对集成电路迅猛发展的机遇，组织了官产研结合的超大规模集成电路的自主创新活动，由日本电气、日立、富士通、三菱电机和东芝5家大公司和官办的电子综合研究所组成产业联盟，耗资7370亿日元(政府出资41.6%，产业界出资58.4%)实施面向产业需求的基础研究，使日本CMOS技术取得原创性突破，一举击败半导体的发明国美国，迅速称霸世界半导体市场。

20世纪90年代后，日本对计算机用途判断失误，超前研制超越冯·诺依曼体系结构的第五代智能计算机，计算机偏重大型化、高速化和芯片大容量化、微型化等硬件技术而忽视软件技术研发。期间，政府给研制企业补贴达1000亿日元，加上企业匹配投入，耗费空前。由于缺乏市场需求，研究计划遭受重创，日本错过了发展个人电脑最好的10年。相反，美国在失去半导体市场后，转向计算机软硬件技术密集研发。英特尔公司CPU开发成功，IBM公司率先推出个人电脑，随后微软公司推出了主宰市场的视窗操作系统，三者领跑世界，使美国占据了全球信息产业霸主地位。这也是温家宝总理近两年来讲话多次指出的，选择关键核心技术，确定新兴战略性产业直接关系我国经济社会发展全局和国家安全。选对了就能跨越发展，选错了就会贻误时机。

2. 美国经济过度虚拟化的教训及新能源战略的启示

第二次世界大战后，美国依靠航空航天、半导体电子、计算机、互联网等产业称霸世界。但自1980年起，产业开始空心化，制造业(如钢铁、船舶)大量转移海外，金融业成为经济核心。2008年金融危机发生前，服务业竟占国民经济的80%左右，终致泡沫破裂、经济全面衰退，打破了美国"后工业时代"的幻梦。2009年奥巴马执政后，把新能源产业作为新兴产业的核心，上升至关乎国家安全和民族未来的战略高度，任命诺贝尔物理学奖得主朱棣文为能源部部长，表明了政府依靠科技创新推进能源产业发展的决心。根据《2009美国复兴与再投资法案》，美国政府将斥巨资联合高校、研究所和产业界，从基础研究(如光－化学转化)、技术升级和集成(如建筑节能)、人才培养等多方面入手，全力打造新能源产业。在该法案中，新能源相关的基础研究获得了高达16亿美元的资助。为保障新能源的基础研究与技术研发，美国能源部组建了3类创新机构，即能源前沿研究中心(46个)、能源高级研究计划署及能源创新中心(8个)。近年来，我国新能源表面上轰轰烈烈，但实际占比很小。2010年，非化石能源占中国能源消费比重的8.3%，但除去水、核能，风电、太阳能、生物质能等新能源只占1%左右。关键是联网、储能等技术的基础研究还未取得突破，也少有投入。

二、我国战略性新兴产业研发投入需要"结构调整"以加强基础研究

党中央、国务院十分重视基础研究，近年中央财政投入快速增加。但由于管理体制和评价导向的原因，许多科技人员过分追求论文、样品、报奖、评职、晋级。科技资源投入重复、分散，产出实效不高，削弱了国家在战略性和关键共性领域集中资金和研究力量实施上的重点突破。如果不对科研经费投入进行大刀阔斧的结构调整，经费的增长很难用于以企业为主体、市场为导向、产学研相结合的技术创新体系建设。对比产业化发达的国家，我国科研经费存在如下需要进行结构调整的问题。

1. 基础研究经费总量投入比例失调

我国基础研究经费占研发(R&D)总经费比例多年维持在5%以内，远低于创新型国家16%的平均水平。基础研究、应用研究和试验发展三者在经费投入上的比例远偏离创新型国家的成功经验，如根据国家统计局发布的"中国科技统计年度数据(2009)"[1]可得出，美国为1:1.3:3.5，法国为1:1.6:1.6，日本为1:1.7:5.1，韩国为1:1.3:4.3，而我国是1:2.7:17.6。

2. R&D经费强度不足且存在结构性缺陷

2008年，我国企业九大行业(专用设备制造业，医药制造业，通用设备制造业，电气机械及器材制造业，交通运输设备制造业，橡胶制品业，通信设备、计算机及其他电子设备制造业，仪器仪表及文化、办公用机械制造业，化学纤维制造业) R&D经费投入强度(与主营业务收入之比)都未超过2%，而在发达国家，一般为3%~5%，高新技术企业达到10%~20%。我国高技术产业的R&D经费比重偏低，例如，2007年，我国高技术产业只占25.8%，英国、美国、法国超过40%，韩国为53.8%，我国台湾为72.3%[2]。当前我国企业的R&D经费主要用于技术引进和改造的试验开发，对基础研究投入极少。发达国家的基础研究经费很大程度上由企业投入，1995年，美国基础研究经费中，企业投入占25.3%；韩国接近50%，据此或许能揭示三星、LG、现代、浦项制铁等企业崛起之谜。

三、从基础研究走向产业化的关键：市场导向、瞄准新产业

如何促进基础研究成果转化为应用型成果进而商品化、产业化，对世界各国都是一道难题。长期以来，我国主要依靠国家统筹规划来达到这一目的，但效果并不明显，科技创业常常沦落为"代工"。最近十多年，随着基础研究领域投入的加大，科技政策、市场环境等软硬件条件的逐步改善，出现了一些瞄准新兴产业的基础科研团队成功创业的案例。例如我国大陆第一条有机发光显示(OLED)大规模生产线的建立，创建人清华大学化学系邱勇教授于1996年启动了OLED基础研究，一开始就定位于开发自主知识产权的核心技术并实现产业化。1998年邱勇组建了涵盖化学、材料、电子等多种专业背景的交叉研发团队，绕开论文羁绊直追OLED器件试制。2001年他创立了北京维信诺科技有限公司，以企业机制推进基础研究产业化进程。2002年建成中国内地第一条OLED中试线。2006年吸收地方资金支持，成立昆山维信诺显示技术有限公司。2008年中国内地第一条OLED大规模生产线建成投产，2009年第四季度 PMOLED出货量全球前四，邱勇也荣获首届"周光召基金会应用科学奖"。

清华－富士康纳米科技研究中心的创建和发展也是近期科技人员成功创业的典范。2002年，台湾富士康集团捐赠3亿元人民币，与清华大学范守善院士纳米研究团队合作建立了纳米科技研究中心。中心固定研发人员只有十几名，他们只要把成果实验报告交给富士康派驻中心的专利申请职员，专利申请职员凭借熟练的专利书写、申报经验就能很快将成果上升为国内外专利。在中心底层，富士康建有台北团队提供设备的中试线，成百的合同技工随时对基础研究成果进行工艺试验、产品开发，成功的中试结果迅速转移到企业量产。2002年中心在《自然》上发表了关于碳纳米管线/膜制备工作的论文，以此为基础，2009年中心建立了碳纳米管触摸屏量产线，碳纳米管触摸屏的手机达到正式量产的水平。

四、根治科技、经济"两张皮"：建立产业园，
助推基础研究成果产业化

科技、经济"两张皮"是我国长期以来难以突破的困局，特别是从自主创新的基础研究成果走向拥有完全自主知识产权的产业化更是难上加难。要想彻底根治这一痼疾，必须从国家、政府的层面上给予更强有力的推动和保障。建立产业园区，促成基础研究、应用研究与产业孵化、育成紧密结合，是一种较好的尝试和实践。美国、德国、日本等科技强国都设立有大量的科技产业基地。我国内地也设立了不少科技园区，但在理念设计、制度建设、配套服务等方面都远未完善。在这方面，拥有相同文化背景的台湾地区尤其值得我们学习和借鉴。近40年来，台湾科技产业(如半导体与平

板显示)的发展历程及成就令世界震惊，而这些都归因于其发源地——台湾工业技术研究院(简称工研院)及新竹科学工业园区。

1. 台湾工业技术研究院

1973年成立的台湾工业技术研究院是台湾地区最大的产业技术研发机构，是一个由当局设立的非营利财团法人。它针对台湾地区以中小企业为主、研发资源有限、创新能力不足、无法长期承受创新风险的状况，开发前瞻性、关键性和共性技术转移给产业界。工研院的三项核心业务——研发服务、产业化服务、技术转移与创业育成，使台湾新兴科技产业从无到有，在世界上举足轻重。尤其在人才培育上，工研院有着"台湾总经理制造机"之称，由工研院转进企业界的员工已超过1.5万名。

2007年，在经济和产业发展的新形势下，工研院提出了新的定位，针对尚未出现的产业进行前瞻性开发，其发展步入了转型阶段。原来扶植的企业已经发展壮大，对工研院的依赖性逐渐减小，工研院开始寻找新的商业机会，以整合优质资源，加强自身孵化器的功能。 随着定位的转变，工研院正努力跟各相关单位接触，希望结合政府部门、学术界、产业界和海外的资源，形成创新模式，开辟创新科技产业。

2. 台湾新竹科学工业园区

1980年成立的新竹科学工业园区，选址贴近科研机构("台湾国立交通大学""台湾国立清华大学"、工研院)，得到当局资金、政策扶持，从引进外国技术、人才到自我创新，以便捷的交通和生活设施、完善的服务体系、独特的园区文化吸引高科技厂商投资扎根，已引领台湾高新技术产业走向世界，形成了集成电路、计算机及外围设备、通信、光电、精密机械、生物科技等六大支柱产业。许多产品不仅是岛内首创，还是世界领先，被誉为世界上最为成功的科技园区之一。

五、关于促进若干优先发展的新兴产业及相关基础研究的建议

《国务院关于加快培育和发展战略性新兴产业的决定》明确了现阶段以节能环保、新一代信息技术、生物技术、高端装备制造、新能源、新材料和新能源汽车作为七大战略性新兴产业。本咨询组选取了集成电路、平板显示、生物技术、网络信息及建筑节能等国内外研发投入最大、对国民经济发展具有巨大拉动作用的重点新兴产业，开展了充分的调研并完成了相应的咨询报告。在此基础上，就如何推动这些重点新兴产业及相关基础研究提出如下建议。

1.兴建产业研究院，推动基础研究服务于新兴产业发展

政府主导，依托高校和科研院所，由科研机构与产业界共建若干产业技术研究院，聚焦产业发展中的"共性技术"和"关键技术"，致力于产业技术创新，强化对产业的技术服务；关注未来新兴产业和战略产业的前瞻性研究，抢占新兴产业技术制高点。针对集成电路、平板显示、生物技术、网络信息及建筑节能等新兴产业，咨询组建议具体关注如下的基础技术或关键环节。

集成电路：支持研制突破CMOS器件物理极限后摩尔时代的新信息器件；发展超越摩尔定律的功能多样化的芯片技术；发展基于SIP/SOP(System-in-Package/System-on-Package)异质系统的集成技术。

平板显示：重点支持6代以上高世代TFT-LCD面板的生产，支持关键原材料与专用设备配套发展，积极跟踪低温多晶硅、金属氧化物等高性能TFT技术发展；适度支持等离子显示(PDP)；培育OLED产业链，建设具备国际竞争力的中小尺寸PM-OLED与AM-OLED企业。

生物技术：加快发展基于合成生物学的新兴工业生物技术，重点服务于农业菌种研究与改造、重大药物设计、生物燃料及生物材料的改造利用，以及食品工业相关微生物的改造；大力发展生物制药，重点突破蛋白靶点和抗体工具的国产化；实现生物仿制药国产化，解决生产技术难度大、临床剂量大的生物仿制药关键技术瓶颈；在单克隆抗体、重组蛋白药物、新型疫苗等重点领域快速取得阶段性突破。

网络信息：重点关注下一代互联网、"三网"融合、物联网、云计算、网络安全等五大方向。从国家层面规划现行IPv4网向IPv6网平滑过渡；积极推进"三网"融合，加快融合技术业务标准制定和产业化；开展物联网战略研究，加强人才引进和培养；加强云计算产业化研发力度；促进网络安全技术的应用；推动新一代移动通信、下一代互联网核心设备和智能终端的研发及产业化。

建筑节能：重点关注绿色建筑，研发低碳住宅，同时开展对既有建筑的节能改造和品质提升；建议把建筑领域列入国家科技发展的重点领域，加大投入，增设国家重点实验室。

2.加大知识产权保护力度，强化对到期专利的掌握和应用

自主知识产权与自主标准是新兴产业国际竞争力的核心。建议尽早着手进行新兴产业的主控式技术布局，加强相关的专利申请力度；加强对拥有自主知识产权尤其是拥有自主标准的优势企业的保护，加大知识产权保护的执法力度；对于生物制药等大量专利并不被我国掌握的产业，应抓住当前一大批专利到期的历史机遇，尽快实施相关知识成果向产业的转化；建议生物仿制药与创新药并重，促成我国生物制药产业走向成熟。

3. 全力推进新兴产业教育，加快人才培养

目前，我国在生物技术、集成电路、平板显示、网络信息、建筑节能等新兴产业，从基础研究到工艺研发的各个环节，人才储备都极度匮乏。在积极引进海外高端技术和产业人才的同时，对各类高等院校中已有的相关专业，建议加大人才招收和培养的力度；对高等院校课程规划中尚未涉及的专业方向，如合成生物学、平板显示、节能建筑等，建议尽快开展国家层面的学科规划，在高校开设相关专业及课程，建成可持续的人才培养基地。

4. 大力加强新兴产业的情报工作

产业信息情报是把握产业方向、支持科学决策、增强竞争优势、提升创新能力、科学选择战略性新兴产业的排头兵。改革开放以前，我国有多个工业部门，每个部委都有相应的产业情报单位。改革开放后，尤其实行大部制后，产业情报工作有所削弱。建议国家加大对产业情报研究的投入力度，对基础情报研究进行统筹规划，推动制定情报行业的规范，加强情报咨询机构的资质管理。

参 考 文 献

1 中华人民共和国科学技术部. 中国科技统计数据(2009). http://www.stats.gov.cn/tjsj/qtsj/zgkjtjnj/2009/t20110907_402752531.htm [2013-02-18].

2 科学技术部发展计划司. 中国R&D经费支出特征及国际比较. http://www.sts.org.cn/tjbg/zhqk/documents/2009/090709.htm [2013-02-18].

Development of Basic Researches and Strategic Emerging Industries

Academic Divisions Consultation Group, CAS

This paper overviews the history, experiences, and lessons from the development of high-tech industries in the world, and systematically investigates a number of selected growing points of emerging industries, which are representative, highly urgent, and also in which the industrialization processes are tightly related to the basic researches. The paper puts forward four related recommendations for the promotion of key emerging industries and the related basic researches of China as follows: establishing industrial research institutes and strengthening the integration of basic research into the facilitating of the emerging industry; strengthening the intellectual property rights protection and the mastery and utilization of expired patents; promoting the emerging industrial education and accelerating the cultivation of talents; and making great efforts to strengthen the intelligence work of emerging industries.

8.2 水物理化学问题及其在环境保护与新能源中的应用

—— 发展我国水科学基础研究的建议

中国科学院数学物理学部咨询组

水是自然界最丰富、最基本、最重要的物质，然而水也是人类研究得最多却又最不了解的物质。水资源的可持续利用与保护是21世纪人类面临的最大挑战之一，特别是对于广大的发展中国家来说，在我国表现得尤为突出。另外，水分子由氢和氧组成，吸收足够的能量可以分解成氢气和氧气，而氢气燃烧又生成水，因此可以作为一种可再生清洁能源的载体和工作介质。不管是在关乎基础民生的水净化方面，还是在作为高科技发展的可再生能源获取和利用方面，水科学基础研究起着关键作用。目前制约有关水净化、可再生能源获取与利用方面的研发方案投入大规模应用的瓶颈问题是缺乏价格低廉、高效率的材料和器件，急需从基础研究的层面，特别是水与材料界面相互作用机制的研究上寻求突破。

由于全球人口的快速增长，地球环境和水资源面临着巨大压力。饮用水安全已经成为影响人类生存与健康的重大问题，这些问题在发展中国家最为突出。作为正在崛起的发展中大国，我国的水污染问题已经严重地影响了工农业的发展、生态环境的协调和人民生活质量与身体健康。每年因生活污水和工业污染的直接排放而造成的水域污染日益严重。随着工业废水、城乡生活污水、农药、化肥用量的不断增加，许多饮用水源受到污染，水中污染物含量严重超标。由于水质恶化，直接饮用地表水和浅层地下水的城乡居民饮水质量和卫生状况难以保障。伴随着我国加入WTO及贸易的全球化，由高毒性难降解有机污染物等新型污染物造成的相关产品进出口贸易壁垒和障碍也越来越明显。目前水清洁和供给形成了一个巨大的产业，其资金投入约为2.5千亿美元/年，预计到2020年资金投入为6.6千亿美元/年。

2011年5月19日，八国集团和印度、巴西、墨西哥等13国的国家科学院发表联合声明，指出水和与水有关的健康问题极大地影响了人们的经济活动和社会发展，以及教育和公共卫生事业。声明强烈呼吁各国政府加强建设水卫生处理基本体系，提升教育水平，资助研究低价、有效的水处理技术和相关疾病的预防方法。

2011年1月29日，党中央、国务院的一号文件发布，其主题是"关于加快水利改革发展的决定"，这是新中国第一次系统全面部署水利改革，彰显当前决策层对水问题的关注。同年3月公布的《中华人民共和国国民经济和社会发展第十二个五年规划纲要》亦强调关注民生，实现跨越式发展。因此，积极布局、加速发展我国水科学的基础研究，对促进我国民生建设，保障国家安全，实现《国家中长期科学和技术发展规划纲要(2006—2020年)》目标，提高我国经济、尖端科学、重大工程等方面的发展水平，具有十分重要的战略意义。

一、水科学基础研究面临巨大挑战

1. 水科学基础研究关乎国计民生，具有重大意义，但在国家战略层面缺少足够关注，研究尚处于自发状态，学科体系不完整，缺少对水科学基础研究活动的系统组织、引导和支持，对水科学基础研究战略地位、深度和广度缺乏认识

当人们礼赞我国经济发展奇迹的时候，水资源短缺等"软约束"作用日益显现。在我国经济建设不断发展的同时，做好环境保护工作，防止水体污染，发展先进、可行的饮用水源治理技术，提高饮用水质量，对保护人民健康和发展经济具有重要意义。

要解决水资源安全利用(环境和能源)的技术瓶颈问题，迫切需要开展对水科学的基础研究，特别是研究水和表面界面相互作用的基本形式和规律。例如，能否找到安全无毒且高效耐久的水净化材料来应对处理水质危机？能否设计低廉高效催化剂利用光和水来制氢或氢化合物？具体来说，要找出合适、低价的水清洁材料，要进一步提高半导体材料的光能转换效率，降低水清洁和能源转化器件的成本。这需要研究包括材料表面和水的相互作用，表面水的微观结构，新材料的浸润性、化学活性、稳定性、表面水光电分解机制等。这一系列问题涉及表面、化学、材料等众多研究领域，需要从基础研究的层面寻求突破。水问题的研究(如水分解与水清洁等)是一个非常复杂的项目，水科学基础与应用基础研究约占整个水问题研究的10%左右，但是其影响会辐射到整个水问题的方方面面。

目前，我国对水科学基础研究的战略地位缺乏认识，对水科学基础研究所涉及层面的深度、广度理解不足，投入有限，这与水问题在我国社会蓬勃发展中起到战略作用的地位不符，与我国在世界上所处的地位不符。

2. 缺少从国家战略层面对水科学基础理论研究和实验技术发展的统一规划，甚至存在片面地以水资源研究发展规划替代水科学基础研究发展规划的现象

目前，我国对水科学基础理论研究和实验技术发展尚无统一的规划和引导，对于水科学基础研究这种处于战略地位的科学研究仍是放任自流的状态。这种状况对于水

这种关系到国计民生，且处于紧迫状态的基础科学问题的解决会带来不利的影响和相当的破坏。

更令人担忧的是，目前有以水资源研究发展规划简单代替水科学基础研究发展规划的倾向，这会造成很大的迷惑和更大的危害。水科学基础研究不同于水资源开发研究，而前者是为后者提供重要、必要的科学基础的一门科学。水资源研究的发展常常需要在水科学基础研究层面产生突破，才有可能革新现有水资源水工程处理技术，发明新的污染水处理方法，应对水资源枯竭和水污染所带来的挑战。目前我国从事水基础科学研究的专门研究机构或平台亟待加强。

3. 在水科学基础研究方面缺少开发研制新材料进行水污染处理、水分解的长期目标

目前我国对于开展水基础科学研究、发现研制水污染处理新材料的重要科学方向没有统一的规划和长期的目标，现有的零星研究缺乏明确的目标导引。发展水科学基础研究的目的在于为潜在的新应用和新技术的发展打下基础，特别是在基于研究理解水和物质相互作用的基础上开发新材料，争取对关系重要民生问题的水污染治理、清洁水处理有重要贡献。开发研制面向这些重大应用的水处理新材料，并制定长期的发展规划和目标任务是当务之急。

4. 缺乏在分子甚至原子层次上深入研究水/材料界面反应物理机制的实验仪器和手段

水科学基础研究一个最重要的方面是研究水分子和其他物质的相互作用，而水与外界的作用是通过界面实现的，这就需要研究一些界面上水的性质和水本身的界面性质(统称为"界面水"的性质)，而且深入理解这些相互作用需要从微观上特别是原子分子层次上探索界面水的微观结构和电荷分布、转移等规律。界面水的研究难度较大，而且由于水和表面、水分子间的相互作用比一般化学键弱，界面结构很容易在实验探测中被破坏。需要大力发展对界面敏感、非破坏性的实验方法和手段，如和频振动光谱等非线性光学方法、新型扫描探针技术。

5. 国家层面缺少对研究和产业的统筹规划。一方面，片面地追求低层次的应用，缺乏从基础研究的角度突破现有思想、体系和方法。另一方面，某些基础研究还有追求发表低水平论文的倾向，还没有与实际目标有机结合

由于当前我国对水科学基础研究的战略地位认识不足，对基础研究活动缺乏规划，对开发水处理新材料缺少目标导引和关键技术，在国家层面上对从水科学基础研究到应用性研究发展，再到宏观性水资源治理等一系列的研究活动和相关产业发展没有统一的规划和管理。各环节之间脱节现象严重，不能形成通畅、有效的交流和相互促进，影响整个水科学的健康发展。具体表现为：产业应用上，片面追求低层次的宏观应用，缺乏从基础研究的角度突破现有思想、体系和方法；现有的某些水科学基础研究还有追求发表低水平论文的倾向，没有和实际应用形成良性循环。

6. 学科交叉型人才严重短缺，对未来从事水科学基础研究的人才培养和储备不够

水科学是涉及物理学、化学、材料学、生物学和工程学等众多学科的一门综合性学科。由于科学技术的进步和水环境污染的复杂性，从事水科学研究的科研人员需要具备物理学、化学、生物学、材料学、工程学等多方面的基础知识，才能很好地进行水科学相关的研究工作，这对从事水科学研究人才的培养提出了较高的要求。

目前，国内外从事水科学研究的人员多半是以给水排水、环境工程或其他相关工程学科为背景。这类学科的人才培养多以解决水污染控制工程中的实际问题为导向，偏重于实践知识的学习和工程应用，而在水科学研究所需的学科基础知识方面有较大的欠缺，缺乏认识、分析和解决水科学基础问题的知识背景，尤其是在物理和化学等基础学科方面的知识相对匮乏。因此，依靠现有模式和学科培养的人才，难以开展高水平的水科学方面的研究工作。

二、发展我国水科学基础研究的对策建议

为了加速发展我国水科学基础研究，我们建议：尽快设立国家重大研究专项，建立以水科学基础研究和在环境、能源中的应用基础研究为核心的国家级研究平台，统一策划、组织和领导我国水科学的发展问题研究。

1. 制定我国水科学基础研究的整体发展战略、目标，根据国家总体发展情况和需求制定中长期发展计划

制定我国水科学基础研究规划这一平台，应以组织、协调全国水科学基础研究力量，统一策划、组织和领导我国水科学基础研究的发展问题为中心任务。着重于促进社会各界，特别是环境资源部门、产业界和科学界对水科学基础研究的重视；建立从基础研究、材料开发研制到工业生产应用、全国的水资源和水环境治理改善等一系列环节的交流沟通和互相促进的渠道；加强满足未来水科学基础研究需要的具有一定知识深度和广度的学科交叉人才的培养；规划我国水科学基础研究的整体发展战略和目标，根据国家总体发展情况和需求制定中长期发展计划。

2. 遴选水科学基础研究中的若干关键问题,明确主攻方向,争取重大突破

对以下关键问题应当加强研究:

(1) 水在材料表面/界面上的微观结构和动态行为。

(2) 水中污染物的光消除。

(3) 界面纳米水膜研究。

(4) 水光催化分解能量转化过程和新材料。

3. 大力加强研制有重要意义的挑战性核心技术

研究水科学基础问题,大力发展有重要挑战意义的核心技术刻不容缓。主要包括:

(1) 和频振动光谱技术等非线性光学方法。

(2) 新一代扫描探针技术。

(3) 表面飞秒双光子能谱。

(4) 飞秒激光光谱与STM技术的结合。

(5) 同步辐射光学方法。

(6) 精确理论计算方法。

4. 大力推进水科学基础研究和清洁水、清洁能源工业应用项目的结合,加强与气候、地理、能源、纳米技术等相关学科的协作,联合各个水科学基础和应用科学的研究团体,逐步建立从基础研究到实际应用的统一体系,推动我国水科学技术方面的创新和可持续发展

要积极促进水科学基础研究和清洁水、清洁能源工业应用项目的结合,并且加强水问题研究上的多学科协作,如和气候、地理、能源、纳米技术等相关学科研究人员合作。

加强对基于水界面相互作用的纳米新技术研发。通过对纳米材料的能带结构设计和纳米材料表面电子传输的控制,发现和研制出新一代高效稳定的可见光纳米催化材料。

统筹考虑水的方方面面问题,联合从基础到应用和跨多个学科的研究团体,逐步建立从基础到实际应用乃至工业生产的统一体系,促进基础研究、工业应用、水资源治理各环节之间的相互交流和良性循环,推动我国水科学技术方面的创新和可持续发展。

5. 大力培养水科学基础研究的多学科交叉型人才

水科学研究是一项长期的十分艰巨的任务，一定要放到国家的层面上综合考虑和全面部署。培养水科学研究的未来人才计划需要马上制定和落实。这方面的任务主要是理论模型建立与模拟计算、表面物理分析、材料制备与表征、光学/电子学测量与技术、化学与环境科学等多个领域人才的培养，包括高水平人才的引进、各层次人才梯队的建设、承担大型研究任务队伍的凝练等。目的是培养出包括顶尖领军人才的多学科、多层次人才队伍，推动具有高度导向性的水科学的基础研究，促进我国水环境工程与新能源工业的发展。

考虑到我国水科学研究的人才需求和学科设置的现状，建议选择几所理工科实力雄厚的高校，如北京大学、中国科学技术大学和复旦大学等进行试点，培养未来从事水科学研究的高层次人才。实现宽理化基础培养的理论教学，高科研素质、创新人才发展的实践教学，以本科教育为基础的本－硕－博水科学研究人才培养体系。

Water Physical Chemistry and Its Application in Environmental Protection and New Energy

—Recommendations for Developing the Hydroscience Research of China

Consultation Group of Academic Division of Mathematics and Physics, CAS

This paper analyzes in detail the enormous challenges faced by hydroscience research of China, and stresses the strategic significances of planning and accelerating the hydroscience research for the promotion of people's livelihood, the assurance of national security, the realization of the goals set by National Outline for Medium and Long Term S&T Development, and the enhancement of the development level of economy, frontier sciences, and significant projects of China. The key recommendations put forward in the paper are to establish a national key research program for hydroscience research as soon as possible; set up a national research platform focusing on the basic research of hydroscience and the related application researches in environment and energy, by which the development of hydroscience can be performed in the mode of unified planning, organizing and leading.

8.3 我国核燃料循环技术发展战略研究

中国科学院学部咨询组

核燃料循环是核能系统的"大动脉",为了确保我国核能的安全和可持续发展,必须建设一个适合我国国情、独立、完整、先进的核燃料循环科研和工业化体系。

为适应我国国民经济平稳较快发展的需要,并控制温室气体的排放,我国已制定了在确保安全的基础上高效发展核电的方针。根据《国家核电发展专题规划(2005—2020年)》,我国核电发展的预定目标是到2020年装机容量达到70百万千瓦或更高。在2020年以后,我国核电需以更大规模发展,才能满足国家电力需求,优化能源结构,发展低碳经济,从而保证我国国民经济可持续发展。

核燃料循环中的乏燃料后处理是目前已知的最复杂和最具挑战性的化学处理过程之一。国际核能界的共识是,在现阶段的核能发展中,最令人担忧的就是核电产业前、后端发展不平衡。乏燃料后处理和废物处置是很麻烦的事情,需要先进的技术。只要核电产业要向前发展,乏燃料后处理问题一定要高度重视。日本福岛核电事故的发生,尤其是核燃料元件的破损和乏燃料池的放射性泄漏,更充分说明了建立一个安全的核燃料循环体系的重要性。

与发达国家相比,我国的核电发展起步较晚,核燃料循环技术在总体上比较落后。尤其是我国核燃料循环后段研究滞后,尚未形成工业能力,是我国核能体系中最薄弱的环节,在铀钚氧化物核燃料元件制造和乏燃料后处理等关键领域甚至比印度还落后20~25年。所以我国必须加快核燃料循环,尤其是后段技术的研发。更要着重指出的是,与我国各级政府高度重视核电站建设相比,对核燃料循环体系的研发严重滞后,这势必影响我国核电的可持续发展,更会对核电安全带来潜在危害。

我国遵循从压水堆到快堆的核裂变能发展战略,并选择与之相适应的核燃料闭式循环技术路线。为此,必须建立一套独立完整和先进的核燃料闭式循环体系。我国核燃料循环后段包括:①压水堆乏燃料后处理;②快堆燃料(金属氧化物或金属合金)制造;③快堆乏燃料后处理;④高放废物处理与处置等。先进的核燃料循环体系可实现核能资源利用的最大化和放射性废物的最少化,是实施我国从压水堆到快堆发展战略、核裂变能安全且可持续发展的关键。与核燃料循环前段相比,我国核燃料循环后段长期缺乏统一领导和科学规划,经费投入不足,研发力量分散,基础研究缺乏支持,工程技术相当落后,迄今尚未形成产业化,已成为我国核燃料循环中最薄弱的环节。

中国科学院学部咨询组(简称咨询组)分别就我国核燃料循环技术战略总体研究及国外先进核燃料循环后段技术发展动向,热堆和快堆乏燃料后处理技术分析,核燃料增殖的快堆内循环研究,金属氧化物和金属燃料制造技术,快堆及其燃料循环技术经济性初步分析,高放废物处理研究及展望,钍铀循环的现状、问题和对策,核燃料循环中的新方法、新材料和新技术等专题开展研究,并形成专题报告,力求科学评估当代国际核燃料循环技术的现况和发展动向,提出我国核燃料循环后段应采取的技术路线,为我国核能的可持续发展提供具有科学依据的建议。

咨询组认为当前我国核燃料循环技术发展中的主要问题是:

1. 核燃料循环管理体系分散

多部门、多机构之间条块分割,难以协调一致,造成资源巨大浪费,导致核燃料循环没有国家决策的尴尬局面。

2. 科研力量薄弱,后备人才短缺

我国从事核燃料循环的科研力量不足,而且有限的队伍分散在中国核工业集团公司、中国科学院、高等院校和国防部门等,缺乏有效合作,造成科研和产业化之间的脱节。

3. 核燃料循环后段的基础研究薄弱

与核燃料循环前段及核电站建设相比,对核燃料循环后段的基础研究投资太少,从事核燃料循环研究的科研人员的待遇远低于商业核电站的从业人员。这在很大程度上会影响我国核电事业的可持续发展。

4. 核燃料循环技术体系中主要环节的发展不协调

例如,后处理大厂的建设滞后于商用示范快堆机组的建设;引进俄罗斯BN-800型快堆电站将不得不同时购买其燃料,我国自主研发的示范快堆可能面临"无米之炊"的困境;设想中的次临界反应堆系统(ADS)的次临界示范堆超前于我国第二座后处理厂等。

上述问题已严重影响到我国在确保安全的前提下高效发展核电的方针的实施。

咨询组对我国核燃料循环技术发展中的政策性建议是:

1. 统筹规划,合理布局,做好核燃料循环后段的国家级顶层设计

核燃料循环是核裂变能系统的"动脉"和核能可持续发展的支柱。乏燃料后处理技术的研发在世界各国毫无例外地属于政府行为,必须由政府部门代表国家进行策

划。坚持政府决策、指导和监管的原则，必须做好国家级顶层设计和系统策划，由国家统筹规划、组织实施、分步推进、有序发展。顶层设计应包括三个不同科研层次(基础研究、应用研究和工艺研究)和三个不同技术层次(主线技术、培育性技术、探索性技术)的总体布局和统筹规划。要依据国家核能发展目标，充分考虑我国现有技术基础和发展潜力，参考和借鉴国外核燃料循环发展计划，制定出具有前瞻性、全局性、权威性和可操作性的我国核燃料循环发展路线图。一定要遵循基础研究(着重科学问题)、应用研究(着重技术问题)和产业化实施(解决工艺问题)有机整合的原则。建议尽快设立国家级以科学家为主的"核燃料循环技术发展咨询委员会"，从国家重大需求出发，在国家层面对我国核燃料循环发展路线图、核燃料循环重大项目的设立，以及核燃料循环人才的培养等进行决策和评价。消除"行业垄断、条块分割、政出多门"这种严重阻碍核燃料循环发展且浪费国家资金的现象。建议该咨询委员会由国务院委托中国科学院学部和中国工程院学部聘请国内不同单位具有较高学术造诣、处事公正的专家组成，同时还可吸收部分有战略决策能力的管理专家。汇聚中国科学院、高校、中国核工业集团公司、国防科研部门和产业界等相关科学技术队伍，分工合作，为建成具有我国自主知识产权的先进核燃料循环体系奠定体制基础。

2. 加快核电立法

建议国家加快核电立法，从核电电费中适当提高一定份额的乏燃料基金，用于开展乏燃料后处理的研发工作，应将核燃料循环研发人员的待遇提高到核电厂从业人员的水平。同时需要思考如何建立具有中国特色的社会主义市场经济下的核燃料循环体制。既要明确国家的主导和监管作用，又要发挥企业和民营资本的积极性。

3. 建议科技部尽快组织核燃料循环基础研究重大研究计划

采取积极政策，支持核燃料循环基础和应用研究，结合我国核电建设、乏燃料后处理、高放废物处置等，建议在"十二五"期间启动一批核燃料循环科研项目。

4. 建议教育部建立核燃料循环专业基础研究和人才培养基地

我国核燃料循环专业的人才培养相当薄弱，与国家重大需求有较大差距。建议在"十二五"期间，教育部应在我国有基础的高校中加强对核燃料循环专业的支持和投入。美国现有60余所大学参与核燃料循环后段的基础研究，而我国只有寥寥几所。参照美国等国家的研究生计划，我国每年拟拨不低于1000万元的专款培养核燃料循环专业研究生，提高研究生奖学金。

5.以自力更生为主,开展国际合作

在核燃料循环后段研发和后处理大厂建设方面,应以自力更生为主,开展以我为主的国际合作。对我国正在洽谈用巨资引进法国阿海珐(Areva)集团的后处理设施一事,要在国家层面展开科学论证,不宜全盘高价引进。此外,一定要积极部署核燃料后处理化学的基础研究、工艺研究和设备研究,使我国的核燃料后处理具有坚实基础,在国际谈判中处于主导地位。建议在乏燃料后处理基础研究领域,充分发挥中国科学院和高校的作用。

6.共享核燃料循环科研平台,发挥我国大科学装置的作用

国内正在建设的重要科研平台包括:乏燃料后处理实验设施、快堆燃料研发实验室、高放废物处理与处置实验室等。以上设施都应作为国家级的核燃料循环后段研发平台,向国内相关单位开放使用。建议我国成立核燃料循环重点实验室。建议在北京光源或上海光源建立放射性束线站,专门用于铀、钚等锕系元素物理化学表征的研究。还应充分发挥我国高性能超级计算机在核燃料循环研究中的作用。

咨询组对我国核燃料循环发展战略的技术性建议是:

1.我国快堆核燃料循环发展宜采取"先增殖,后嬗变"的技术路线

我国与发达国家不同,属于核能后发展国家,在相当长的一段时间内乏燃料积累的压力不大,且分离-嬗变技术的研究也刚起步不久,而快堆增殖的需求则比较迫切。所以,我国宜在2050年之前主要实施快堆增殖核燃料,放射性废物的嬗变(焚烧)可以在2050年之后开始工程应用实施。

加速器驱动ADS在放射性废物嬗变方面与快堆焚烧相比具有更大优势,所以从我国核能可持续发展战略中的地位来看,快堆侧重于核燃料的增殖,ADS侧重于放射性废物的嬗变,这是比较合理的选择。当然,ADS面临一系列具有挑战性的工程难题需要解决,包括系统的可靠性、可用性、可维修性及可监测性等,需要进行深入的研发。同时,应积极部署ADS中的核燃料循环化学等关键科学技术问题的研究。

2.应使我国燃料资源利用最大化

对铀资源利用率影响最大的是燃料燃耗深度和后处理及燃料再制造过程中的燃料回收再利用率。为了将铀资源的利用率提高60倍,在相对燃耗深度为20%时,需要将核燃料在快堆中循环10次以上。这样,可使我国的铀资源供应达到千年以上。对于核燃料增殖的科学和技术问题需要深入研究。

3. 分离钚

从目前运行的压水堆中分离出的钚(分离钚)可跳过热堆循环这一步，直接进行快堆核燃料循环，这样有利于核燃料的增殖。如果快堆发展计划可以如期实施，这将是一个适合我国国情的合理方案。

4. 热堆乏燃料水法后处理

近期的研究工作要为我国后处理中试厂稳定运行提供支撑技术；中长期目标是研究先进后处理中的新原理、新方法和新工艺流程，为商业后处理厂提供科技支持。宜在国际上成熟的普雷克斯流程(用磷酸三丁酯作萃取剂分离回收铀和钚的乏燃料后处理流程，Purex)基础上，提出改进型的Purex主流程(如先进无盐二循环流程)和从高放废液中分离次锕系元素(MA)的辅流程，力争使我国多年来的后处理研究成果能应用于后处理大厂工艺流程的设计。除了工艺流程研究之外，还包括专用工艺设备及材料研究(特别是乏燃料剪切机和溶解器)、分析检测技术研究、远距离维修设备、自控系统、临界安全研究等。

5. 在确保铀－钚循环这条主线的前提下，应启动包括熔盐堆在内的铀－钍循环的探索性和前瞻性研究

关于我国核能体系中利用钍的可能方式，咨询组经过分析后指出，热堆使用钍优于快堆，而在快堆增殖层中增殖U-233的能力优于热堆。鉴于我国热堆电站的主导堆型是压水堆，所以，我国应首先考虑在压水堆中使用钍，从而使钍资源作为铀资源的补充，适当延长热堆电站的使用时间。同时，也应发挥快堆的增殖优势，在快堆增殖层中生产U-233，分离后供热堆使用。此外，我国有必要开展熔盐堆的研究，首先着重研究熔盐堆钍－铀循环过程中的化学问题和材料问题。

6. 我国核燃料循环技术产业化发展的推荐路线图

第一阶段(2011～2025年)：建成热堆乏燃料第一座商用后处理厂和快堆铀钚混合氧化物(MOX)燃料制造厂；完成热堆乏燃料先进后处理主工艺和高放废液分离工艺中间试验；完成快堆MOX乏燃料水法后处理台架实验；完成金属合金燃料制造工艺中间试验；建设干法后处理和熔盐实验平台；完成高放废液固化(冷坩埚)工艺中间试验。

第二阶段(2025～2040年)：建设热堆乏燃料第二座商用后处理厂(采用先进后处理技术，包括兼容处理快堆MOX乏燃料高放废液分离)和快堆金属合金燃料制造厂；建设高放废液固化工厂；完成干法后处理和熔盐循环示范试验。

第三阶段(2040～2050年)：完成金属合金乏燃料后处理干法中间试验，并建设后处

理厂；完成熔盐高放废物固化工艺中间试验并建设固化工厂。

Research on the Development Strategy of Nuclear Fuel Cycle Technology in China

Consultation Group of Academic Division, CAS

Nuclear fuel cycle is the "main artery" of nuclear energy systems, accordingly, an independent, sound, and advanced R&D and industrial system of nuclear fuel cycle is crucial for the sustainable development of nuclear energy in China. This paper focuses on the analysis of the nuclear fuel cycle, especially the problems exposed by the Fukushima nuclear accident in Japan in 2011, and the principal problems in the development of the nuclear fuel cycle technology in China. In the context of national development plan of the nuclear energy, the development strategy of the technologies in the back-end segment of the nuclear fuel cycle, as well as a series of policy recommendations and technical advices are proposed.

8.4 太阳电池技术与光伏新能源产业的发展态势和对策建议

中国科学院技术科学部咨询组

人类社会的发展对能源的需求越来越大。与世界其他主要国家一样，我国的常规能源供给也面临着日益严重的短缺问题。化石能源的大量开发利用也是造成人类生存环境恶化的主要原因之一。在有限资源和环境保护的双重制约下如何发展经济已成为全球的热点问题。发展各类新能源已被世界各国政府列为重要的战略任务。

从可再生和清洁性考虑，光伏能源无疑是绿色新能源的重要组成部分。2011年3月，日本福岛核泄漏事件后，世界各国对此更加确信无疑。由于技术进步和各国政策法规的强力驱动，光伏能源产业已成为目前世界上发展速度最快的产业之一，在过去10年内，年平均增长率接近40%。太阳电池是光伏能源光电转换的基石。围绕"提高效率、降低成本"的目标，国际上大量研究机构都投入到了各种太阳电池的研发中。无论是晶硅(Si)太阳电池、硅薄膜太阳电池、铜铟镓硒(CIGS)薄膜太阳电池、碲化镉(CdTe)薄膜太阳电池，还是Ⅲ-Ⅴ族化合物太阳电池、染料敏化太阳电池、有机太阳电池，以及下一代超高效太阳电池，都有了显著进步。技术进步使光伏发电成本逐年下降。

我国的光伏制造产业起步于1995年。自2007年起，我国太阳电池及组件产量一直位居世界第一。2010年，内地与台湾量产太阳电池之和超过12吉瓦，占世界总产量的59%，产品以晶硅太阳电池为主。我国传统晶硅太阳电池的量产水平与国际相当，但在新结构高效硅电池方面与国际先进水平还存在一定差距。各类薄膜太阳电池与国际水平相差较远，缺乏制备高性能太阳电池的关键技术和设备，即使是晶硅太阳电池生产所用的一些高端设备和辅助材料，也仍然需要进口。我国绝大多数太阳电池产品出口国外，国内的光伏应用市场很小，消费的太阳电池不足产量的5%。2009年，我国光伏发电装机总量仅228兆瓦，2010年，装机总量也只提升到520兆瓦左右，只占当年全球装机总量的约3%。所以，我国目前仅是太阳电池的制造大国，既不是光伏技术大国，也不是应用大国。这样的结果是生产的能耗和可能的污染留在了国内，而最终的清洁能源却供给了国外。

就整个光伏产业现状而言，西方国家一方面在电池制备先进技术和高精度自动化高端设备上居于控制地位，另一方面通过固定上网电价等政策极大地促进了这些国家光伏应用市场的发展。而我国太阳电池及组件制造产业正逐渐形成产能过剩的局面。随着国外各国逐年下调对光伏应用的扶持力度，或者出台一些市场保护政策，我国光伏制造企业的赢利能力正逐渐下降，甚至亏损。西方国家下调扶持力度一方面是基于对技术进步、光伏发电成本降低的判断，另一方面也是为制约我国太阳电池制造产业发展所采取的手段。我国光伏制造产业当前的困境是诸多原因综合作用的结果。除了市场，我国光伏制造企业的盲目扩张是另外一个重要原因，产能过剩带来过度竞争，造成投资浪费。更为重要的是，我国的大多数光伏制造企业只是采购设备用于生产，缺乏光伏技术的核心竞争力，造成成本、性能等都与国际先进水平存在较大差距。

从长远来看，光伏产业仍处于上升期，产业规模仍将继续扩大。光伏发电在世界能源体系中刚刚崭露头角，技术进步将使光伏发电成本继续下降，最终实现平价上网。欧洲光伏工业协会(EPIA)认为，到2020年光伏发电将成为在76%的发电市场中具有竞争力的发电技术。

鉴于我国的光伏新能源产业已初具规模，进一步发展受到技术和市场的双重制约，而光伏发电本身具有宏伟的发展前景，我国的能源与电力发展也正面临结构调整的压力，扩大国内光伏应用市场可以成为实现我国节能减排目标的重要保障。从能源战略的高度出发，我国也应该充分珍惜和保护盛极一时的产量居世界首位的光伏产业，在能源市场上，为光伏应用提供广阔空间，扭转太阳电池主要外销、受制于国外市场的不利局面。所以，现从我国的国家需求出发，以把我国由太阳电池制造大国变成真正的光伏产业强国为目标，提出促进我国光伏新能源产业发展的几点对策和建议：

1. 提升光伏能源的地位，立足国情、缜密规划，加快光伏电站的储备性战略部署和光伏能源的普及应用

将光伏能源作为解决低碳排放和化石能源短缺的重要途径，加快国内光伏建筑一体化和光伏电站建设，扩展太阳电池应用，扭转太阳电池主要外销、受制于国外市场的不利局面。同时，把智能并网和大容量高效储能技术的自主研发作为紧急任务。小型光伏电站及光伏建筑一体化的供电储能方式要求容易实现，对此应指令性及早布置。我国西北和内蒙古地区，更适于大型电站建设。

2. 地域上形成产业群，市场上构建产业链，增强抗风险能力

不宜再继续新建中小型企业。可根据市场发展需要，通过扩产或兼并，形成10吉瓦级超大型光伏企业，降低成本，强化持久竞争力。为便于集中管理，应对环境污染的突发隐患，鼓励与支持化学提纯法硅料企业将产能提升到10万吨级水平，严格控制在沿海地区和中原腹地的重复新建。对环保和能耗的监管要责任性落实，限期建立应对突发事件的保障措施。应重点加强对低污染、低能耗的物理提纯法和其他创新方法研发的支持力度。困境的出现既是困难，也是机遇，我们应该借机大力开展合理整合，对原有光伏企业淘汰落后技术，合理规划布局，加大上下游企业间的相互协作，鼓励同一地域的产业集团化，提高企业对抗市场风险的能力，改变遍地开花、无序分布、重复建设的混乱局面，把光伏产业做大、做强。

3. 以市场为导向，分层次加大扶持力度，多类太阳电池协同发展

可将太阳电池按照市场应用分成四类：替代性能源、光伏建筑一体化能源、专用性能源及消费性便携式能源。对各类太阳电池要着力自主创新，从源头上降低光伏发电的成本，在2～3年内尽快使光伏发电成本降低到化石发电的水平。

替代性能源：选择晶硅电池为重点，其他薄膜类电池为必要补充。政府部门应及早谋划，以科学发展观规划指导，以企业为主体配套协同发展，支持企业自主技术创新和集成创新，实现环境保护、能耗降低和成本下降。

光伏建筑一体化能源：以薄膜硅电池为主。加大政府投入与支持力度，促进关键工艺设备开发，提高电池效率，降低制造成本。

专用性能源：针对空天应用及在海陆空战场上的军事应用，以高效率的多结砷化镓电池为主。要以政府为主导，迅速发展，但在规模上要有科学合理的预估规划。

消费性便携式能源：以有机类及染料敏化电池为主。政府宜重视和支持研究单位开展创新研究，引导和鼓励中小企业进行这方面的积极投入。

4. 强化光伏配套产业的自主发展

对高精尖的光伏制造设备，政府应尽快组织自主研发与批量供应，新建或扩建企业的生产设备要尽快实现完全国产化。同时要重视优质基础材料和关键性辅件与装置的自主研发和供应。建议国务院设立专门的领导小组，跨部门组织推进，强化发展光伏能源的配套产业。

5. 着力部署下一代超高效率太阳电池的前沿性创新研究

建议政府在中国科学院和重点大学的已有基础上，组建一个国家级的下一代太阳电池开放性研发中心，注重原创性基础研究，加强先导性理论指导，有所为，有所不为，选取若干适宜的方向，突破常规太阳电池效率的理论极限，制备出高效率、低成本的下一代太阳电池。以硅单结电池为基础依然是一个可优先考虑的方向。

6. 对光伏产业发展提供前瞻性的政策支持与引导

制定出具有前瞻性、预测性和突破性的方针政策，对电力系统加强指令性宏观调控，直接对国务院负责，推动光伏发电并网，指令性实施光伏建筑一体化，合理满足光伏产业的贷款需求，使我国光伏产业摆脱当前国际金融危机的冲击和美国企图施以反倾销关税等的影响。

方针政策或规定的实施必须强化宏观调控，严格监督管理，切忌地区或部门一味追求眼前短期利益，时热时冷，忽上忽下。建议设立以专家、企业家代表为主体的专、兼职发展预测机构，及时为政府决策提供中肯的对策建议。

为应对目前我国光伏制造产业的困局，宜及早召开一个国家层面的由中央、地方、企业、科研机构等共同参加的策略研讨会，制定细致的光伏产业规划。

总之，光伏新能源产业的快速健康发展是利国利民的大事。目前全球光伏发电已呈进一步规模化之势，扩大国内的光伏应用市场势在必行。政府应继续制定政策支持我国光伏产业的发展，将光伏发电提到能源战略的高度进行规划。对各类太阳电池，要以市场为导向，分层次加大投资力度，加快光伏技术创新，降低发电成本，使我国在光伏能源未来的大规模应用中占据不可替代的重要地位，从而尽快由太阳电池制造大国变成真正的光伏产业强国。

Trends and Recommendations for the Development of Solar Cell Technology and Photovoltaic New Energy Industry

Consultation Group of Academic Division of Technology Sciences, CAS

This paper systematically investigates the development trends of solar cell technology and photovoltaic new energy industry both at home and abroad, and puts forward six related recommendations for countermeasures as follows to meet national needs: upgrading the role of photovoltaic energy and accelerating photovoltaic plant's strategic deployment for reservation and the universal application of photovoltaic energy based on national conditions and meticulous planning; facilitating the regional industrial cluster and industry chain to enhance the risk-resist ability; conducting a market-oriented industry, hierarchically strengthening the government's support, and collaboratively developing diversified types of solar cells, etc.

8.5 三江源区生态保护与可持续发展咨询建议

中国科学院地学部咨询组

三江源区地处青藏高原，因长江、黄河和澜沧江三大河流发源于此而得名，生态地位极其重要。其生态环境脆弱，经济发展落后。长期以来，党和政府高度重视三江源区的生态保护与可持续发展问题。继2003年设立三江源国家级自然保护区之后，2005年国务院批准并开始实施《青海三江源自然保护区生态保护和建设总体规划》，三江源区生态建设和区域发展取得显著成效。但同时也应当看到，在规划实施中，生态保护与生态恢复、生态移民和生态补偿机制、产业发展和改善民生等方面仍存在一系列问题。

《中华人民共和国国民经济和社会发展第十二个五年规划纲要》和《全国主体功能区规划》进一步明确了三江源区在全国生态安全格局中的地位，2011年，国务院决定建立"青海三江源国家生态保护综合试验区"。抓住新的发展机遇，按照新的建设要求，评估规划实施状况与存在问题，完善三江源区生态保护和可持续发展的战略目标、重点任务和政策体系，是十分必要的。中国科学院地学部在"三江源生态经济发展中的若干重大问题"项目研究基础上，完成了本咨询建议报告。

一、取得的成效

三江源区包括青海省玉树、果洛、海南、黄南4个藏族自治州的16个县和格尔木市的唐古拉山乡，总面积为36.31万平方公里，现有人口超过60万。源自三江源区的径流量分别约占长江、黄河和澜沧江年径流量的2%、49%和15%，是我国和东南亚地区重要的水源涵养区。三江源区是世界高寒生物资源和各类高寒生态系统的主要分布区，对生物多样性保护及亚洲东部大部分地区乃至全球气候具有重要影响。

2005年，由中央财政投资75亿元人民币启动三江源生态保护建设工程以来，在生态建设和民生改善两个方面都取得了良好成效。

1. 草地退化和土地荒漠化得以遏制并有所逆转

自20世纪60年代以后，三江源区总体上处于以草地植被覆盖度下降、湿地萎缩和土地荒漠化为主要形式的持续生态退化状态。各类型高寒生态系统均呈现出不同程度的面积缩减和退化。2005年以来，草地植被覆盖度整体提高了3.1%，12.2%的退化草地出现好转，草地平均产草量增加了24.6%，荒漠化土地面积减少了0.74%，草地生态状况开始明显改善，林灌地郁闭度有所增加，土壤侵蚀敏感性和强度降低，水土保持能力增强，生物多样性得到较好的保护。研究监测表明，生态恢复和改善主要是生态建设工程的成效，区域降水增加也起到了一定的作用。

2. 工程实施区的农牧民生活和生产条件有所改善

三江源区是我国贫困地区，经济规模小、发展水平低、增长速度缓慢，2005年农牧民人均收入不到全国平均水平的2/3。生态建设工程实施以来，生态移民和小城镇建设等项目使生态移民社区的基础设施进一步完善；与迁出区相比，搬迁牧民的生产生活条件发生明显变化，牧民就医难、子女上学难、行路难、吃水难、用电难、看电视难的问题得到较好解决。5年来农牧民每年户均增收2万元，纯收入年均增长8%。

二、存在的问题

1. 草地牧业生产方式落后，生态建设与生产发展的矛盾没有解决

草地畜牧业粗放式经营模式难以为继，生产方式原始，生产效率低下，抵御自然灾害的能力差，牲畜饲养周期过长，"夏饱、秋肥、冬瘦、春死亡"的恶性循环没有根本改变，这种生产方式导致的过度放牧仍然是区域草地退化的根本原因所在。对

三江源区特殊高寒生态系统的演化规律、生态过程和生态功能缺乏深入系统的科学认识，退化生态系统恢复技术和模式不足；畜牧业生产和发展方式落后，缺乏与生态保护相适应的畜牧业生产新技术与管理模式。

2. 生态移民实现"稳得住"和"能致富"尚未破题

生态移民工程涉及三江源18个核心区牧民的移民搬迁，已移民人口达55 773人。在生态移民过程中，对具有独特民族文化、生产生活方式和生活环境依赖的三江源移民工作缺乏深刻认识和系统预案；对生态移民后续产业前瞻规划缺失、培育不够、效果不明显；对于缺乏其他劳动生产技能的移民，相应的职业技能培训工作没有跟上；对移民小城镇基础设施薄弱状况重视不够、投入不足、建设质量低下；移民生产、生活的可持续发展能力受到挑战，在解决了温饱问题之后如何持续增收致富、全面建设小康社会面临困境。

3. 生态补偿标准低，缺乏科学依据和长效机制

目前，三江源区生态补偿方式主要有以下两种类型：一是退牧还草工程补偿，主要包括每年3000～8000元/户的饲料粮款，以及800～2000元/户的取暖与燃料补助；二是国家其他生态建设工程补偿，包括退耕还林(草)工程、天然林保护工程、生态公益林补偿、封山育林工程等，标准一般在1.75～5元/亩。存在的主要问题：补偿标准偏低且固定不变，补偿缺乏科学依据，难以应对物价上涨、人口与户数增加的现实；补偿资金来源渠道单一，主要依靠中央财政转移支付，其他受益方未参与补偿；补偿方式缺乏长效性。

三、建　议

三江源区是我国最重要的生态屏障之一，可持续发展受到党和国家的高度重视，发展前景良好，有望建设成为具有全国示范、全球影响的生态保护综合试验区。为此，特提出以下建议：

1. 积极推进畜牧业生产方式转换和升级，实现畜牧业生产与生态保护共赢

开创高寒草地现代生态畜牧业生产的新模式，将单一依赖天然草地的传统畜牧业转变为"暖季放牧+冷季舍饲"两段式新型生态畜牧业生产模式。建议国家支持建立规模化人工饲草料基地和育肥基地；将种粮直补政策延伸到生态草业发展领域；大力扶持三江源区绿色产品认证，建立以生产高附加值的有机畜产品的可追溯生产、加工及

物流体系；推进以牧业合作社及土地流转为突破口的新型牧业合作组织管理模式。

研发生态恢复与生产发展的关键技术，构建高效生态畜牧业、特殊生态环境的可持续发展模式，设立三江源区生态保护与可持续发展研究重大专项。

2. 高度重视做好生态移民及后续产业发展工作

积极发展就业移民、教育移民等可持续移民方式。实施就业移民，加强政策引导，创造劳务移民与城市居民或产业工人享受同等待遇的社会环境，建立促进三江源区人口向发达经济区、城镇转移的长效机制，在区外建立三江源区就业技能培训基地，提高青年人区外就业能力；实施教育移民，依托对口帮扶机制，采取"集中增点、分散接纳"相结合的方式，扩大异地教育规模，增强教育移民能力。

加大对生态畜牧业、民族传统产业、文化产业、旅游产业、畜牧产品深加工业等的政策倾斜和扶持力度，加大对龙头企业的财政金融支持，加大对特色优势产业的关键技术研发的投入。

3. 建立和完善有利于共同繁荣的长效生态补偿机制

建立和完善生态补偿的长效机制，出台三江源区生态补偿办法，制度化地明确生态补偿的原则、标准、对象、方式、补偿资金等，长期、持续补偿三江源区的生态保护工作。

坚持国家购买生态服务的方式，加大中央财政转移支持力度，在中央财政预算支出科目中增设"三江源生态补偿"专项科目，保证生态补偿资金政策的稳定性和连续性。

探索拓宽生态补偿资金的来源渠道，建立多元化的三江源生态补偿基金，鼓励社会力量支持三江源区生态保护和建设工作。

加强三江源区生态环境变化的长期系统监测、生态系统碳汇及水源涵养等生态功能的变化研究，探索基于生态系统碳汇、水源涵养及供给、生物多样性价值可量化的生态补偿办法。

Ecological Protection and Sustainable Development in Sanjiang Source Area

Consultation Group of Academic Division of Earth Science, CAS

Sanjiang source area is an important region in the world with abundant alpine biological resources and various types of alpine ecosystems, which is of great significance for the conservation of biological diversity and the climate in the major region of eastern Asia as well as the global climate. This paper analyzes the achievements and problems existing in the Ecological Protection and Construction of Sanjiang source area started in 2005 from the perspectives of ecological construction and promotion of people's livelihood, and presents recommendations on the ecological protection and sustainable development in Sanjiang source area.

（因篇幅所限，本章文章均有删节）

附 录

Appendix

附录一：2012年中国与世界十大科技进展

一、2012年中国十大科技进展

1.“神舟九号”载人飞船与“天宫一号”成功对接

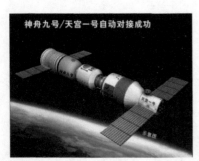

神舟九号/天宫一号自动对接成功

2012年6月29日10时03分，在经过近13天太空飞行后，“神舟九号”载人飞船返回舱在内蒙古主着陆场安全着陆，3名航天员身体状况良好。“天宫一号”与“神舟九号”载人交会对接任务获得圆满成功。“神舟九号”载人飞船于6月16日18时37分从酒泉卫星发射中心发射升空，先后与“天宫一号”目标飞行器在轨成功进行了两次交会对接，第一次为自动交会对接，第二次由航天员手动控制完成。在轨飞行期间，航天员景海鹏、刘旺、刘洋按计划开展了一系列空间科学实验和技术试验，取得了丰富成果。“天宫一号”与“神舟九号”载人交会对接任务的圆满成功，实现了我国空间交会对接技术的又一重大突破，标志着我国载人航天工程第二步战略目标取得了具有决定性意义的重要进展。这是建设创新型国家取得的新成就，是中国人民在攀登世界科技高峰征程上铸就的新辉煌，是中华民族为人类探索利用外层空间做出的又一卓越贡献。

2.“蛟龙号”下潜突破7000米

2012年6月3日，“蛟龙号”再次出征，向7000米发起冲击，这是人类首次载人深潜7000米级海试。6月24日上午9时许，“蛟龙号”成功在7020米深海底坐底，再创我国载人深潜新纪录。作为拥有自主知识

产权的第一台深海载人潜水器，"蛟龙号"方案设计和关键核心技术，如耐压结构、生命保障、远程水声通信、系统控制等，以及总装联调和海上实验都是由我国独立完成的。拥有大深度载人潜水器和具备精细的深海作业能力，是一个国家深海技术竞争力的体现。"蛟龙号"7000米深潜的重大突破，标志着我国具备载人到达全球99.8%以上海洋深处进行作业的能力，体现了我国在深海技术领域的重大进步，对于促进我国海洋科学研究和海洋装备制造业发展，提升我国认识海洋、保护海洋、开发海洋的能力，推动我国从海洋大国向海洋强国迈进，促进人类和平利用海洋等方面将产生重大而深远的影响。

3.世界首条高寒地区高速铁路突破三大技术难题

2012年12月1日，哈(尔滨)大(连)客运专线正式开通运营。据参与设计的铁道第一勘察设计院专家介绍，这是我国目前在高纬度严寒地区设计的标准最高的一条高速铁路，也是世界上首条高寒地区建成运营的高速铁路，突破了防冻胀路基、接触网融冰、道岔融雪等国际公认的三大技术难题。哈大高铁纵贯东北三省，营业里程921千米。基础设施按时速350千米建设，运营时速采用冬季200千米、夏季300千米运行图运营。铁道第一勘察设计院先后完成了高寒地区深季节冻土路基与涵洞防冻胀技术、无砟轨道关键技术、接触网融冰及道岔融雪等多项课题研究；设计了具有防冻层、隔断层、防冻胀护道、抗冻胀填料的防冻胀路基；设计了具备实时监测、智能分析功能的大电流热融冰接触网及道岔融雪系统；研发了多种适应不同基础及设备类型的严寒地区无砟轨道型式；设计了主跨138米的钢箱叠拱特大桥等，保证了哈大高铁按计划开通运营。

4."嫦娥二号"7米分辨率全月影像图发布

国家国防科技工业局2012年2月6日发布探月工程"嫦娥二号"月球探测器获得的7米分辨率全月球影像图。目前除中国外，还没有其他国家获得和发布过优于7米分辨率、100%覆盖全月球表面的全月球影像图，这表明我国探月工程又取得了一项重大成果。此次制作完成的7米分辨率全月球分幅影像图产品，共746幅，总数据量约800吉字节。同时，科研人员还制作完成了50米分辨率标

准分幅影像图产品和全月球数据镶嵌影像图产品。相关领域专家评审后一致认为："嫦娥二号"7米分辨率全月球影像图的数据处理和制图质量得到了严格、有效控制，影像图的空间分辨率、影像质量、镶嵌精度、数据一致性和完整性等优于国际同类产品，达到国际领先水平。目前，"嫦娥二号"月球探测器正环绕距离地球约150万千米的日地拉格朗日L2点，继续开展空间环境探测和工程技术试验，不断迈出我国深空探测新步伐。

5. 首台国产CPU千万亿次高效能计算机系统通过验收

2012年9月11日，"十一五"国家863计划"高效能计算机及网格服务环境"重大项目——"神威蓝光千万亿次高效能计算机系统"（简称"神威蓝光"）通过科技部专家组验收，这标志着我国成为继美国、日本之后第三个能够采用自主CPU构建千万亿次计算机的国家。验收专家组认为，"神威蓝光"在高密度组装技术、全系统水冷技术等方面达到了世界先进水平。"神威蓝光"共8704个CPU，全部采用自主设计生产的申威1600处理器，整个系统的峰值运算速度为1.07千万亿次。"神威蓝光"的性能功耗比超过741百万次浮点运算/(秒·瓦)(MFLops/W)。这意味着1瓦的电灯泡亮1秒的电量，"神威蓝光"能进行7.41亿次浮点运算。基于"神威蓝光"成立的国家超级计算济南中心，已为30多家单位、40多项国家及省部科技课题提供计算服务，计算资源利用率峰值在60%以上，取得了一批科技成果。

6. 戊肝疫苗研制成功

科技部2012年1月11日在京宣布，由厦门大学、养生堂万泰公司联合研制的"重组戊型肝炎疫苗(大肠埃希菌)"已获得国家一类新药证书和生产文号，成为世界上第一个用于预防戊型肝炎的疫苗。这是全世界戊肝预防与控制领域的一个重大突破。厦门大学的戊肝疫苗项目课题组努力攻关，取得了多项核心原创发现，在国内外率先研制成功戊型肝炎疫苗，并逐步构建起了独特的原核表达类病毒颗粒疫苗的核心技术体系。其团队先后在《柳叶刀》等学术刊物发表了26篇学术论文，并多次应邀在国际学术及疫苗产业会议上报告进展。课题组与企业合作，进行了Ⅲ期临床试验。其中，第Ⅲ期试验在10

万健康人群中接种。美国疾病预防控制中心病毒性肝炎部流行病与监测分布主任斯科特·霍姆伯格(Scott D.Holmberg)发表评论认为："戊肝在发展中国家的发病率和死亡率都很高，因此该戊肝疫苗临床试验是非常令人鼓舞的。"

7.新一代大推力火箭发动机研制成功

由国家国防科技工业局协调组织，航天科技集团公司所属航天推进技术研究院研制成功120吨级液氧煤油高压补燃循环发动机，将作为我国新一代运载火箭的动力系统，为载人航天、月球探测等国家重大专项任务提供有力保障。这是我国首次拥有自主知识产权的高压补燃循环发动机，具有高性能、高可靠、无毒无污染等特点。它的研制成功，意味着我国成为继俄罗斯之后第二个掌握液氧煤油高压补燃循环火箭发动机核心技术的国家。据介绍，该型发动机工程在研制过程中,突破了液氧煤油高压补燃循环发动机设计、制造、试验关键技术70余项，获得了近20项国防科技成果及相关专利授权；形成了比较完备的发动机研发体系；围绕该型发动机研制所需的近50种新材料攻关，促进了相关领域基础技术的发展。

8.可扩展量子信息处理获重大突破

中国科学技术大学潘建伟小组利用自主发展的高亮度、高纯度量子纠缠源技术，在国际上首次实现了八光子薛定谔猫态。该项研究成果2012年2月12日发表在《自然·光子学》上。随后，他们利用八光子纠缠，在国际上首次实验实现了拓扑量子纠错，取得了可扩展容错性量子计算的重大突破，成果以长文形式发表在2012年2月23日《自然》上。

《自然》专门为此发布了新闻简报，审稿人认为："这是非常重要的原理性实验，一个艰苦卓绝的英雄主义的量子光学实验，是对拓扑纠错这一当前量子信息处理最引人注目的范例中关键一环的实验验证。"潘建伟小组还与中国科学院上海技术物理研究所、中国科学院光电技术研究所等合作发展了高精度的光跟瞄技术，在国际上首次实现了百千米量级的自由空间量子隐形传态和双向纠缠分发，通过地基实验证明了实现基于卫星的全球量子通信网络的可行性，成果以封面标题的形式发表在2012年8月9日的《自然》上。

9. 大亚湾实验发现中微子新的振荡模式

中微子共有3种类型，它可以在飞行中从一种类型转变成另一种类型，被称为中微子振荡。前两种振荡模式已被实验证实，但第三种振荡则一直未被发现。由于科学意义重大，国际上先后有7个国家提出了8个实验方案，最终进入建设阶段的共有3个。中微子混合角θ_{13}是物理学中28个基本参数之一，它的大小关系到中微子物理研究未来的发展方向，并和宇宙起源中的"反物质消失之谜"相关，是国际上中微子研究的热点。由中国科学院高能物理研究所等来自全世界6个国家和地区38个科研单位组成的大亚湾反应堆中微子实验国际合作组，在2012年3月8日宣布，发现中微子新的振荡模式，并测得其振荡振幅，精度世界最高。该结果加深了人类对中微子基本特性的认识，得到国际高能物理学界的高度评价，并被《科学》评选为2012年度十大科学突破之一。

10. 亚洲第一射电望远镜建成

2012年10月28日，总体性能名列全球第四、亚洲第一的上海65米射电望远镜在中国科学院上海天文台松江佘山基地落成。该射电望远镜高70米、重2700吨，是我国目前口径最大、波段最全的一台全方位可动的高性能射电望远镜，总体性能仅次于美国的110米射电望远镜、德国的100米射电望远镜和意大利的64米射电望远镜。上海65米射电望远镜是中国科学院和上海市人民政府的重大合作项目。据介绍，上海65米射电望远镜工作波长从最长21厘米到最短7毫米共8个频段，涵盖了开展射电天文观测的厘米波波段和长毫米波波段。该射电望远镜采用修正型卡塞格伦天线，坐落在采用无缝焊接技术全焊接而成的直径为42米的方位轨道上，能在方位和俯仰两个方向转动，以高精度指向需要观测的天体和航天器，最高指向精度要求优于3角秒。

二、2012年世界十大科技进展

1."好奇号"在火星成功着陆

美国东部时间2012年8月6日凌晨，远征5.67亿千米的美国"好奇号"火星车历经8个月飞行，在位于火星盖尔陨坑中心山脉的山脚下成功着陆，开始其探索火星生命痕迹的旅程。登陆火星数分钟后，"好奇号"陆续向地球传回火星图像。"好奇号"被誉为人类在其他星球登陆的最精密的移动科学实验室，是美国太空探索历史上的又一重要里程碑，是行星探索的巨大一步。"好奇号"长约2.8米，重900多千克，长度是2004年在火星着陆的"勇气号"和"机遇号"火星车的2倍，重量是它们的5倍多。它共有6个轮子，每个均拥有独立的驱动马达，2个前轮和2个后轮还配有独立的转向马达。这一系统可以使"好奇号"在火星表面原地360°转圈。"好奇号"的动力由一台多任务放射性同位素热电发生器提供，其本质上是一块核电池，使用寿命可长达14年。

2.加拿大科学家开发出人造大脑

加拿大一个科学家小组称，他们已经开发出迄今为止最接近真实大脑的机能大脑模型。这个利用超级电脑运行的模拟大脑拥有一个数码眼睛，可以用来进行视觉输入，它的机械臂能绘制出它对视觉输入做出的反应。这个模拟大脑非常先进，甚至能通过IQ测试的基本测试。加拿大滑铁卢大学的神经学家和软件工程师表示，这是迄今为止世界上最复杂、最大规模的人类大脑模型模拟。这个名叫Spaun的大脑由250万个模拟神经元组成，它能执行8种不同类型的任务。这些任务的范围从描摹到计算，再到问题回答和流体推理，可谓五花八门。测试期间，科学家亮出一系列数字和字母，让Spaun记入储存器，然后科学家亮出另一种字母或符号，作为指令，告诉Spaun借助它的记忆力做什么。随后机械臂会描绘出任务输出。该研究成果发表在《科学》上。此前也有不少模拟大脑的项目，但仅模拟大脑的功能形式，而Spaun则能展示这些功能如何作用于各种

行为。

3.科学家设计出世界上最细的纳米导线

澳大利亚和美国科学家组成的研究团队2012年1月6日在《科学》上报告说，他们成功设计出迄今世界上最细的纳米导线，厚度仅为人类头发的万分之一，但导电能力可与传统铜导线相媲美。这项技术有望应用于量子计算机研制领域。科学家利用精心设计的原子精度扫描隧道显微镜，在硅表面以1纳米间隔安放1个磷原子的方式制备了纳米导线，其宽度相当于4个硅原子，高度相当于1个硅原子。通过这种方式设计的纳米导线可以使电子自由流动，有效解决了电阻问题。这一新技术表明，计算机元件可以降低到原子尺度，这是个巨大突破。量子计算机与传统计算机的一个主要区别是，传统计算机只使用1和0两种状态来记录数据和进行计算，而量子计算机可以同时使用多个不同的量子态，因此具有更大的信息存储和处理能力，被认为是未来计算机发展的方向。

4.癌症干细胞研究获新证据

很多时候，那些似乎已经被治疗消灭的癌症又会卷土重来。一些科学家将此归罪于所谓的癌症干细胞，它们是癌细胞的一个子集，能够保持休眠状态，从而逃避化疗或放疗，并在几个月或几年后形成新的肿瘤。这种想法一直存在争论，然而，2012年8月1日，《自然》《科学》网络版发表的3篇论文提供了新的证据，表明在某些脑、皮肤和肠道肿瘤中，癌症干细胞确实是肿瘤生长

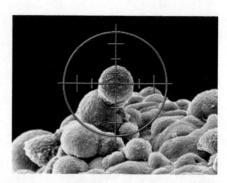

的源头。癌症干细胞模式有别于认为肿瘤生长机会均等的传统理论，后者相信，所有的癌性细胞都能够分裂并导致肿瘤的生长及扩散。而癌症干细胞模式则认为，肿瘤生长具有更多的层次，主要由一个能够进行自我复制的细胞子集所驱动，进而生成肿瘤所包含的其他类型的细胞。在这些新的研究中，3个独立的研究团队利用遗传细胞标记技术追踪了特定细胞在生长的肿瘤内部的增殖情况。这种细胞追踪技术是检验癌症干细胞模式的正确方法。

5.科学家发现"疑似"上帝粒子

欧洲核子研究中心2012年7月4日宣布，该中心的两个强子对撞实验项目——ATLAS和CMS均发现一种新的粒子，具有和科学家们多年以来一直寻找的希格斯玻色子相一致的特性。ATLAS和CMS研究小组在4日上午的学术研讨会上介绍各自的研究成果，分别确认目前通过大型强子对撞机取得的数据发现了在125～126吉电子伏质量区间存在一种新的粒子，数据的确定性为5西格玛，即理论物理界可以确认"发现"的水平。希格斯玻色子是物理学基本粒子"标准模型"预言的一

种自旋为零的玻色子，也被称为"上帝粒子"。尽管相关负责人表示，这仅是初步结果，还需进一步验证，但其足以引起全球科学界的关注。科学家认为，这是一项无与伦比的成就。这是粒子物理学和科学探索史上的重大时刻，意义深远。这一新发现将开拓实验和理论物理的新领域。

6.日本科学家首次用"人造"卵子产下小鼠

在利用源自干细胞的精子产下了正常幼鼠后，日本京都大学的一个研究小组又通过同样的方式利用卵子完成了这一壮举。这项研究最终有望为帮助那些不育夫妇怀孕带来新的方法。上述两项研究所使用的干细胞都是胚胎干细胞(ESC)和诱导性多能干细胞(iPSC)。研究人员从ESC和iPSC入手，并且在一种蛋白质的"鸡尾酒"中对其进行培育，从而形成了与原生殖细胞类似的细胞。为了得到卵母细胞或前体卵细胞，研究人员随后将这些原始细胞与小鼠胎儿的卵巢细胞相混合，从而形成了再造的卵巢，并最终将其移植到活体小鼠的正常卵巢中。4周零4天后，那些与原生殖细胞类似的细胞发育成为卵母细胞。研究小组去除掉卵巢，得到卵母细胞，并且对其进行体外授精，然后再将得到的胚胎移植进代孕母亲体内。大约3周后，正常的小鼠崽诞生了。研究人员在2012年10月4日的《科学》上发表了这一研究成果。

7. 英国研究发现一种高速磁存储原理

英国约克大学等机构的研究人员在《自然·通讯》上撰文说，他们发现了一种可用于开发高速磁存储设备的原理，由此带来的存储速度可高出现有硬盘数百倍。据介绍，现在硬盘等存储器多使用磁性物质，如果要记录信息，就需要把磁性物质的磁极颠倒，这个过程中常用的方式是使用外加磁场。研究人员发现，不使用外加磁场，单纯使用热量也能起到同样的效果。其具体方式是向磁性物质发射含有热量的激光脉冲，它在吸收热量后磁极也会颠倒。参与研究的托马斯·奥斯特勒说，这是一项革命性的发现，可在此基础上开发出存储速度高出现有硬盘数百倍的存储器，每秒钟存储的信息可以高达上万亿字节。由于不需要使用外加磁场，在此基础上开发出的存储器所消耗的能量也会更少。

8. 天文学家发现质量是太阳170亿倍的黑洞

霍比·埃伯利望远镜大质量星系调查项目的天文学家发现了可能是迄今质量最大的黑洞。这一罕见黑洞质量达170亿个太阳的质量，位于NGC 1277星系，其质量占了该星系质量的14%，而通常黑洞只占其所在星系的1%。这一发现可能改写黑洞与星系的形成演化理论。相关论文发表在2012年11月29日的《自然》上。NGC 1277星系位于距地球2.5亿光年之外的英仙座星团，大小只有银河系的1/10。此前哈勃太空望远镜已经给NGC 1277星系拍过照。该研究又结合了霍比·埃伯利望远镜数据，并在超级计算机上运行了多种模型计算，结果发现其中存在一个质量达太阳170亿(误差范围30亿)倍的黑洞。研究人员还发现，NGC 1277星系是一个较小的透镜星系(在星系型态分类上是介于椭圆星系和螺旋星系之间的星系)，内部均为古老恒星，其中最"年轻"的恒星寿命也有80亿年。

9.德国首次从皮肤细胞中培养出成体干细胞

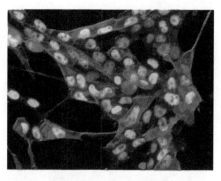

德国马克斯·普朗克科学促进协会2012年3月22日宣布，该机构研究人员成功从已分化体细胞——皮肤细胞中培养出成体干细胞，为全球首创。现阶段，具有分化多种组织细胞潜能的iPSC成为不少干细胞专家的研究重点，人类已能从已分化的体细胞中培养出iPSC。不过，这种干细胞虽可分化成任意组织，但由于其分化能力过强，导致有时不但无法实现目标组织再生，反而分化出癌细胞，形成肿瘤。研究人员利用皮肤细胞培养成体干细胞的方法刚好可解决这一问题。成体干细胞是一种存在于已分化组织中的未分化细胞，可自我更新并形成特定组织。研究人员将实验鼠皮肤细胞放在特定培养环境中，皮肤细胞在特殊生长因子的诱导下，成功"变身"成体神经干细胞。通过成体干细胞的培养可更有针对性、更安全地实现特定组织再生。这种方法具有巨大的医学应用前景。

10.首个"超电子"电路问世

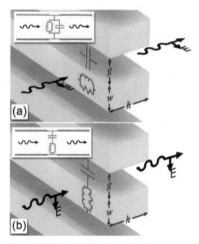

美国科学家们用光子取代电子，制造出首个由光子电路元件组成的"超电子"电路。相关研究发表在《自然·材料学》上。"超电子"中的"超"指的是超材料——嵌入材料中的纳米图案和结构，使其能采用以前无法做到的方法操控波。宾夕法尼亚大学电子和系统工程学院纳德·恩西塔团队在实验中利用亚硝酸硅制造出梳状的长方形纳米棒阵列。这种新型纳米棒的横截面和其间的孔隙形成的图案能复制电阻器、感应器和电容器这3个最基本电路元件的功能，只不过其操纵的是光波。在实验中，他们用一个光子信号(其波长位于中红外线范围内)照射该纳米棒，并在波通过时用光谱设备进行测量。他们使用不同宽度和高度组合的纳米棒重复该实验后证明，不同大小的光电阻器、感应器和电容器都可以改变光"电流"和光"电压"。恩西塔表示："我们能通过安排不同的电路元件制造出无数个电路，因此，我们也希望设计出更复杂的光学元件，以获得具有不同功能的光子电路。"

附录二：香山科学会议2012年学术讨论会一览表

会次	会议主题	执行主席	会议时间
418	组分中药研讨会	张伯礼　王永炎　姚新生	3月21~23日
S15	微电子前沿技术的应用与发展	胡爱民　Jo De Boeck	3月23日
419	海洋酸化："越来越酸的海洋、灾害与效应预测"	唐启升　高坤山　陈镇东 余克服	4月12~14日
420	系统生物医学中的生物信息学问题	刘德培　孙之荣　田亚平	4月18~19日
421	心理健康促进：前沿与挑战	郭爱克　贺林　张侃	4月24~26日
422	应激与应激医学：生物学基础与疾病控制	刘德培　陈宜张　唐朝枢 钱令嘉	5月08~10日
423	深海极端环境下材料腐蚀科学理论与关键实验技术	薛群基　翁宇庆　侯保荣 柯伟　尹衍升	5月15~17日
424	网络数据科学与工程——一门新兴的交叉学科?	李国杰　华云生　姚期智 程学旗	5月22~24日
425	智能高分子生物医用材料前沿科学和应用	胡金莲　顾忠伟　江雷 苏国辉　刘剑洪	5月28~30日
426	非编码RNA在重大生物学过程中的功能和机制	陈润生　龚为民　付向东 施蕴渝	6月05~07日
427	老年健康信息化服务的科学问题与前沿技术	姚建铨　陈可冀　俞梦孙 王志良	6月20~22日
428	ACP方法与平行军事体系(SoPMS)	王飞跃　黄柯棣　戴汝为 吴宏鑫	6月26~27日
429	天体物理新视野与大口径射电望远镜	王娜　陈阳　沈志强 武向平　郑兴武	7月04~06日
430	基于钨的稀有金属资源高效提取与循环利用	左铁镛　何季麟　孙传尧 邱显扬	9月04~05日
431	心理生理计算的前沿科学问题及关键技术	傅小兰　罗跃嘉　蒋田仔 胡斌	9月08~09日
432	硬X射线自由电子激光：现状与对策	陈佳洱　方守贤　于禄 杨学明　丁洪	9月12~14日
433	支撑纳米科技发展的大型基础科学设施——现状与展望	薛其坤　魏宝文　杨辉	9月14~15日

续表

会次	会议主题	执行主席	会议时间
434	磁性纳米材料及其交叉学科的关键科学问题	都有为　沈保根　包信和　高松　侯仰龙	9月19～20日
S16	科技进步贡献率研究	王元　吕薇　穆荣平	9月21～22日
435	气候变化科学认识及其应对	杜祥琬　丁一汇　何建坤	9月25～27日
436	未来电网及电网技术发展预测和对策	周孝信　程时杰　郭剑波　梁曦东　肖立业	9月27～29日
437	社会经济安全的机理、预警和调控研究	汪寿阳　林群　李善同　牛文元	10月17～18日
438	纳米－生物－信息－认知新兴会聚技术(NBIC)*	白春礼　Mihail C. Roco　张先恩	10月18～19日
439	精密重力测量	许厚泽　宁津生　胡文瑞　杨元喜　罗俊	10月23～25日
440	DNA损伤响应和修复机制	饶子和　邓子新　杨薇　华跃进	10月24～26日
441	大气PM2.5细颗粒物的健康效应	唐孝炎　孟伟　赵进才　朱彤	10月30日～11月01日
442	新型二维晶体材料及在未来信息器件中的应用	高鸿钧　朱道本　王恩哥	11月01～02日
443	深部煤矿瓦斯灾害与煤层气开发重大基础问题	孙枢　袁亮　侯泉林　吴建光　琚宜文	11月06～08日
444	中国东部中－新元古界沉积地层与油气资源	孙枢　王铁冠　朱茂炎　钟宁宁	11月13～15日
445	数据密集时代的科研信息化	孙九林　秦大河　刘德培　陈和生　阎保平	11月20～22日
446	我国近红外光谱分析关键技术问题、应用与发展战略	袁洪福　陆婉珍　闫成德　刘文清	11月27～29日
447	大型地热田形成机制与可持续开发利用	汪集旸　马永生　庞忠和	11月29日～12月01日
448	压电电子学和纳米发电机发展前沿研讨*	王中林　王占国　周军　秦勇	12月05～07日
449	肿瘤纳米技术和纳米医学前沿研讨会*	丁健　甄永苏　赵宇亮　梁兴杰　Piotr Grodzinski	12月05～07日
450	气候变化与青藏高原生态安全屏障	孙鸿烈　郑度　姚檀栋　秦大河	12月11～13日
451	进化、肿瘤和个体医疗	吴仲义　曾益新　许田　王晓东　张学敏	12月13～15日
452	高超声速飞行技术研讨	王珏　杜善义　王小军	12月18～20日

注：标"*"为国际会议

附录三：2012年中国科学院学部"科学与技术前沿论坛"会议一览表

会次	会议主题	执行主席/召集人	会议时间
4	航天发射系统	刘竹生	2月16~17日
5	拓扑绝缘体和狄拉克费米子	薛其坤	3月22~23日
6	我国天文大设备的现状与未来	方 成	3月29~30日
7	生命组学与转化医学	贺福初	4月12~13日
8	空间天气与人类活动	魏奉思	5月21~22日
9	中国(东亚)大陆构造与动力学	许志琴	7月16~17日
10	纳米科技与产业化	侯建国　王中林	7月23~24日
11	微纳电子科技发展前沿与后摩尔时代的电子器件和集成系统	王阳元	8月10~11日
12	纳米生物医学光电子学	夏建白	8月21~22日
13	海陆交互作用过程与中国海岸海洋环境资源特点及疆域主权	王 颖	9月06~07日
14	能源开发利用中的前沿力学问题	李家春	9月21~22日
15	激光前沿	林尊琪	10月20~21日
16	环境化学与食品安全	江桂斌	11月05~06日
17	活细胞生物大分子定位与定量问题学科交叉研究	陈宜张	11月21~22日